普通高等教育"十二五"应用型本科规划教材

C 程序设计实训教程

主　编　杨　杰

副主编　张永新　赵晓晖

U0386111

中国人民大学出版社

·北京·

图书在版编目（CIP）数据

C程序设计实训教程/杨杰主编 . —北京：中国人民大学出版社，2015.6

普通高等教育"十二五"应用型本科规划教材

ISBN 978-7-300-21491-7

Ⅰ.①C⋯　Ⅱ.①杨⋯　Ⅲ.①C语言-程序设计-高等学校-教材　Ⅳ.①TP312

中国版本图书馆 CIP 数据核字（2015）第 132907 号

普通高等教育"十二五"应用型本科规划教材

C程序设计实训教程

主　编　杨　杰

副主编　张永新　赵晓晖

C Chengxu Sheji Shixun Jiaocheng

出版发行	中国人民大学出版社	
社　　址	北京中关村大街 31 号	**邮政编码**　100080
电　　话	010 - 62511242（总编室）	010 - 62511770（质管部）
	010 - 82501766（邮购部）	010 - 62514148（门市部）
	010 - 62515195（发行公司）	010 - 62515275（盗版举报）
网　　址	http://www.crup.com.cn	
	http://www.ttrnet.com（人大教研网）	
经　　销	新华书店	
印　　刷	北京密兴印刷有限公司	
规　　格	185 mm×260 mm　16 开本	**版　次**　2015 年 8 月第 1 版
印　　张	23.75	**印　次**　2021 年 1 月第 3 次印刷
字　　数	530 000	**定　价**　49.00 元

内容简介

　　本书系统介绍了 C 语言的基本语法规则和程序设计的基本方法，是学习用 C 语言编写程序的一部实训教材。书中采用大量例题诠释了 C 语言的语法规则和要求，对程序采用的算法和程序的结构均给出详细的分析，力图通过实例使学习者了解和掌握知识点。课后配备大量的基础知识实训和上机实训，有利于学生巩固所学知识，培养学生解决实际问题的能力。

　　本书适用于非计算机专业的学生学习 C 语言的程序设计，也可以作为全国计算机等级二级 C 语言的复习教材。

前　言

　　C 语言是一种广泛应用的结构化程序设计的高级语言，由于该语言具有简练灵活的特点，深受广大编程者的喜爱，因此，C 程序设计也是高等院校各专业一门必修课或重要的选修课。

　　本书作者从事了近 30 年的程序设计与算法语言的教学工作，积累了丰富的教学经验。在教学过程中，学生普遍反映 C 语言程序设计很难掌握，特别是面对一个实际问题时，不知从何下手，不知道如何解决问题。本书编写的目的是与读者共享作者几十年的学习经验，帮助有志学习 C 语言的读者能够熟练地掌握 C 语言，从而能够编写较简单的计算机程序，解决学习和工作中遇到的一些实际问题。在学习 C 语言时务必注意以下几个问题：一是掌握 C 语言的语法规则是必要的，所以在学习 C 语言时，对于 C 语言的语法规则必须牢记，这是学习编程的基础；二是要学习解决问题，也就是要能找到解决问题的方法，算法是编程的重中之重，有许多人对 C 语言的语法规则掌握得很好，一旦自己编程就不会，主要是因为不知道如何解决问题；三是要加强上机练习，本课程具有较强的实践性，只学 C 语言的语法规则而不上机调试程序，如同纸上谈兵。

　　目前，C 语言的教材较多，各有特色，本教材在知识结构上与其他教材有所不同。如指针类型是 C 语言较难的一部分，一是因为抽象，二是在使用上灵活性较大。本教材对这部分内容采用化整为零的方法，把难点进行分解，数组和指针类型有着十分密切的联系，把这两部分内容放在一起，学生会更好地理解和掌握数组和指针。除了对内容进行了精心的设计外，书中还配备了大量的上机实验题和课后测试题，特别是程序分析题和程序改错题，从不同的方面测试学生对 C 语言的掌握程度。学习 C 语言最基本的要求是能够读懂程序，写出正确的运行结果；其次，对程序中的错误能够诊断，找出错误的原因和所在。

1

本书中的例题采用 Visual C++ 6.0 进行编译，一是因为 VC6.0 的编译环境较简单；二是因为全国计算机等级考试仍然采用 VC6.0 作为编译环境，但随着计算机软件的飞速发展，VC6.0 在 Windows7 操作系统下已经存在不兼容的问题，以后版本的操作系统将不再支持 VC6.0，所以作者在附录 E 中介绍了几款常用的 IDE，希望对无法使用 VC6.0 的读者有所帮助，建议读者使用 gcc 编译器进行编译。

本书共分 11 章，在教学中可以根据课时的多少，选讲第 10 章和第 11 章的内容，但如果是参加全国计算机等级考试，这两章的内容必须学习。

本书第 1 章～第 5 章由杨杰编写，第 6 章～第 8 章由张永新编写，第 9 章～第 11 章由赵晓晖编写，附录和习题参考答案由李琳编写，最后由杨杰统编定稿和审阅。

由于编者水平有限，难免存在错误和不足之处，诚心欢迎读者提出批评和意见，感谢所有帮助作者的读者朋友。

编者

2015 年 2 月

目　录

第1章 C语言概述

计算机从 1946 年诞生到现在,已经应用到社会的各个领域,无处不在,无处不有,是现代社会不可或缺的工具,会使用计算机是现代人的基本技能之一。大学生是将来社会的栋梁,不能满足于只会使用 office 等软件,而是应当学会计算机语言,能够自己编写计算机程序解决工作中的实际问题。本章主要介绍 C 语言的产生、发展过程,C 语言的基本要素,C 程序的基本结构和 C 程序的编译环境。通过本章的学习,使读者对 C 语言及 C 程序有一个初步的了解,为后面的学习奠定基础。

 ## 1.1 计算机语言

人与人之间的沟通、交流所使用的语言是自然语言,目前世界现存自然语言大约 6 909 种,如汉语、英语、俄语、日语等。如果你有一名只懂英语的员工,那么你必须会说英语,才能让他为你工作,否则,你的员工就无法完成你交给他的任务。同样的道理,为了使计算机完成你要做的各种工作,你就需要懂得计算机语言。计算机语言(computer language)和人类语言一样,是由一些数字、字符、关键字(指令)和语法规则组成的,这些要素构成了计算机能接受的语言。从计算机诞生后,计算机语言经历了三个发展阶段:机器语言、汇编语言和高级语言。

1.1.1 机器语言

计算机的工作原理是基于二进制的,也就是说,计算机内部只能识别由 0 和 1 组成的各种指令。例如某台计算机字长为 16 位,即有 16 个二进制数组成一条指令或其他信息。16 个 0 和 1 可组成各种排列组合,例如,用 1011011000000000 表示让计算机进行一次加法操作;而 1011010100000000 则表示让计算机进行一次减法操作。其中前 8 位是操作码,用来表示要计算机做什么操作,后 8 位是地址码,用来说明操作的数据在什么地方。一般来说,这种指令系统最多可以表示 256 种不同的操作。

这种用二进制数表示的、计算机能直接识别和执行的机器指令(machine instruction)的集合,称为机器语言(machine language)。它的优点是计算机能直接识别,不需要进行任何

1

翻译;缺点是人们要掌握它还需要掌握计算机的硬件构造,并且记忆、查错困难。

1.1.2　汇编语言

为了解决机器语言的上述问题,人们进行了一种有益的改进:用一些简洁的英文字母、符号串来表示一个特定的二进制串的指令,比如,用 ADD 替代 1011011000000000 表示加法,用 SUB 替代 1011010100000000 表示减法等等,这样一来,人们很容易读懂并理解程序在干什么,记忆简单,纠错及维护都变得方便了,这种计算机语言就称为汇编语言(assembly language)。然而计算机是不认识这些符号的,这就需要一个专门的程序,负责将这些符号翻译成二进制数的机器语言,这种翻译程序被称为汇编程序。

汇编语言虽然解决了记忆难的问题,但仍然需要掌握计算机的结构,难以学习和掌握。并且不同型号计算机的指令系统往往各不相同,用一种型号计算机的机器语言或汇编语言编写的程序,要想在另一种型号计算机上执行,往往是行不通的,需要重新编写程序。由于机器语言和汇编语言是依赖于具体的机器的,所以我们有时称它们为"低级语言(low-level language)"。

1.1.3　高级语言

为了克服低级语言在编程中给我们带来的困难,20 世纪 50 年代诞生了第一个高级语言(high-level language)—FORTRAN(FORmula TRANslation)语言。这种计算机语言不依赖于具体的计算机,它的可移植性好。也就是说,在一种型号的计算机上编写的程序,不用或只需少量的改动就可以在另一种型号的计算机上执行。另外,FORTRAN 中的命令都是用英文单词表示的,运算符号与人们日常使用的基本一样,不用再专门记忆那些令人头痛的指令了。

和汇编语言一样,高级语言也不能被计算机直接识别,也需要有一个程序把高级语言翻译成计算机能识别的机器语言后再执行。这种程序称为编译程序(compiler)。

据不完全统计,计算机的高级语言有几千种,每种高级语言都有其特定的用途。如FORTRAN 和 ALGOL 语言主要用于科学计算;LISP 和 PROLOG 语言主要用于人工智能;COBOL 语言主要用于商业管理;BASIC 语言主要是为初学程序设计人员使用的;Pascal 语言最初是为系统地教授程序设计而设计的;C 语言主要用于系统与应用软件的开发;C++语言是一种优秀的面向对象的程序设计语言,它在 C 语言的基础上发展而来;Java 语言是一种可以撰写跨平台应用软件的面向对象的程序设计语言,广泛应用于个人 PC、数据中心、游戏控制台、科学超级计算机、移动电话和互联网。随着计算机科学技术的发展,许多计算机语言被淘汰了,而新的计算机语言也在不断地产生。

1.2 算法和程序设计

虽然我们现在使用的计算机无所不能,但实际上计算机只是一台听话的机器,它只能按照人类事先设计好的指令序列进行工作。用某种计算机语言描述的适合计算机执行的指令(语句)序列就是程序(program),它告诉计算机如何完成一个具体的任务。然而,要把头脑中的思想转变成能够正常工作的计算机程序需要付出一定的努力和时间。

1.2.1 算法

算法(algorithm)是指解决问题的方法或步骤。例如,判断一个数是奇数还是偶数,可以用如下方法:用 2 去除这个数,如果得到的余数等于 0,则这个数是偶数,否则,这个数是奇数。

即使是同一个问题,其算法也有可能不同,一般来说适合计算机解决问题的算法有下面几个特点:

1.有穷性。一个算法应该经过有限的操作步骤后结束,并获得结果。但有限的操作步骤也要在合理的范围内,如果一个算法经过 100 年后才完成也不能视为有效的算法。

2.确定性。算法中的每一个指令都应当是明确的,无歧义性。

3.有零个或多个输入。

4.有一个或多个输出。

算法的描述方法有多种,如自然语言、流程图、伪代码等,其中最常用的是流程图。

流程图是用一些图框来表示各种操作及操作的顺序,它的特点是直观形象、易于理解。其常用的图框有以下几种:

起止框:表示程序的开始或结束

输入输出框:表示数据的输入或输出

判断框:表示让计算机根据条件进行判断

处理框:表示让计算机进行某个操作或完成某个任务

⟶ 流程线:表示程序执行的顺序

○ 连接点:表示流程线的交叉点

为了清楚算法要做的具体操作,还需要在图框内加上文字说明。下图就是判断一个数是偶数还是奇数的流程图。

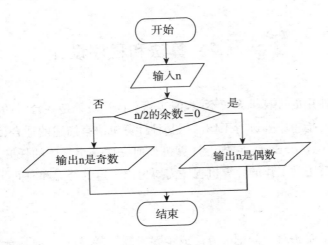

1.2.2 程序设计

程序设计(programming)是给出解决特定问题程序的过程,是软件构造活动中的重要组成部分。在拿到一个实际问题之后,应对问题的性质与要求进行深入分析,从而确定求解问题的数学模型或方法,接下来进行算法设计,并画出流程图。有了算法流程图,再来编写程序是很容易的事情。

程序设计过程应当包括分析、设计、编码、排错、测试等不同阶段:

(1)分析问题:对于接受的任务要进行认真地分析,研究所给定的条件,分析最后应达到的目标,找出解决问题的规律,选择解题的方法,完成实际问题。

(2)设计算法:即设计出解题的方法和具体步骤。

(3)编码:根据得到的算法,用一种高级语言编写出源程序。

(4)排错:对源程序进行编辑、编译和连接,并找出程序中的语法错误,改正之。

(5)测试:运行程序,对结果进行分析,看它是否合理。不合理要对程序进行调试,即通过上机发现和排除程序中的故障的过程。

(6)编写程序文档:许多程序是提供给别人使用的,如同正式的产品应当提供产品说明书一样,正式提供给用户使用的程序,必须向用户提供程序说明书。内容应包括:程序名称、程序功能、运行环境、程序的装入和启动、需要输入的数据,以及使用注意事项等。

 ## 1.3 编译和调试程序

用高级计算机语言,例如 C、C++,编写的程序,需要经过编译器编译,才能转化成机器能够执行的二进制代码。把用高级语言编写的源程序文件转化成计算机可以执行的程序的过程称为编译。

为了让程序能够达到我们想要的结果,往往需要反复修改程序代码。当程序出现错误时,一步步地跟踪代码,找到问题出在什么地方,搞明白为何你的程序不能正常运行,这个过程称为调试程序。手工跟踪能够有效地帮助初学者找到 bug 出在什么位置,消除 bug,让程序正常运行。自动化的工具同样也能够帮助你跟踪程序,尤其当程序很复杂时效果更加明显,这种工具叫做调试器。调试器能够让运行中的程序根据你的需要暂停,方便查看程序是怎么运作的。有些调试器是以命令行的形式工作的,较新的调试器有些具备好的图形界面,调试器能够方便地帮助你看到你定义的变量状态。基于图形界面的调试器是集成开发环境(IDE,即 Integrated Development Environment)的一部分。

一个调试器并不能解决你在程序设计过程中出现的所有问题,它仅仅是一种帮助你编程的工具。首先应该运用你手中的纸和笔分析程序,搞清到底是怎么回事,一旦确定错误大致出在什么位置,便可以用调试器观察你的程序中特定变量的值。通过观察这些代码,可以了解到你的程序是怎么一步步执行的。

C/C++的 IDE 非常多,对于学习 C/C++语言的朋友而言,用什么 IDE 可能并不重要,重要的是学习 C/C++语言本身,不过,会用一款自己习惯的 IDE 进行程序地编写和调试确实很方便。

 ## 1.4 编译程序

1.4.1 C 语言的编译程序

前面已经讲过,计算机不能直接识别高级语言编写的源程序,必须先将源程序翻译为机器语言程序,计算机才能执行。这个工作是由编译程序来完成的,编译程序首先要检查源程序是否有语法错误,然后将源程序中的语句转换成机器指令,在源程序中的一条语句往往会转换为若干条机器指令。

比较流行的编译程序有 Linux 操作系统下的 gcc,Window 操作系统下的 Visual C,还有 DOS 系统下的 TC 2.0 等。由于不同的企业开发了不同版本的编译程序,这些不同的编译程序在语法的规则上并没有完全按照 C89 或 C99 标准执行,在使用时对初学者会造成一定的困惑。本书我们采用 Visual C++6.0 作为上机实验平台基于两点原因:一是目前全国计算机等级考试仍然用 Visual C++6.0 作为考试环境;二是对初学者,这个编译程序相对操作简单、功能够用。为扩展读者的视野,我们在附录介绍了其他编译程序的使用。

1.4.2 Visual C++6.0 编译系统(以后简称 VC 6.0)

1.启动 VC 6.0,如图 1-1 所示。

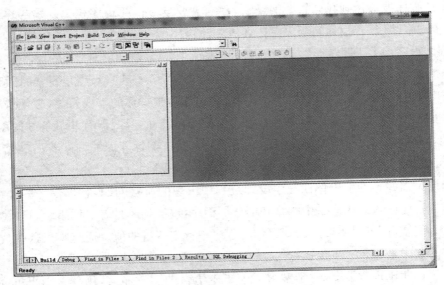

图 1-1

2. 编辑(Edit)源程序

(1)在主窗口中选择 File(文件)→New(新建)菜单命令,屏幕显示 New 对话框,单击 File 选项卡,显示界面如图 1-2 所示。

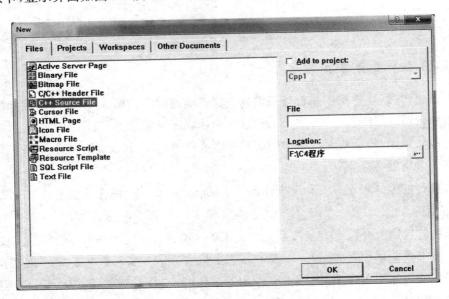

图 1-2

(2)双击列表框中的 C++Source File 选项,在编辑窗口输入程序,如图 1-3 所示。

6

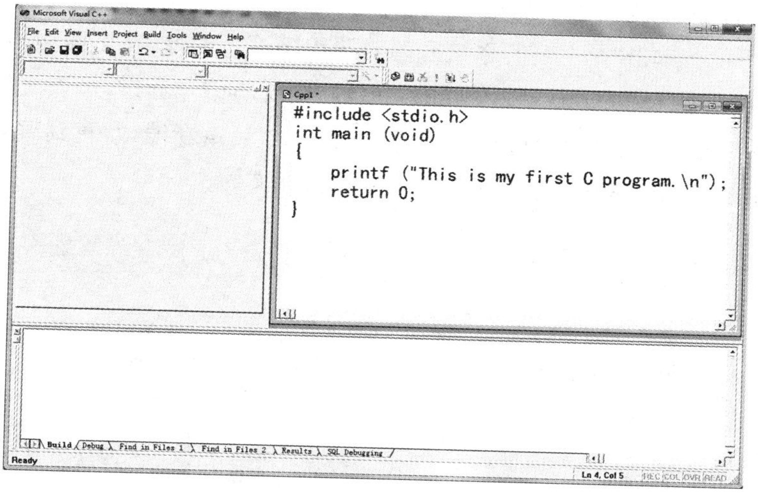

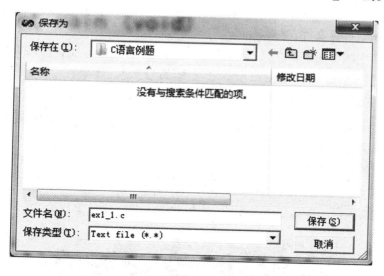

图 1-3

（3）单击 File 菜单，在下拉菜单中单击 Save 命令，出现"保存为"对话框，选择保存文件的文件夹，然后对话框下方的"文件名"文本框内输入该程序的文件名如 ex1_1.c，如图 1-4 所示。最后单击"保存"按钮，在选择的文件夹内生成了一个名为 ex1_1.c 的文件。

图 1-4

注　在 C++编译系统下，其默认的文件扩展名是.cpp，所以在输入文件名时要输入文件的扩展名.c，否则编译程序时用的是 C++的编译器。

3.编译（Compile）源程序

首先单击 Build 菜单，然后在下拉菜单中单击 Compile 命令（或直接按 Ctrl+F7），系统

7

弹出一个对话框,提示"这个命令需要一个项目工作空间,是否建立一个默认的项目工作空间",如图 1-5 所示。单击"是"按钮,系统开始对源程序进行编译,在下面输出窗口中会显示编译的情况。如果显示 0 error(s) 0 warning(s),则说明编译通过,可以进行连接操作;否则,要根据提示的错误信息找出错误的原因并改正之,然后重新编译,直到编译无错误为止。编译结束后,系统自动生成一个名为 ex1_1.obj 的目标文件。

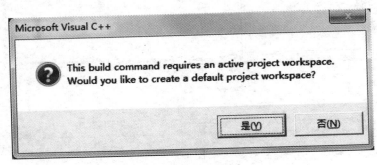

图 1-5

注 1 error 是严重错误,必须修改后才能进行连接操作,warning 是警告,可以不用理会,直接进行连接操作。

注 2 在排错时,要根据输出窗口中第一个错误信息所提示的位置开始向前进行查找。

4. 连接(Link)目标文件,建立(Build)可执行程序

单击菜单栏中的 Build 命令,在下拉菜单中单击 Build 命令(或直接按 F7),系统开始对目标文件进行连接,在下面输出窗口中会显示连接的情况。如果显示 0 error(s) 0 warning(s),则说明顺利完成,可以运行程序了;否则,要根据提示的错误信息找出错误的原因并改正之,然后重新连接,直到无错误为止。连接成功后系统在 Debug 文件夹内生成一个名为 ex1_1.exe 的可执行文件。

5. 运行(Execute)程序

单击菜单栏中的 Build 命令,在下拉菜单中单击 Execute 命令(或直接按 Ctrl+F5),系统开始运行程序,并将结果显示在屏幕上,按任意键将关闭显示窗口,如图 1-6 所示。

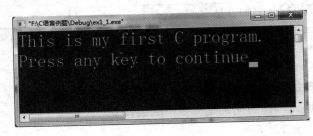

图 1-6

注 上述 3～5 步也可以用工具栏中的工具来完成。

编译　　连接　　运行

 1.5　初步了解 C 语言

C 语言是一种通用的、过程式的程序设计语言，广泛用于系统与应用软件的开发。具有高效、灵活、功能丰富、表达力强和较高的移植性等特点，在程序员中备受青睐，也是使用最为广泛的计算机语言。

1.5.1　C 语言的产生和发展

1972 年，美国 AT&T 贝尔实验室的 Dennis Ritchie 在 B 语言的基础上开发了 C 语言。1973 年，Ken Thompson 和 Dennis Ritchie 合作，用 C 语言改写了 UNIX 操作系统 90％以上的代码，随着 UNIX 操作系统的广泛应用，C 语言也迅速得到普及和推广。1978 年，Brian Kernighan 和 Dennis Ritchie 合著了第一本有关 C 程序设计的书——《The C Programming Language》，这本书成为后来广泛使用的 C 语言各种版本的基础，也可以说是 C 语言的第一个标准。

1983 年，美国国家标准协会(ANSI)成立了一个委员会，根据 C 语言问世以来各机构制定的不同版本，开始制定 C 语言的规范标准。1989 年 ANSI 公布了一个官方的 C 语言标准(常称 ANSI C 也称 C89)。由于 C 语言在全世界得到普及，1990 年国际标准化组织(ISO)接受 C89 作为国际标准 ISO/IEC 9899：1990。1999 年 ISO 又对 C 语言标准进行了修订，增加了一些新的功能，并命名为 ISO/IEC 9899：1999，也称为 ANSI C99 标准。对于学习 C 语言的一本基础教材，面向的读者是 C 语言的初学者，所以本书的内容是以 C89 标准为基础，同时兼顾 VC 6.0 编译系统进行编写的。

1.5.2　C 语言的字符集

在学习英语的时候，我们首先要学习 26 个英文字母，然后再学习由这些字母组成的单词、由单词组成的句子、由句子构成的文章。学习 C 语言和学习英语的道理是一样的，构成 C 程序的最小元素是字符，这些字符包括大小写英文字母各 26 个，数字字符 10 个和若干特殊符号，见表 1-1。所有这些字符构成了 C 语言的字符集(character set)，目前，在大多数计算机上采用的字符集是 ASCII 码(美国标准通信交换码)详见附录 A。

表 1-1　C 语言的字符集

字母	A B C D E F G H I J K L M N O P Q R S T U V W X Y Z a b c d e f g h i j k l m n o p q r s t u v w x y z
数字	0 1 2 3 4 5 6 7 8 9
符号	~ ! @ # $ % · & * ( )_−+=│ \ [ ] { } : ; " ' < > , . ? /
特殊字符	空格

注　在中文环境下输入源程序时,上述字符必须是半角的。

1.5.3　C 语言的标识符

在 C 语言中,标识符(identifier)是指由字母(大小写)、数字和下划线等字符组成的字符序列,标识符的第一个字符必须是字母或下划线,长度一般不超过 32 个字符。例如:m32,value,sum,_gl 等都是合法的,而 123m,sum＋5,M. Jone 等都是非法的。

注　标识符中的字母是大小写区分的,如:Sum 和 sum 代表了两个不同的标识符。

1.5.4　C 语言的关键字

关键字(keyword)是指在 C 语言中已经被赋予了特定含意的标识符,在 C89 中共定义了 32 个关键字:

auto	break	case	char	const	continue	default	double
do	else	enum	extern	float	for	goto	if
int	long	register	return	short	signed	sizeof	static
struct	switch	typedef	union	unsigned	void	volatile	while

1.5.5　C 程序的基本结构

首先我们通过几个简单的 C 程序,了解一下 C 程序的基本结构和格式。

例 1.1　在屏幕上显示一行文字"This is my first C program."

源程序如下:

```
# include <stdio. h>
int main (void)
{
    printf ("This is my first C program. \n");
    return 0;
}
```

运行结果(图 1-7):

图 1-7

程序说明:程序中的第一行♯include＜stdio. h＞必须出现在你写的程序开始位置,它的作用是告诉编译程序,在程序中要调用 printf 函数输出信息。关于♯include 的使用将在第 10 章中详细介绍。

第二行 int main(void)是告诉计算机系统,这个程序有一个名字是 main 的函数,它是一个法定的名字,不能换成其他名字。一个 C 程序中有且只能有一个名字是 main 的函数。main 前面的 int 说明这个函数有一个返回值,这个返回值是一个整数。main 后面紧跟着一对小括号(),小括号内的 void 表示这个函数没有参数,关于函数的参数将在第 7 章中详细介绍。

接下来,在一对大括号内的内容就这个程序要完成任务的所有指令(语句)。在上述程序中的第一个语句是调用了 printf 函数,printf 是 C 函数库中的一个函数,它的作用是把传递给这个函数的参数显示或打印在屏幕上,关于 printf 函数的详细介绍见第 3 章。在本程序中传递给 printf 函数的参数是一个字符串"This is my first C program. \n"。其中,This is my first C program. 会原样显示在屏幕上,\n 是一个表示换行的字符,它告诉系统后面输出的信息从下一行的最左边开始显示。双引号是字符串的标识,不会显示在屏幕上。

C 程序中的所有语句必须用分号(;)结尾,这就是为什么在 printf 的小括号后面有一个分号的原因。

第二个语句是 return 0;它的作用是结束 main 函数的执行,并返回一个整数 0 给系统,表示程序已成功完成你所指定的任务,当然你也可以用任意一个整数来代替,有时我们通过返回不同的值表示程序运行的不同状态。

注 1 屏幕上显示的"Press any key to continue"是系统自动显示的,不是程序运行的结果,它的意思是当你按键盘上的任意键时,退出运行窗口,返回编辑窗口。

注 2 编写程序时一般用小写字母。在 C 语言中大小写字母是区分的,也就是说同一个字母的大小写是不同的符号,程序中该用小写字母的地方不能用大写字母。

注 3 C 程序对书写格式没有严格的要求,上述程序可以写在若干行上,也可以写在一行上,但为了阅读的方便,建议采用上述缩进式的书写格式。

例 1.2 计算并在屏幕上输出两个整数的和。

11

源程序如下：

```
#include <stdio.h>
int main(void)
{
    int sum;
    sum=25+30;
    printf("25+30= %d\n",sum);
}
```

运行结果(图1-8)：

图 1-8

程序说明：程序中的第一行和第二行，我们在例1.1中已经介绍过了，下面主要介绍一下程序中的三个语句。

第一个语句是定义了一个变量 sum，用来存储一个整数，int 是 C 语言的一个关键字，表示整数类型，关于 int 的详细介绍见第 2 章。C 语言规定，使用变量必须先定义后才能使用。使用变量时，我们可以把一个数据存入变量中，也可以从变量中取出数据进行运算。

第二个语句 sum=25+30；的作用是将 25 和 30 相加，其和存入变量 sum 中。"="是一个赋值运算符，它的作用是把=右边表达式的值存入左边的变量中。

第三个语句是调用 printf 函数，在本例中 printf 函数有两个参数，两个参数之间用逗号分隔。第一个参数是一个字符串，也称为格式串，其中 25+30=会原样显示在屏幕上，%d 称为格式符，它的作用是告诉 printf 要输出一个十进制整数，输出的值在第二个参数 sum 中。

例 1.3 修改例 1.2，要求先把 25 和 30 存入两个变量中，再进行相加运算。

源程序如下：

```
#include <stdio.h>
int main(void)
{
    int value1,value2,sum;
    value1=25;
```

```
        value2=30;
        sum=value1+value2;
        printf("%d+%d=%d\n",value1,value2,sum);
}
```

运行结果(图 1-9)：

图 1-9

程序说明： 程序中的第一个语句定义了三个整数变量 value1，value2 和 sum，用来存储三个整数。第二、三个语句是赋值语句，作用是把 25 和 30 分别存入变量 value1、value2 中。第三个语句也是赋值语句，作用是把变量 value1 的值 25 和变量 value2 的值 30 相加，然后存入变量 sum 中。在第四个语句 printf 函数中共有四个参数，第一个参数是格式串，其中有三个格式符%d，决定了后面三个参数 value1，value2，sum 的值按照整数格式输出。

例 1.4 修改例 1.3，在 C 程序中增加注释。

源程序如下：

```
#include <stdio.h>
int main(void)
{
    //定义变量
    int value1,value2,sum;
    /*下面的语句是给两个变量赋值，
    然后计算两个变量的和再存入变量 sum 中*/
    value1=25;
    value2=30;
    sum=x+y;
    //输出 sum 的值
    printf("%d+%d=%d\n",x,y,sum);
}
```

程序说明： 为了让自己或别人看懂程序，在编写程序时常常增加一些注释内容，对程序功能进行一些说明，提高程序的可读性。在 C 程序中进行注释有两种方法：一种方法是用//符号开头，后面一直到行尾的字符都是注释的内容，这种方法一般用于只有一行注释时。另

13

一种方法是用/ * 开始,用 * /结束,中间的所有字符都是注释内容,这种方法用于有多行注释内容时。

注释的内容在编译时被编译程序忽略掉,对程序的运行结果没有任何影响,上述程序的运行结果与例 1.3 完全相同。

通过例 1.1~例 1.4,我们必须掌握下面知识点:

1.C 语言规定,一个 C 程序由若干个函数组成,并且有且只有一个名为 main 的主函数,main 函数在程序中的位置是任意的。

2.C 程序中的书写格式比较自由,一行内可以写若干个语句。

3.C 程序中的字母是区分大小写的。

4.每个语句必须用分号结束。

5.C 程序的执行从 main 函数开始,在 main 函数中结束。

6.在 C 程序中为了提高可读性,可以插入一些注释,注释有两种方法,可以放在程序的任何位置,在编译时被忽略掉,所以注释对程序的运行结果不产生任何影响。

 # 1.6 上机实训项目

实验 1 将例 1.2 的程序输入、编译、连接、运行,初步掌握 C 语言上机调试程序的方法和步骤。

实验 2 输入下面的程序,试找出错误并修改之。

```
♯include <stdio.h>
Int main(void)
{
    int sum;
    sum=25+30
    printf("25+30=%d\n",sum);
}
```

实验 3 试修改例 1.2 程序,在屏幕上显示下面信息:

This is my first C program.

Programming is fun.

And programming in C is even more fun.

提示:要完成上述任务,一种方法是每一行调用一个 printf 函数输出,另一种方法是只调用一个 printf 函数输出。

实验 4 修改例 1.4 程序,计算 33+56 的和,如果要计算 1+2+3+4+5 该如何修改程序?

实验 5　编写一程序,将华氏温度(F)27°转化为摄氏温度(C),转换公式为:C＝(F－32)/1.8。

1.7　课后实训项目

一、选择题

1. C 语言规定,必须用(　　)作为主函数名。

A)function　　　　　　　B)include　　　　　　　C)main　　　　　　　D)stdio

2. 以下叙述不正确的是(　　)。

A)分号是 C 程序的必要组成部分

B)C 语言中的注释行可以出现在程序的任何位置

C)函数是 C 程序的基本单位

D)C 程序书写格式严格限制,一行内必须写一语句

3. 一个 C 程序的执行是从(　　)。

A)程序的 main 函数开始,到 main 函数的结束

B)程序文件的第一个函数开始,到本程序文件的最后一个函数结束

C)本程序 main 函数开始,到本程序文件的最后一个函数结束

D)本程序文件的第一个函数开始,到本程序 main 函数结束

4. 以下叙述正确的是(　　)。

A)在 C 程序中,main 函数必须位于程序的最前面

B)C 程序的每行中只能写一条语句

C)C 程序中的主函数名必须为 main

D)在对一个 C 程序进行编译的过程中,可发现注释中的拼写错误

5. 下列字符串是合法标识符的是(　　)。

A)_MK　　　　　　　B)9_student　　　　　　　C)long　　　　　　　D) $ 123. 4

二、填空题

1. 一个 C 程序中至少应包括一个_____。

2. 每个语句和数据定义的最后必须有一个_____号。

3. C 语言采用_____方式将源程序转换为二进制目标代码。

三、分析下面程序，写出运行结果

1.
```c
#include <stdio.h>
int main (void)
{
    int answer,result;
    answer=100;
    result=answer-10;
    printf ("The result is %d\n",result+5);
    return 0;
}
```

2.
```c
#include <stdio.h>
int main()
{
    printf("we are students. \n");
    printf("I begin to study C language. \n");
    return 0;
}
```

四、找出下面程序中的所有语法错误，然后在计算机上运行输出正确结果。

1.
```c
#include <stdio.h>
int main (Void)
{
    INT sum;
    / *  COMPUTE RESULT
    sum=25+37 - 19;
    printf ("The answer is %i\n" sum);
    return 0;
}
```

2.
```c
int main (void)
{
    int x,y;
    value1=10
    value2=20
```

```
        printf ("value1=％d,value2=％d\n"  value1  value2);
        return 0;
    }
3. ＃include ＜stdio.h＞
    int compute (void)
    (
        value1=15;value2=30;
        printf (The sum of value1 and value2 is ％d\n,value1+value2);
        return 0;
    )
```

第 2 章　数据类型和运算符

一个程序中的主要操作就是根据问题的需求对给定的数据进行计算,所以这就要求编程人员掌握 C 语言中数据的类型及运算符的相关知识。本章主要介绍 C 语言中常量、变量的概念,数据类型及运算符和表达式的基本知识,为编写 C 程序奠定基础。

 ## 2.1　常量和变量

2.1.1　常量

在 C 语言中,数字、由单引号括起来的单个字符和由双引号括起来的若干个字符统称为常量(constant),常量在程序的运行过程中是不变的量。如 30 是一个整数常量,3.14159 是一个实数常量,'a' 是一个字符常量,"This is my first C program. \n"是一个字符串常量。

另外,在 C 程序中还可以用一个标识符来代表一个常量,称为符号常量。使用符号常量需要先进行定义,如

```
#define  PI 3.14159
```

其中#define 是一个宏定义命令,说明用标识符 PI 代表实数常量 3.14159,以后在程序中凡是用到 3.14159 这个数时都可以用 PI 来表示。关于#define 的详细使用方法参见第 10 章。

2.1.2　变量

在 C 程序中,我们常常需要把一些数据保存在计算机内存中。一台内存为 2GB 的计算机有 $2 \times 1024 \times 1024 \times 1024 = 2147483648$ 个字节(Byte),每个字节称为一个基本存储单元。由于计算机的内存只能存储二进制数,所以在计算机发展初期,用机器语言编程时,程序员必须自己将数据转化为二进制数,并且还要自己安排数据在内存中存放的位置。而用高级语言编程时,我们只要通过变量名(variable names)就可以轻松完成这个任务,省去很多麻烦,使我们把更多的精力放在问题如何解决上,如例 1.3 中我们定义了变量 sum 保存25+30的和。

使用变量来保存数据时,必须要先进行变量的定义,变量的定义实际上是通知编译系统

为定义的变量分配若干个字节的存储单元,分配几个字节的存储单元是由定义变量的数据类型(data type)决定的。如在 VC++6.0 编译环境下,系统为 int 类型的变量分配 4 个字节。

在 C 语言中,定义变量的基本格式为:

数据类型 变量名[=常量][,变量名];

变量名是一个标识符,所以在命名时要符合标识符的命名规则,另外,选用的变量名最好有一定的含义,能反映变量所存储的数据特点,这样做有利于程序的可读性。

如 int sum;

　　int value1,value2;

　　int x=100;

上述都是合法的定义变量的格式。

 ## 2.2　数据类型

C 语言能够处理的数据,除了我们前面已经见过的 int 型(整型)外,还有实型也称为浮点型(floating-point)、字符型、枚举型、数组、指针、结构体、共用体等。本节我们先介绍 C 语言的几种基本数据类型,其他类型将在后续章节中介绍。

2.2.1　整型数据

整型数据是指不含小数点的数字,在 C 语言中用 int 表示整数类型。用 int 定义的变量,编译系统将为其分配 2 个字节或 4 个字节(C89 标准中没有明确规定 int 型的数据占用几个字节,所以不同的编译系统为 int 型变量分配的字节数是不同的),如 Turbo C 2.0 为每个 int 型变量分配 2 个字节,而 VC++6.0 为每个 int 型变量分配 4 个字节。

在内存中,整数是以补码的形式存储的,其中最左边一位用来表示正负号,若该位为 0,则表示正号,若该位为 1,则表示负号。一个正整数的补码就是该数的二进制数,一个负数的补码可用下面方法获得:先求出该数的二进制数,然后取反即 0 变 1、1 变 0,并使最左边一位为 1,这个二进制数称为该数的反码,再在反码的最右边一位上加 1 得到的二进制数就是负数的补码。如果系统分配 2 个字节给整型变量,则 55 和-55 在存储单元中的二进制数如图 2-1 所示。

55	0	0	0	0	0	0	0	0	0	0	1	1	0	1	1	1
-55	1	1	1	1	1	1	1	1	1	1	0	0	1	0	0	1

图 2-1　整数在内存中的形式

由于计算机系统只能用有限位二进制表示一个整数,所以一个整型变量能存储的整数范围也有限的。分配了 2 个字节的整型变量能存储的整数范围是－32768～32767,而分配了 4 个字节的整型变量能存储的整数范围是－2147483648～2147483647。因此,在用整型变量保存数据时,一定要注意数据范围,否则会造成数据的溢出。

例 **2.1** 验证整型变量的数据范围。

源程序如下:

```
#include <stdio.h>
int main(void)
{
    int x,y,int2,int4;
    x=32767;
    y=2147483647;
    printf("x=%d\ny=%d\n",x,y);
    int2=x+1;
    int4=y+1;
    printf("int2=%d\nint4=%d\n",int2,int4);
    return 0;
}
```

运行结果(图 2-2):

图 2-2

程序说明:程序中的第一个语句定义了 4 个整型变量 x,y,int2 和 int4;第二个语句将整数常量 32767 保存到变量 x 中;第三个语句将整数常量 2147483647 保存到变量 y 中;第四个语句调用 printf 函数输出 x、y 的值,结果是正确的;第五个语句把变量 x 的值与常量 1 相加再保存到变量 int2 中;第六个语句是把变量 y 的值与常量 1 相加再保存到变量 int4 中。在程序运行的结果中变量 int2 的输出结果是正确的,而变量 int4 的输出结果是错误的,因为 y+1 的结果应该是 2147483648,但其值已经超出了变量 int4 的存储范围。

为什么变量 int4 会输出－2147483648 呢? 因为变量 y 的值在存储单元中的二进制数是 01111111111111111111111111111111,进行 y+1 运算如下:

$$01111111111111111111111111111111$$
$$\underline{+\qquad\qquad\qquad\qquad\qquad\qquad 1}$$
$$10000000000000000000000000000000$$

而 10000000000000000000000000000000 恰好是 -2147483648 的补码。所以当一个整型变量中存储了一个存储范围中最大整数时，再加 1 得到的就是该变量存储范围中最小的那个值，同样道理，$-2147483648+1$ 的结果不是 -2147473647 而是 2147483647。

例 2.1 告诉我们，当整数变量发生溢出时，程序照常执行并不提示任何错误信息，但输出结果是错误的，这就要求编程者特别注意数据的范围，不要出现溢出现象。

在 C 语言中，还可以在 int 前面加上分类符 short、long、unsigned、signed，对整数类型进行细分：

（1）short int（短整型）：这种类型的整数在计算机内存中只占用 2 个字节的存储空间，在有的计算机系统中可以节省一半的内存空间，但这种类型的变量存储整数的范围是 $-32768\sim32767$。调用 printf 函数输出 short int 型数据时，需要在整数类型格式符前加一个字母 h，如%hd。

（2）long int（长整型）：这种类型的整数在计算机内存中占用 4 个字节的存储空间，许多计算机系统中 long int 和 int 占用同样大小的内存空间，这种类型的变量存储整数的范围是 $-2147483648\sim2147483647$。调用 printf 函数输出 long int 型数据时，需要在整数类型格式符前加一个字母 l，如%ld。

（3）unsigned（无符号的）：unsigned 表示我们定义的变量只存储正的整数，这样 2 个字节的变量可以存储 $0\sim65535$ 之间的整数，4 个字节的变量可以存储整数的范围是 $0\sim4294967295$，8 个字节的变量可以存储 $0\sim18446744073709551615$ 之间的整数。调用 printf 函数输出 unsigned int 型数据时，需用格式符%u。

（4）signed（有符号的）：一般来说，不用 unsigned 定义的整型变量都是有正负的，所以这个分类符一般不用。

综上所述，在 C 语言中提供的所有整数类型如表 2-1 所示。

表 2-1　整数类型及数据的范围

类型	字节	可容纳数据的范围
int	2	$-32768\sim32767$，即 $-2^{15}\sim(2^{15}-1)$
	4	$-2147483648\sim2147483647$，即 $-2^{31}\sim(2^{31}-1)$
unsigned int	2	$0\sim65535$，即 $0\sim(2^{16}-1)$
	4	$0\sim4294967295$，即 $0\sim(2^{32}-1)$
short int	2	$-32768\sim32767$，即 $-2^{15}\sim(2^{15}-1)$
unsigned short int	2	$0\sim65535$，即 $0\sim(2^{16}-1)$
long int	4	$-2147483648\sim2147483647$，即 $-2^{31}\sim(2^{31}-1)$
unsigned long int	4	$0\sim4294967295$，即 $0\sim(2^{32}-1)$

注 在 C 程序中,如果 int 前面有分类词 short、long、unsigned、signed 时,int 可以省略不写,如定义一个无符号的整数变量:

unsigned counter;

整型常量有三种书写方法:

(1)十进制形式:由 0~9 组成的一个至少包含一个数字的序列,＋和－号只能出现在最左边表示数的正负,正数的＋号可以省略不写。如 12,－30,0 都是合法的十进制整数。调用 printf 函数输出数据时,格式符%d 输出的就是十进制数。

(2)八进制形式:如果一个整数由数字 0 开头,则表示该整数是一个八进制数,0 后面的数字只能是由 0~7 组成的数字序列,如 0125,－030,0 都是合法的八进制整数。调用 printf 函数按八进制输出整数,要用格式符%o。注意 0125 表示的十进制数是 85($1\times64+2\times8+5$)。

(3)十六进制形式:如果一个整数由数字 0 和字母 x(大小写均可)开头,则表示该整数是一个十六进制数,后面紧跟着由数字 0~9 和字母 a~f(或 A~F)组成的序列,a~f 分别代表 10~15,如 0x3ab,－0x3f,0x0 都是合法的十六进制整数。调用 printf 函数按十六进制输出整数,要用格式符%x。0x3ab 表示的十进制数是 939($3\times256+10\times16+11$)。

另外,如果在一个整型常量后面紧跟一个字母 L(大小写均可),表示这个常量是长整型的,如:13700L 表示 13700 是一个长整型常量。后面紧跟一个字母 U(大小写均可),表示这个常量是无符号整型的,也可以用 UL 表示一个无符号的长整型常量,如 37003134UL。

一个整数常量后面没有 l,L,u 或 U,则编译系统会根据其数值大小确定它的数据类型。如果常量的值在－2147483648~2147483647 之间,则系统把它作为 int 型数据,如果常量的值大于 2147483647,则系统认为是 unsigned int 型的,如果常量的值比－2147483648 还小,则系统认为这个常量是 long int 型的数据。

2.2.2 实数类型

在 C 语言中,实型数据是指有小数部分的数据,如 120.5 就是一个实数。实数在计算机内存中的存储方式如表 2-2 所示,共三部分:符号位(Sign),指数部分(Exponent)和尾数部分(Mantissa)。这种表示方法称为科学计数法,如 120.5 可以表示为 1.205×10^2,其中 1.205 称为尾数,2 称为指数。

表 2-2　实数在计算机内存中的存储形式

符号位	指数	尾数
0	10000101	11011010000000000000

但在计算机中数据是采用二进制存储的,120.5 的二进制数为 1110110.1,用科学计数法表示为 1.1101101×2^6。任何一个数的二进制科学计数法中尾数的小数点前都是 1,所以在内存中可以不用存储这个 1,因此 120.5 这个数的尾数实际上是 1101101,指数是 6。采用

22

移位存储,就是把指数加上一个127,所以在内存中存储的指数部分是6+127=133,其二进制数是 10000101。若用 4 个字节存储实数,则 120.5 在内存中的二进制数就是 01000010111011010000000000000000。

实数又分为三种类型:

1. float(单精度浮点数)型:用 float 定义的变量一般分配 4 个字节的内存单元,它所能存储数据的范围是:$-3.4 \times 10^{38} \sim 3.4 \times 10^{38}$,其精度有 6~7 位有效数字。

例 2.2　计算半径为 10cm 的圆的面积并按三种格式输出。

源程序如下:

```
#include <stdio.h>
#define PI 3.1415926
int main (void)
{
    float  area;
    area=PI * 10 * 10;
    printf (" area= % f 平方厘米\n",area);
    printf (" area= % e 平方厘米\n",area);
    printf (" area= % g 平方厘米\n",area);
    return 0;
}
```

运行结果(图 2-3):

图 2-3

程序说明:在 C 程序的开始定义了一个符号常量 PI,代表圆周率 π 的近似值 3.1415926;程序中的第一个语句定义了一个 float 型的变量 area;第二个语句是根据公式求圆的面积并把结果保存到变量 area 中,其中 * 表示乘号。下面用三个 printf 函数输出变量 area 的值,第一个 printf 中使用了格式符%f,输出的值不是 314.15926,而是 314.159271,这是因为变量 area 只有 6 位有效数字,也就是说计算机只能保证 314159 这 6 位数字是准确的,其他的数字就不准确了,所以会出现这样的结果。第二个 printf 中使用了格式符%e,输出的结果是 3.141593e+002,它表示 3.141593×10^2,也就是

314.1593。第三个 printf 中使用了格式符%g，从结果可以看出，系统选择了%f 的输出格式，但只输出了有效位数。

2. double(双精度浮点数)：double 型变量一般占用 8 个存储单元，它所能存储的数据范围为$-1.7\times10^{308}\sim1.7\times10^{308}$，但其精度比 float 型变量要高，达到 15～16 位有效数字。

3. long double(长双精度)：这个数据类型在不同的编译系统中分配的内存空间的大小是不同的，如 Turbo C 编译系统为其分配 16 个字节，而 VC++6.0 编译系统中 long double 与 double 是一样的。

注 1　在不同的编译系统下进行编译，实数变量所能存储的数据范围有所差异。

注 2　在使用实数类型的变量存储数据时有一定的误差，特别注意在进行计算时，要避免非常大的数和非常小的数相加减。

书写实型常量时，必须要有小数点，并且小数点可以在数字的最前面或者最后面。如 3.1415，.125，$-3.$ 都是合法的。实型常量还可以采用指数形式书写，如 1.7×10^3 可以写成 1.7e3，其中字母 e 前面的数字称为尾数，后面的数字称为指数，表示 10 的几次方，其值可正可负，如 2.25e$-$4，表示 2.25×10^{-4}，或 0.000225。字母 e 大小写均可，但其前后的数字不可省略，如 10^9 正确的写法是 1e9，如果写成 e9 则是错误的。

实型常量的数据类型都当作是 double 型的，这样可以保证计算机的精确度。如果在一个实型常量的后面跟着一个字母 F(大小写均可)，则系统认为是 float 型的。如 3.14159 是一个 double 型的常量，在而 3.14159f 则是一个 float 型的常量。

2.2.3　字符类型

字符数据是指 C 语言的字符集中的单个字符，在基本 ASCII 码表中共有 127 个字符，每个字符都规定了一个整数值，称为 ASCII 值，见附录 A。如字母 A 的 ASCII 值为 65，数字 0 的 ASCII 值为 48。

在 C 程序中，用关键字 char 定义一个字符变量，编译系统为该变量分配 1 个字节的存储空间。当把一个字符保存到字符变量中时，实际上，在字符变量中保存的是该字符的 ASCII 值，所以字符型变量可以用于保存整数，其数据范围为$-128\sim127$。

字符常量是放在一对单引号内的一个字符，如'a'，';'，'8'，需要注意的是'8'不再是整数 8 了，它只是代表了一个字符。

在 C 语言中另一种表示字符的方法称为转义字符(escape character)。它是用"\"开始，后面跟着一个字母或数字来表示的。如'\n'代表的是换行字符，常用的转义字符见表 2-3。

表 2-3　转义字符

转义字符	代表的实际字符
\a	控制字符 BEL，ASCII 值为 7，使扬声器发出"嘟"的一声
\b	控制字符 BS，ASCII 值为 8，退格键（Backspace）
\f	控制字符 FF，ASCII 值为 12，换页键
\n	控制字符 LF，ASCII 值为 10，换行键
\r	控制字符 CR，ASCII 值为 13，回车键
\t	控制字符 HT，ASCII 值为 9，水平制表符（Tab 键）
\v	控制字符 VT，ASCII 值为 11，垂直制表符
\\	\
\"	"
\'	'
\?	?
\nnn	ASCII 值为八进制数 nnn 对应的字符
\xnn	ASCII 值为十六进制数 nn 对应的字符

例 2.3　观察下面程序的运行结果，了解转义字符的用法。

源程序如下：

```
# include <stdio.h>
int main (void)
{
    printf ("\a\a\a 请注意屏幕上的显示信息!! \n");
    printf("ab\b\bcd\tefg\n");
    printf ("\\t is the horizontal tab character.\n");
    printf ("\"Hello,\" he said.\n");
    return 0;
}
```

运行结果（图 2-4）：

图 2-4

程序说明：对照运行结果，程序中的第一个语句先使扬声器发出"嘟嘟嘟"三声，然后在屏幕上显示"请注意屏幕上的显示信息！！"并换行。第二个语句先输出 ab 两个字符，接着的两个\b 使光标向左移动两列，同时删除了 ab 两个字符，然后输出 cd 两个字符，由于计算机的速度很快，所以用户看不到 ab 两个字符的显示，\t 的作用是把光标移到下一个制表位，两个制表位之间一般间隔 8 个空格，接着显示 efg 三个字母并换行。第三个语句输出的信息中\\代表字符\。第四个语句中的\"代表"。

表 2-3 中的最后两个可以表示 ASCII 表中的任何一个字符，其中\nnn 中的 nnn 是 1~3个八进制数，\xnn 中的 nn 是一个十六进制数。如字母'A'用八进制转义字符表示为'\101'，用十六进制转义字符表示为'\x41'。

2.3　运算符和表达式

C 语言的运算能力很强，提供了丰富的运算符用于对各类数据进行加工处理，可以进行算术运算、关系运算、逻辑运算等 13 类，参加运算的数据称为运算量。由运算符和运算量组成的式子称为表达式，如 x+3 是一个算术表达式。

每个表达式都有一个计算结果称为表达式的值，表达式值的数据类型是由运算量的类型决定的，如果两个运算量的数据类型是相同的，则运算量的类型就是运算结果的数据类型；如果两个运算量的数据类型不相同，则其中一个运算量的数据类型要转换成另一个运算量的数据类型，使两个运算量具有相同的类型，然后再进行运算，最后的运算结果的类型是转换后的数据类型。这种类型转换是计算机自动完成的，其转换规则按下面顺序执行：

1. 如果两个运算量中有一个是 long double 型的，则另一个运算量转换为 long double 型，其运算结果是 long double 型。

2. 如果两个运算量中有一个是 double 型的，则另一个运算量转换为 double 型，其运算结果是 double 型。

3. 如果两个运算量中有一个是 float 型的，则另一个运算量转换为 float 型，其运算结果是 float 型。

4. 如果运算量是 char、short int 或枚举型的，则必然转换为 int 型。

5. 如果两个运算量中有一个是 long long int 型的，则另一个运算量转换为 long long int 型，其运算结果是 long long int 型。

6. 如果两个运算量中有一个是 long int 型的，则另一个运算量转换为 long int 型，其运算结果是 long int 型。

7. 如果两个都是 int 型的，则结果是 int 型。

注　对于 unsigned 型的数据转换规则较复杂，在此不再展开。

在一个表达式中有多个运算符时,它们的计算顺序称为运算符的优先级。如果一个表达式中的多个运算符有相同的优先级时,它们的计算顺序称为运算符的结合性。计算表达式值的时候要根据运算符的优先级和结合性来确定计算顺序。

2.3.1 算术运算符

算术运算是 C 语言中最基本的运算,共有 5 个运算符,它们是:＋(加)、－(减)、＊(乘)、/(除)、%(求余)。注意在 C 语言中乘号用的是 ＊ 而不是×,%是求余数运算而不是百分号,除号用的是/而不是÷。另外,＋和－还可以作为正负号使用。

用/进行除法运算时要注意运算量的数据类型决定了运算结果的类型。

例 2.4 除法运算符的使用。

源程序如下:

```
#include <stdio.h>
int main(void)
{
    int a=10,b=4;
    float c=4.0;
    printf("a / b= %d\n",a/b);
    printf("a / c= %f\n",a/c);
    return 0;
}
```

运行结果(图 2-5):

图 2-5

程序说明:程序首先定义了二个整数变量 a,b,一个单精度浮点型变量 c。下面的语句是计算 a 除以 b 的值,从数学的角度,10/4 的计算结果应该是 2.5,但在 C 语言中规定,如果两个整数相除其结果仍然是整数,所以输出的结果是 2。在第二个计算结果中,由于其中一个运算量 c 是 float 型的,所以计算结果也是 float 型的,由此才能得到结果 2.5。

求余运算符%是计算被除数除以除数后的余数,这个运算符要求两个运算量必须是整数,如果其中有一个运算量是负数时,不同的编译系统运算规则不同,得到的结果也有可能不同。

例 2.5 求余运算符的使用。

源程序如下：

```c
#include <stdio.h>
int main (void)
{
    int a=5,b=3;
    printf ("a %% b=%d\n",a % b);
    printf ("-a %% b=%d\n",-a % b);
    printf ("a %% -b=%d\n",a % -b);
    printf ("-a %% -b=%d\n",-a % -b);
    return 0;
}
```

运行结果(图2-6)：

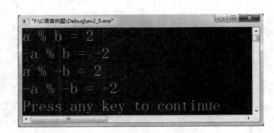

图 2-6

程序说明： 程序中首先定义了两个整数变量a,b,并分别赋初值为5和3,下面调用四个printf计算并输出5%3、-5%3、5%-3、-5%-3的值。由运行结果可以看出,由VC++6.0编译该程序,如果其中有一个运算量为负时,其余数的正负号与被除数相同。在printf中"a%%b="的作用是输出"a%b=",注意要输出一个%必须用两个%。

算术运算符的*、/、%的优先级是同级的,高于+和-。+和-运算符的优先级是相同的。算术运算符的结合性是自左向右。关于运算符的优先级和结合性详见附录B。

例2.6 算术运算符的优先级与结合性。

源程序如下：

```c
#include <stdio.h>
int main (void)
{
    int a=10,b=20,c=40,result;
    result=a+b*c;
    printf("a+b*c=%d\n",result);
    result=(a+b)*c;
```

28

```
    printf("(a+b)*c=%d\n",result);
    result=a*b/c;
    printf ("a*b/c=%d\n",result );
    return 0;
}
```

运行结果(图 2-7):

图 2-7

程序说明: 计算第一个表达式 a+b*c 的值时,由于乘法的优先级高于加法,所以先计算 b*c 结果为 800,然后再和变量 a 的值相加,结果为 810。第二个表达式中有小括号,所以要先计算括号内的式子,a+b 的结果是 30,然后再和 c 相乘,结果为 1200。第三个表达式中乘和除是同级运算,按照由左向右的结合性,先计算 a*b 结果为 200,然后再除以 40,结果为 5。

例 2.7 不同类型数据的运算。

源程序如下:

```
#include <stdio.h>
int main (void)
{
    float f=40.54;
    inti=5;
    long l=65536;
    short s=255;
    printf ("f*i+l/s=%d\n",f*i+l/s );
    return 0;
}
```

运行结果(图 2-8):

图 2-8

29

程序说明:按照运算的优先级,先计算 f * i,由于 f 是 float 型的变量,根据步骤 3,变量 i 的值转换为 float 型,其乘积也为 float 型。然后计算 l/s,根据步骤 4,变量 s 的值转换成 int 型,又根据步骤 6,因为 l 是 long int 型的,所以变量 s 的值又被转换成 long 型的进行计算,其结果为 long int 型。最后计算加法,因为 f * i 的结果是 float 型的,根据步骤 3,l/s 的结果由 long int 转换为 float 型,最后表达式 f * i + l/s 结果的类型是 float 型。

有时我们也需要把一个 float 型的数据转换成 int 型的,这时系统就不能自动转换类型,而是要进行强制类型转换,要实现这种转换可以使用强制类型转换运算符来完成。如:(int) 25.54+(int)11.99 相当于 25+11。强制类型转换的一般格式为:

(类型名)(表达式)

如计算 1/2 时,由于两个运算量都是 int 型的,所以结果也是 int 型的,因此结果为 0。要得到 0.5,则需要将其中之一转换为 float 型的数据,如(float)1/2 或(float)1/(float)2。

2.3.2 加 1、减 1 运算符

++运算符的作用是使运算量的值增加 1,而--运算符的作用是使运算量的值减少 1,所以要求它们的运算量必须是变量,如果写成++5 则是不合法的。++和--称为单目运算符,它们只需要一个运算量,如果 i 是 int 型的变量,则++i 是合法的,它等价于 i= i+1。

例 2.8 ++与--运算符的使用。

源程序如下:

```
# include <stdio. h>
int main (void)
{
    int i,j;
    i=3;
    j=++i;
    printf ("i= %d,j= %d\n",i,j);
    i=3;
    j=i++;
    printf ("i= %d,j= %d\n",i,j);
    return 0;
}
```

运行结果(图 2-9):

图 2-9

程序说明:程序首先定义了两个整数变量 i,j,然后语句 i=3,把整数 3 保存到变量 i 中;接下来语句 j=++i 的作用是先把变量 i 的值增加 1,使变量 i 的值由 3 变成 4,然后再把 4 保存到变量 j 中,所以在第一个 printf 输出的结果中变量 i,j 的值都是 4。下面的语句中变量 i 的值被重新赋值为 3,执行 j=i++ 语句时,先把变量 i 的值 3 保存到变量 j 中,然后才使变量 i 的值增加 1,所以第二个 printf 输出的结果中变量 i 的值等于 4,而变量 j 的值等于 3。

由此可以看出:++或--运算符可以在运算量(变量)的前面,也可以放在运算量的后面,如果++或--运算符在运算量的前面,则先使运算量(变量)的值增加或减少 1,然后再取运算量(变量)的值,否则,是先取运算量(变量)的值,然后再使运算量(变量)的值增加或减少 1。

++和--运算符的优先级高于算术运算符,结合性是自右向左。

2.3.3 赋值运算符

在 C 语言中,=是赋值运算符,它的作用是把一个表达式的值保存到一个变量中,使用格式一般为:

变量=表达式

如 i 是一个整型变量,i=3+5 就是一个赋值表达式,在这个表达式中有两个运算符,根据运算符的优先级,先计算 3+5,得到结果 8,然后再执行赋值操作,把整数 8 保存到变量 i 中。任何一个表达式都有一个值,赋值表达式的值就是赋值运算符左边的变量的值,因此,i=3+5 的值是 8。

如果 x,y 是两个整型变量,则下面的表达式也是合法的赋值表达式:x=y=10,因为是同级运算,根据赋值运算符自右向左的结合性,先执行 y=10,y 的值为 10,所以表达式 y=10 的值为 10,然后执行 x=y=10,把表达式 y=10 的值保存到 x 中,同时,该表达式的值为 10。

需要注意的是,在使用赋值运算符时有可能发生数据类型的转换。因为赋值号左侧是一个变量,它所能容纳的数据类型和数据范围都是事先定义好的,所以当右侧的表达式的值的类型与左侧变量的类型不一致时,右侧表达式的类型必须转换成左侧变量的类型才能存

31

储,如果右侧表达式的值超出了左侧变量的数据范围时,也会造成数据的丢失。

例 2.9 赋值运算符的使用

源程序如下：

```
#include <stdio.h>
int main (void)
{
    int num;
    char ch;
    float pi;
    num=300;
    ch=65;
    pi=3.14159;
    printf ("num=%d,ch=%
    d,pi=%f\n",num,ch,pi );
    num=pi * 10 * 10;
    ch=300;
    pi=300;
    printf ("num=%d,pi=%f\n",num,pi );
    return 0;
}
```

运行结果(图 2-10)：

num=300, ch=A, pi=3.141590
num=314, ch=44, pi=300.000000
Press any key to continue

图 2-10

　　程序说明：在程序的声明部分定义了三个变量,一个 int 型的变量 num,一个 char 型的变量和一个 float 型的变量 pi,然后把整数常量 300 保存到 int 型变量 num 中,把整数常量 65 保存到 char 型变量 ch 中,把实数常量 3.14159 保存到 float 型变量 pi 中。在这三个赋值语句中,赋值运算符两边的数据类型是相同的,所以调用 printf 函数输出 num、ch 和 pi 的值没有任何问题。

　　在接下来的三个赋值语句中,第一个赋值语句,计算机先计算表达式 pi * 10 * 10 的值,由于 pi 是 float 型的变量,所以该表达式的最终计算结果是一个 float 型数据 314.159。但赋值运算符左侧是一个 int 型的变量,只能存储整数,所以需要把 314.159 去掉小数部分变成整数 314 保存到变量 num 中。在第二个赋值语句中,用 ch 保存一个整数,显然 300 已经超过其范围(−128~127),只能把 300 的补码中最右侧的一个字节(00101100)保存到 ch 中,所以在输出的结果中我们看到 ch=44。在第三个赋值语句中,把整数常量 300 保存到 float 型变量 pi 中,数值的大小没有改变,只是数据类型变了。

C 语言还允许把算术运算符和赋值运算符组合在一起,构成一个形如 op= 的复合赋值运算符,其中 op 可以是 +、−、*、/、% 中的任何一个,也可以是位运算符中的任何一个。如:num+=10,该表达式的计算过程是把 num 的值与 10 相加后,将和保存到变量 num 中,它等价于 num=num+10。表达式 num/=x+y 的计算稍微有点复杂,由于 + 的优先级高于 /=,所以先计算 x+y,然后执行 /= 操作,它等价于 num=num/(x+y)。实际上,从附录 B 中可以看到,除了逗号运算符外,其他运算符的优先级都高于赋值符。

2.3.4 逗号运算符

逗号运算符是 C 语言中一种特殊的运算符,它的作用仅仅是用于把若干个表达式组合成一个表达式。如:

i=1,j=2,i+j

逗号表达式的计算过程是从左向右逐个计算每个表达式,先计算 i=1,把 1 保存到变量 i 中,再计算 j=2,把 2 保存到变量 j 中,最后计算 i+j,注意最右侧表达式的值就是逗号表达式的值,所以这个逗号表达式的值是 3。逗号运算符的优先级是所有运算符中最低的。

 ## 2.4 上机实训项目

实验 1 输入并运行下面程序,根据运行结果,了解各种数据类型在内存所占用空间的大小。

```
#include<stdio.h>
int main(void)
{
    int d;
    char ch='a';
    float fl=0;
    d=sizeof(d);
    printf("int is %dB\n",d);
    printf("char is %dB\n",sizeof(ch));
```

```
printf("long int is %dB\n",sizeof(long int));
printf("unsigned int is %dB\n",sizeof(unsigned int));
printf("float is %dB\n",sizeof(fl));
printf("double is %dB\n",sizeof(double));
return 0;
}
```

实验 2 运行下面程序,分析运行结果,写出 VC++6.0 短整数、字符型和 float 型数据的范围。

```
#include <stdio.h>
int main (void)
{
    short int s;
    char c;
    float f;
    s=32767;
    c=127;
    f=3.1234e38;
    printf (" s=%d\tc=%d\tf=%g\n",s,c,f);
    s+=1;
    c+=1;
    f=3.1234e39;
    printf (" s=%d\tc=%d\tf=%g\n",s,c,f);
    return 0;
}
```

实验 3 输入下面程序,找出其中的错误语句并修改之。

```
#include <stdio.h>
int main (void)
{
    int i,j,k;
    i=3;
    j=++3;
    k=5.0%2;
    printf ("i=%d,j=%d,k=%d\n",i,j,k);
    return 0;
}
```

实验 4 若 a＝3,b＝4,c＝5,x＝1.2,y＝2.4,z＝−3.6,u＝51274,n＝128765,c1＝'a',c2＝'b'。想得到以下的输出格式和结果,请写出程序(包括定义变量类型和设计输出)。

a＝3 b＝4 c＝5

x＝1.200000,y＝2.400000,z＝−3.600000

x＋y＝3.60 y＋z＝−1.20 z＋x＝−2.40

u＝51274 n＝128765

c1＝'a' or 97(ASCII)

c2＝'b' or 98(ASCII)

实验 5 下面程序是求两个数的平均数,试找出其中的错误并改正之。

```
#include <stdio.h>
void main()
{float average;
  average=1/2*(96+55);
  printf("the average=%f\n",average);
}
```

2.5 课后实训项目

一、选择题

1. 在 C 语言中,不合法的整型常量是( )。

   A)0L   B)498261   C)0431278   D)0xa34b5

2. 以下选项中合法的实型常量是( )。

   A)5E2.0   B)E−3   C)0.23E1   D)1.3E

3. 设 a 和 b 均为 double 型常量,且 a＝5.5,b＝2.5,则表达式(int)a＋b/b 的值是( )。

   A)6.5   B)7   C)5.5   D)6.0

4. 以下选项中不属于 C 语言类型的是( )。

   A)signed short int   B)unsigned char   C)signed long   D)long short

5. 在 C 语言中,要求运算量必须是整数的运算符是( )。

   A)/   B)++   C)!＝   D)%

6. 设变量 n 为 float 类型,m 为 int 型,则以下能实现将 n 中的数值保留小数点后两位,第三位四舍五入运算的表达式是( )。

A)n=(n＊100＋0.5)/100.0   B)m=n＊100＋0.5,n=m/100.0

C)n=n＊100＋0.5/100.0   D)n=(n/100＋0.5)＊100.0

7. 以下变量 x,y,z 均为 double 类型且已正确赋值,不能正确表示数学式 x/(y＊z)的 C
语言表达式是(   )。

A)x/y＊z   B)x＊(1/(y＊z))   C)x/y＊1/z   D)x/y/z

8. 若已定义 x 和 y 为 double 类型,则表达式:x=1,y=x+3/2 的值为(   )。

A)1   B)2   C)2.0   D)2.5

9. 若变量 i,j 已正确定义,且 i 已正确赋值,以下合法的语句是(   )。

A)j==1   B)++i;   C)j=j++=5;   D)j=int(i);

10. 设 x 为 int 型变量,执行语句"x=10;x+=x-=x-x;"后,x 的值为(   )。

A)10   B)20   C)30   D)40

11. 以下选项中,与 k=n++完全等价的表达式是(   )。

A)k=n,n=n+1   B)n=n+1,k=n   C)k=++n   D)k+=n+1

12. 有以下程序:

```
#include <stdio.h>

int main()
{
    int k=2,i=2,n;
    n=( k+=i＊=k);
    printf(" %d, %d\n",n,i);
return 0;
}
```

执行后的输出结果是(   )。

A)8,6   B)8,3   C)6,4   D)7,4

13. 如果 int i=3;则 printf("%d",-i++)的结果为(   ),i 的值为(   )。

A)-3   4   B)-4   4   C)-4   3   D)-3   3

二、填空题

1. 在 C 语言中,用来标识变量名、函数名、数组名、类型名、文件名等的有效字符序列称
为_____。

2. 在 C 语言中,其值可以改变的量被称为_____。

3. C 语言所提供的基本数据类型包括:单精度型、双精度型、_____、_____
和_____。

4. C 语言中的标识符只能由三种字符组成,它们是_____、_____和_____。

5. C 语言中,float 型变量在内存占用的字节数是_____。

6. 已知字母 a 的 ASCII 码为十进制数 97,且设 ch 为字符型变量,则表达式 ch='a'+'8'-'3' 的值为_____。

7. 代数式 $\dfrac{e^{x^2+y^2}}{|x-y|}$ 对应的 C 语言表达式是_____。

8. 若有语句 float x=2.5;则表达式(int)x,x+1 的值是_____。

三、分析下面程序,写出运行结果

1.
```c
#include <stdio.h>
int main (void)
{
    int i,j;
    i=3;
    j=--i;
    printf ("i=%d,j=%d\n",i,j);
    i=3;
    j=i--;
    printf ("i=%d,j=%d\n",i,j);
    return 0;
}
```

2.
```c
#include <stdio.h>
int main()
{
    char c='w';
    printf("%d,%c\n",c,c);
    printf("%d,%c\n",'a','a');
}
```

3.
```c
#include <stdio.h>
int main()
{
    int a=030,b=0x2ab;
    double x=3.456,y=5.34e4;
    printf("%d,%d\n",a,b);
```

```
        printf("%lf,%lf\n",x,y);
    }
4. #include <stdio.h>
    int main()
    {
        char c;int n=100;
        float f=10;double x;
        x=f*=n/=(c=50);
        printf("%d   %f\n",n,x);
    }
5. #include <stdio.h>
    int main()
    {
        int n=3,m=8,x;
        x=-m++;
        x=x+m/++n;
        printf("%d\n",x);
    }
```

四、找出下面程序中的所有语法错误,然后在计算机上运行输出正确结果。

```
1. #include <stdio.h>
    int main (void)
    {
        float   a=5,b=3;
        printf ("a %% b=%d\n",a % b);
        return 0;
    }
2. #include <stdio.h>
    int mian()
    {
        char c=' China';
        printf('c=%c\n',c);
        Return 0;
    }
```

3. ```
include <stdio. h>
int main()
{int a,b,c;
    a=2;b=3;
    C=a+b;
    printf("%d+%d=%d\n",a,b,c);
    return 0;
}
```

## 五、程序设计题

1.已知三角形 ABC 的底边长为 5cm,高为 6cm,试编一程序计算它的面积。

2.已知圆的半径为 5cm,试编一程序计算它的面积和周长。

3.已知正方形的边长为 6cm,试编一程序计算它的面积。

4.已知圆柱体的底面半径为 4cm,高为 10cm,试编一程序计算它的体积。
```

第3章 数据的输入与输出

在计算机系统中,输入输出设备是其重要的组成部分,程序所需要的数据通过输入设备输送到计算机内存中,以便程序能够处理,而内存中的计算结果则需要通过输出设备提供给用户。一般微型计算机常用的输入设备有键盘、鼠标等,输出设备有显示器、打印机等。在C语言中没有提供数据输入和输出的关键字,程序中数据的输入输出是通过调用输入输出函数来完成的,这些函数已在 stdio. h 文件中进行了声明,所以要调用这些函数时,必须在程序开始添加一个预处理命令 #include<stdio. h>。本章主要介绍在 C 程序中如何实现数据的输入和输出,以及按照一定顺序执行的程序设计的方法。

 ## 3.1 数据的输出

3.1.1 putchar 函数

如果把一个字符型数据显示到屏幕上,可以调用 putchar 函数,其函数形式为:

```
int putchar(char c)
```

参数 c 可以是一个字符常量、字符型变量或整数型变量,该函数调用结束会有一个整数型返回值,但一般我们不使用这个返回值。

例 3.1 调用 putchar 函数输出字符数据

源程序如下:

```
#include <stdio.h>
int main()
{
    char ch='a';
    int x=321;
    putchar('C');
    putchar(ch);
    putchar(x);
```

```
        putchar('\n');
    }
```

运行结果(图 3-1):

图 3-1

程序说明:程序中第一个 putchar 函数的作用是在屏幕上显示一个字符常量'C',第二个 putcahr 函数的作用是输出字符变量 ch 的值'a',第三个 putchar 函数的作用是以字符形式输出整数变量 x 的值,因为 ASCII 码值的范围是 0~255,而变量 x 的值为 321,已超出了 ASCII 码值的范围,所以在数据类型转换时,系统输出的是变量 x 值的二进制表示中最右边的 1 个字节的数值所表示的字符,321 的二进制数为 101000001,最右边的 1 个字节就是 01000001,这是字符 A 的 ASCII 码值。

3.1.2   printf 函数

我们在前面已经使用这个函数输出字符串和数值数据,它可以输出包括字符数据在内的各种类型的数据。这个函数的形式为:

```
int printf(char * format,arg1,arg2,…,argn)
```

其中 format 是一个格式串,规定了参数 arg1~argn 的输出格式,该格式串必须用""括起来,在格式串中可以包含两种字符:

1. 普通字符,在输出时会显示在屏幕上。

2. 格式字符,由%开始,后跟着若干个数字或字符,用于规定后面参数的输出格式,形式如下:

```
[flags][width][.prec][h|l|L]type
```

其中 type 是格式符,%与 type 之间的符号统称为修饰符,具体作用如下:
flag 可以是下面字符之一:

一 数据左对齐

十 在数值数据前先输出十或一

0 用 0 填充空白数字

♯ 在八进制数字前先输出 0,在十六进制数字前先输出 0x

width 是一个整数,表示输出数据时所占的最小输出宽度

.prec prec 也是一个整数,如果输出的数据是整数,则表示输出数据的最小宽度,若数

41

字的个数少于指定的宽度时,多余的位置用 0 填充。如果输出的数据是实数,放在 f 和 e 格式符之前表示最少小数位数,放在 g 格式符之前表示输出数据的最多有效位数,放在 s 格式符前表示最多显示字符串中字符的个数。

h|l| L 类型修饰词,放在 type 的前面,h 表示 short,l 或 L 表示 long。

type 格式符,规定输出数据的类型,常用有以下字符:

i、d   整数。

u   无符号整数。

o   八进制整数。

x、X   十六进制整数,x 的大小写决定了 a~f 的大小写。

f、F   浮点数,默认输出 6 位小数。

e、E   指数形式的浮点数。

g、G   由计算机自动选择 f 或 e 类型转换符输出浮点数,若指数小于−4 或大于 5 系统选择%e 格式输出,则按%f 格式输出,并且将尾部多余的 0 去掉。

c、C   单个字符。

s   字符串。

%   %。

例 3.2 调用 printf 输出数据实例

源程序如下:

```
#include <stdio.h>
int main (void)
{
    char c='X';
    int i=425;
    short j=17;
    long int l=75000L;
    float f=12.97863F;
    double d=−97.4583;
    printf ("%d %o %x %u\n",i,i,i,i);
    printf ("%+d %#o %7d %.7d\n",j,j,j,j);
    printf ("%ld %lo %lx %lu\n",l,l,l,l);
    printf ("%f %e %g\n",f,f,f);
    printf ("%7.2f %7.2e %7.2g\n",f,f,f);
    printf ("%f %e %g\n",d,d,d);
    printf ("%c %d\n",c,c);
```

```
printf ("%3c%3d\n",c,c);
printf ("%s\n","I am a student.");
printf ("%20.4s\n","I am a student.");
printf ("%-20.4s\n","I am a student.");
return 0;
}
```

运行结果(图 3-2):

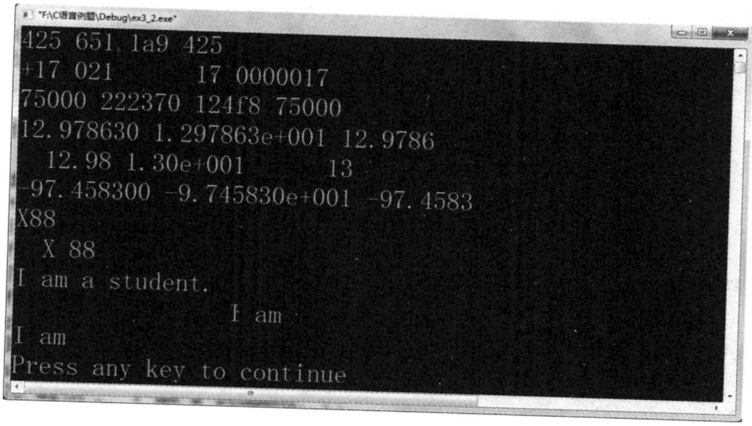

图 3-2

程序说明:程序中的第一个 printf 函数分别用十进制、八进制、十六进制和无符号格式输出整数变量 i 的值。第二个 printf 函数的格式串中,%+d 表示第一个变量 j 以十进制整数输出,其中+号的作用是在正数前输出一个+号;%#o 表示第二个变量 j 的值以八进制输出,其中#的作用是在八进制数前输出一个数字 0;%7d 表示第三个变量 j 的值以十进制整数输出,其中数字 7 的作用是数据在屏幕上至少占用 7 个字符的位置,数据右对齐,数据左边用空格填充;%.7d 表示第四个变量 j 的值以十进制整数输出,其中.7 的作用是数据在屏幕上至少占用 7 个字符的位置,数据右对齐,数据左边用 0 填充。第三个 printf 函数输出长整数变量 l 的值,因此要在 d、o、x、u 前面加字母 l。第四个 printf 函数分别用 f、e 和 g 格式符输出单精度浮点数 f 的值。第五个 printf 函数的格式串中,在 f 和 e 前面的数字 7.2 表示输出的数据至少占用 7 个字符位置,保留 2 位小数,在 g 前面的数字 7.2 表示输出数据至少占用 7 个字符位置,但只显示 2 位有效数字。第六个 printf 函数输出的是双精度浮点数,在格式符 f、e、g 前面可以加字母 l 也可以不加。第七个 printf 函数输出的数据是字符型变量 c 的值,用格式符 c 表示以字符形式输出,用格式符 d 表示输出该字符所对应的 ASCII 码。第八个 printf 函数的格式符中有数字 3 表示输出数据至少占 3 个字符的宽度。第九个 printf 函数是输出一个字符串,所以格式符要用 s。第十个 printf 函数的格式符中 20 表示输出数据至少占 20 个字符宽度,.4 表示只输出字符串的前 4 个字符。第十一个 printf 函数的格式符中有一个一号表示输出的数据左对齐。

注:调用 printf 时,下面几种情况要注意:

输出结果:1.♯INFrandom-digits　表示正无穷大(+infinite)。

输出结果:-1.♯INFrandom-digits　表示负无穷大(-infinite)。

输出结果:digit.♯INDrandom-digits　表示不明确的数(indefinite)。

输出结果:digit.♯NANrandom-digits　表示不是一个数(NAN)。

所谓不明确的数(indefinite)是指在计算机语言中未定义的数,如计算 sqrt(-1)时,就会显示-1.♯IND00,一般说明是一个非法运算。

3.2　数据的输入

如果在程序中要求从键盘输入数据存入指定的变量中,可以调用下面的函数。

3.2.1　getchar 函数

其调用形式为:

getchar()

该函数的作用是从键盘读取一个字符数据,其返回值即为读取的字符,它是一个无参函数。

例 3.3　从键盘输入 3 个字符,保存到字符变量 c1,c2,c3 中,然后在屏幕上输出。

源程序如下:

```c
# include <stdio.h>
int main()
{
    char c1,c2,c3;
    c1=getchar();
    c2=getchar();
    c3=getchar();
    putchar(c1);
    putchar(c2);
    putchar(c3);
    putchar('\n');
    return 0;
}
```

运行结果(图 3-3):

图 3-3

程序说明:由于 getchar 函数可以读取键盘上的任何字符,所以在输入数据时,a、b、c 之间不能加空格,否则空格也会作为一个字符读入。大家可以重新运行上述程序,输入 a b c,观察输出结果。

3.2.2　scanf 函数

该函数可以读取多种类型的数据,其函数一般形式为:

    int scanf(char * format,arg1,arg2,…,argn)

其中 format 与 printf 函数中的 format 基本相同,是一个格式串,后面的 arg1,…,agrn 是存放数据变量的地址。

常用的格式符有:

i、d　读取一个有符号的十进制整数。

u　读取一个无符号的十进制整数。

o　读取一个无符号的八进制整数。

x、X　读取一个无符号的十六进制整数。

f、e、g　读取一个有符号的浮点数,也可以用指数形式输入(如 3.14e3)。

c　读取一个字符,空格、回车也作为一个字符读取。

s　读取一个字符串,空格、回车不能作为字符读取。

常用修饰符有:

width　是一个整数,表示输入数据所占的最大宽度(字符个数)。

h　放在格式符 d、i、o、x 前,表示输入 short 型整数。

l、L　放在格式符 d、i、o、x 前,表示输入 long 型整数;放在 f、e、g 前表示输入 double 型浮点数。

＊表示读取的数据不存入后面的变量中。

例 3.4　scanf 使用实例。

源程序如下:

```
#include <stdio.h>
```

```
int main()
{
    int i;
    short h;
    long l;
    float f;
    double d;
    scanf("%d%hd%ld%f%lf",&i,&h,&l,&f,&d);
    printf("%d   %hd   %ld   %f   %lf\n",i,h,l,f,d);
    return 0;
}
```

运行结果(图 3-4):

图 3-4

程序说明: 利用 scanf 函数输入时,格式符要根据变量的类型进行设置,变量 i 是一个十进制整数,所以格式符要使用%d;变量 h 是一个 short 型整数,所以格式符要使用%hd;变量 l 是一个 long 型整数,所以格式符要使用%ld;变量 f 是一个 float 型浮点数,所以格式符要使用%f;变量 d 是一个 double 型浮点数,所以格式符要使用%lf。如果使用的格式符与对应的变量类型不一致,有可能造成读取错误的数据。& 符号表示求变量的地址,如果漏掉& 符号就错了。

另外在输入多个数据时,数据与数据之间要用空格、Tab 或回车分隔。如例 3.4 中 5 个数据之间是用空格分隔的,请你重新运行上述程序,用回车分隔 5 个数据试一试。

在格式串如果有非格式符,要求原样输入,如:

scanf("%d,%hd",&i,&h);

在格式串中有一个逗号,它是一个非格式符,所以在输入数据时要输入,正确的输入格式是:12,30<回车>。

如果你要限制读取数据的最大宽度,可以在格式符前加一个数字,如:

scanf("%3d%2hd",&i,&h);

46

其中3表示第一个变量最多接受3位数字,2表示第二个变量最多接受2位数字。如输入下面数据:1234567,则变量 i 的值为 123,变量 h 的值为 45。如果按下面形式输入:12 345,则变量 i 的值为 12,变量 h 的值为 34。

用 scanf 输入多个字符型数据时,空格、Tab、回车也是合法的字符数据,所以字符之间不能用空格、Tab、回车进行分隔。如:

scanf("%c%c",%c1,%c2);

若要输入 a、b 两个字符分别赋给 c1、c2,则正确的输入形式为:ab<回车>,如果输入形式为:a b<回车>则 c1 的值为 a,而 c2 的值为空格。

＊号在格式串中的作用是读取的数据被丢弃,如:

scanf("%d%＊f%d",&i,&j);

如果输入如下数据:123 3.14159 33<回车>,则 123 被赋值给变量 i,3.14159 读取后没有赋值给任何变量,33 被赋值给变量 j。

 ## 3.3 上机实训项目

实验 1 调用 getchar 与 putchar 函数输入输出字符数据。

1.输入并编译下面程序

```
#include <stdio.h>
int main()
{
    char c1,c2;
    int c3;
    c1=getchar();
    c2=getchar();
    c3=getchar();
    putchar(c1);
    putchar(c2);
    putchar(c3);
    putchar('\n');
    return 0;
}
```

2.运行程序,输入 a b c<回车>,观察输出的结果,分析 c1、c2、c3 的值分别是多少?

3.运行程序,输入 a<回车>b<回车>,观察输出的结果,分析 c1、c2、c3 的值分别是多少?

4.要输出 123,应如何输入?

实验 2 下面程序的功能是输入两个整数,输出其和,试调试运行。

```
# include <stdio.h>
int main()
{
    int x,y;
    printf("请输入两个整数:\n");
    scanf("x=%d,y=%d",&x,&y);
    printf("%d+%d=%d\n",x,y,x+y);
    return 0;
}
```

实验 3 调用 scnaf 与 printf 函数输入输出字符数据。

1.修改实验 1 的程序,改用 scanf 与 printf 函数完成三个字符数据的输入输出。

2.完成实验 1 中的 2、3、4 实验。

实验 4 下面程序是输入 1 个整数和 1 个实数,然后输出其值,试找出其中的错误。

```
# include <stdio.h>
int main()
{ long x;
  double y;
  scanf("%f,%f",&x,&y);
  printf("x=%f,f=%f\n",x,y);
}
```

实验 5 完成下面的程序。

```
# include <stdio.h>
int main()
{ int x;float y;
  printf("Enter x,y");
  scanf(_____);
  printf(_____)
  return 0;
}
```

数据输入格式:2,3.4

数据输出格式:x+y=5.40

48

3.4 课后实训项目

一、选择题

1. putchar 函数可以向终端输出一个（　　）。

　　A)整型变量表达式的值　　　　　　　　B)实型变量的值

　　C)字符串　　　　　　　　　　　　　　D)字符或字符型变量的值

2. 以下 C 程序正确的运行结果是（　　）。

```
# include <stdio.h>
int main()
{
    int y=2456;
    printf("y=%3o\n",y);
    printf("y=%8o\n",y);
    printf("y=%#8o\n",y);
    return 0;
}
```

　　A)y=　2456　　　　　　　　　　　　　B)y=　4630

　　　y=　　　　　　　　2456　　　　　　　　y=　　　　　　　　4630

　　　y=########2456　　　　　　　　　　y=########4630

　　C)y=2456　　　　　　　　　　　　　　D)y=4630

　　　y=　　　　2456　　　　　　　　　　　　y=　　　　4630

　　　y=　　02456　　　　　　　　　　　　　y=　　04630

3. 已有如下定义和输入语句,若要求 a1,a2,c1,c2 的值分别为 10,20,A 和 B,当从第一列开始输入数据时,正确的数据输入方式是（　　）。

```
int a1,a2;char c1,c2;
scanf("%d%c%d%c",&a1,&c1,&a2,&c2);
```

　　A)10　A20B　　　　B)10　A　20　B　　　C) 10A20B　　　　D) 10A20　B

4. 阅读以下程序,当输入数据的形式为 25,13,10 时,正确的输出结果为（　　）。

```
# include <stdio.h>
int main()
{
```

```
        int x,y,z;
        scanf("%d%d%d",&x,&y,&z);
        printf("x+y+z=%d\n",x+y+z);
        return 0;
}
```

  A)x+y+z=48   B)x+y+z=35   C) x+z=35   D)不确定值

5. 根据题目中已给出的数据输入和输出形式,程序中输入输出语句的正确内容是(   )。

```
#include <stdio.h>
int main()
{
        int a;float x;
        printf("input a,x:");
        _____/*输入语句*/
        _____/*输出语句*/
        return 0;
}
```

其中,输入形式为 3 2.1,输出形式为 a+x=5.10。

  A)scanf("%d,%f",&a,&x);   printf("\na+x=%4.2f",a+x);
  B)scanf("%d%f",&a,&x);   printf("\na+x=%4.2f",a+x);
  C)scanf("%d,%f",&a,&x);   printf("\na+x=%6.1f",a+x);
  D)scanf("%d%f",&a,&x);   printf("\na+x=%6.1f",a+x);

6. 已知 ch 是字符型变量,下面不正确的赋值语句是(   )。

  A)ch='a+b';   B)ch='\0';   C)ch='7'+'9';   D)ch=5+9;

7. 根据定义和数组的输入方式,输入语句的正确形式为(   )。

已有定义:float f1,f2;

数据的输入方式:4.52

                      3.5

  A)scanf("%f,%f",&f1,&f2);   B)scanf("%f%f",&f1,&f2);
  C)scanf("%3.2f,%2.1f",&f1,&f2);   D)scanf("%3.2f%2.1f",&f1,&f2);

8. 下面程序的输出结果是(   )。

```
#include <stdio.h>
int main()
{
        printf("ab\b\b c");
```

```
    return 0；
   }
```
A)ab\b\b c   B)c   C)abc   D)ab c

9. 下面程序的输出结果是( )。

```
int x=1234；
printf("%2d\n",x);
```

A)12   B)34

C)1234   D)提示出错、无结果

10. 在 scanf 函数的格式控制中,格式说明的类型与输入项的类型应该一一对应匹配。如果类型不匹配,系统将( )。

A)不予接收

B)不给出出错信息,但不可能得到正确数据

C)能正确接收到正确输入

D)给出出错信息,不予接收输入

11. 有定义语句"int x,y",若要通过 scanf("x=%d,y=%d",&x,&y);语句使变量 x 得到数值 11,变量 y 得到数值 12,下面 4 组输入形式中,正确的是( )。

A)11 12   B)11,12

C)x=11,y=12   D)x=11<回车>12

12. 下面程序的输出结果是( )。

```
#include <stdio.h>
int main()
{
    short x=65535；
    printf("%hd   %hu\n",x,x);
    return 0；
}
```

A)-1 -1   B)65535 65535   C)-1 65535   D)65535 -1

13. 在下面的语句中,错误的赋值语句是( )。

A)a=(b=(c=2,d=3));   B)i=i+1;

C)a=a/b=2;   D)a=a<a+1;

14. 在 printf 函数中,格式说明与输出项的个数必须相同,如果格式符的个数小于输出项的个数,多余的输出项将( );如果格式说明的个数多于输出项的个数,则对于多余的输出项将输出不定值(或 0)。

A)不予输出   B)原样输出

C)输出空格   D)输出不确定值或 0

15. 下面程序的输出结果是(   )。

```
#include <stdio.h>
int main()
{
    int x=010,y=10,z=0x10;
    printf("%d,%d,%d\n",x,y,z);
    return 0;
}
```

  A)8,10,16   B)8,10,10   C)10,10,10   D)10,10,16

16. 下面程序的输出结果是(   )。

```
#include <stdio.h>
int main()
{
    int x=5,y=5;
    printf("%d %d\n",x--,--y);
    return 0;
}
```

  A)5   5   B)4   4   C)4   5   D)5   4

二、填空题

1. 若有定义语句"int a=10,b=9,c=8;",接着顺序执行下列语句:

c=(a-=(b-5));

c=(a%11)+(b=3);

变量 b 中的值是_____。

2. 如果想输出字符"%",则应该在"格式控制"字符串中用_____表示。

3. printf()函数的"格式控制"包括两部分,它们是_____和_____。

4. 对不同类型的数据有不同的格式符,如_____格式字符用来输出十进制整数,_____格式符用来输出一个字符,_____格式符用来输出一个字符串。

5. 下列程序的功能是输入二个整数给 a,b,然后利用变量 c 将 a 和 b 的值交换,最后输出 a,b 的值。

```
#include <stdio.h>
int main()
{
```

```
    int a,b,c;
    scanf("%d%d",_____);
    c=a;_____;b=c;
    printf("a=%d  b=%d",&a,&b);
    return 0;
}
```

三、程序阅读题

1. 分析下面程序,写出运行结果。

```
#include <stdio.h>
int main()
{
    int x=65;char y='B';
    printf("%c,%d",x,y);
    return 0
}
```

2. 分析下面程序,写出运行结果。

```
#include <stdio.h>
int main()
{
    int a;char c=10;
    float f=100.0;double x;
    a=f/=c*=(x=6.5);
    printf("%d,%d,%3.1f,%3.1f\n",a,c,f,x);
}
```

3. 以下程序的输出结果为_____。

```
#include <stdio.h>
int main()
{
    shorti;   i=-4;
    printf("\ni:dec=%hd,oct=%ho,hex=%hx,unsigned=%hu\n",i,i,i,i);
    return 0;
}
```

4. 运行下面程序时输入 1234567<回车>,则输出结果是_____。

```
#include <stdio.h>
int main()
{
    int a=1,b;
    scanf("%2d%2d",&a,&b);
    printf("%d   %d\n",a,b);
}
```

四、改错题

1. 下面程序编译时无错误,运行程序时,从键盘输入 1,2,但输出结果不正确,找出程序中的错误并改正之。

```
#include <stdio.h>
void main()
{   int x,y;
    scanf("%d,%d",x,y);
    printf("%d,%d",x,y);
}
```

2. 下面程序是输入两个 double 型数据,然后输出两者的和,找出错误并改正之。

```
#include <stdio.h>
void main()
{
    double x,y;
    scanf("%f %f",&x,&y);
    printf("x+y=%f\n,x+y);
}
```

五、程序设计题

1. 编写程序输入两个整数给变量 a,b,输入的大数放在 a 中,输入的小数放在 b 中,求出它们的商和余数。

2. 输入一个正的三位数,依次输出该数的个位、十位、百位数字。

第4章 选择控制

在用计算机解决问题的算法中,经常需要计算机根据某个条件决定是否执行某个操作。例如,求一元二次方程的根时,需要根据判别式 b^2-4ac 的值大于 0、等于 0 和小于 0,分别进行不同的计算。在 C 语言中,能够实现这种功能的语句有 if 语句和 switch 语句。本章的主要内容是介绍 if 和 switch 语句的作用和语法,以及用 if 和 switch 语句实现选择结构的控制。

 ## 4.1 关系运算符和表达式

在 C 语言中,进行数据比较的运算符称为关系运算符,关系运算符共有 6 个,分别是: >(大于)、>=(大于等于)、<(小于)、<=(小于等于)、==(相等)、!=(不相等)。

由关系运算符组成的表达式称为关系表达式,如 x>3 就是一个关系表达式。在计算关系表达式时,>、>=、<、<= 四个运算符是同级运算,== 和 != 是同级运算,其中 >、>=、<、<= 的优先级比 == 和 != 高。关系运算符的结合性都是左结合,也就是说同级运算符自左向右顺序计算,详细情况见附录 B。

例如:

0<a<10　等价于　(0<x)<10　同级运算自左向右

a==b<c 等价于　a==(b<c)　<的优先级大于==

a<b+c 等价于　a<(b+c)　算术运算符的优先级高于关系运算符

a=b>c 等价于　a=(b>c)　关系运算符的优先级高于赋值运算符

关系表达式的值为逻辑值,它的值要么为真,要么为假。在 C 语言中,用 1 表示真,用 0 表示假,所以关系表达式的值要么为 1,要么为 0。例如:3>2 的值为 1,3<2 的值为 0。

注 1　=和==的区别,a=10 的作用是把 10 保存到变量 a 中,表达式的值为 10,而 a==10 的作用是比较 a 的值是否与 10 相等,表达式的值为 0 或 1。

注 2　应避免对实数作相等或不等的比较。如:1.0/49.0 * 49.0==1.0 结果可能为假,可改写为:fabs(1.0/49.0 * 49.0-1.0)<1e-6。

4.2　逻辑运算符和表达式

在有的算法中,需要计算机判断的条件常常不止一个,如:让计算机判断一个变量 x 的值是否在一个区间(0,10)内时,既要保证 x>0,同时还要保证 x<10,只有这两个关系表达式都为真,才能说明变量 x 的值在区间(0,10)内。用表达式 0<x<10 能否表示上述要求呢? 回答是否定的,例如令 x=11,按照 C 语言的计算规则,先计算 0<x,结果为 1,然后再算 1<10,结果为 1,显然这个结果是错误的。所以当条件中需要两个以上的关系运算符实现时,就要用到逻辑运算符。

逻辑运算符共有 3 个:

&&(逻辑与)、||(逻辑或)、!(逻辑非)

它们的运算规则见表 4-1:

表 4-1　逻辑运算的真值表

a	b	a&&b	a||b	! a	! b
真	真	真	真	假	假
真	假	假	真	假	真
假	真	假	真	真	假
假	假	假	假	真	真

在一个逻辑表达式中包含多个逻辑运算符时,按下面顺序计算:!、&&、||。也就是说,! 运算符的优先级高于 && 运算符,&& 运算符的优先级高于|| 运算符。同级运算按自左向右的顺序计算。逻辑表达式的值也是一个逻辑量,要么为 0,要么为 1。

注 1　! 运算符的优先级高于 * 和/,&& 和||的优先级低于关系运算符,高于赋值运算符。

例如:

x>0&&x<10　等价于 (x>0)&&(x<10)　关系运算符的优先级高于逻辑运算

a=x||y　等价于 a=(x||y)　逻辑运算符的优先级高于赋值运算

! a * b　等价于 (! a) * b　逻辑非运算符的优先级高于乘法运算

注 2　参加逻辑运算的运算量可以是任何类型的数据,如果参加逻辑运算的运算量不是一个逻辑量,则非零值代表真,零值代表假。

例如:3&&-4 的值为 1,3&&0 的值为 0。

注 3　计算 a&&b 的值时,只有 a 的值为非零才会计算 b 的值;计算 a||b 的值时,只有 a 的值为 0,才会计算 b 的值,逻辑运算符的这种特性称为短路特性。

例如:设 a＝1,b＝2,c＝3,m＝4,n＝5,计算表达式(m＝a＞b)＆＆(n＝c＞d)后,m,n 的值各是多少?

答案是 m＝0,n＝5,因为 a＞b 的值为 0,所以 m 的值为 0,根据 ＆＆ 运算符的运算规则,已经能够判定逻辑表达式的值为假,所以不必再计算 n＝c＞d 了,因此,n 的值没有变,仍然为 5。

4.3　if 语句

在日常生活中,我们经常需要对是否做某件事情进行选择,如"如果天不下雨,我们就去爬山";当我们走到一个三岔路口时,是走左边的路还是走右边的路,也需要进行一个选择。同样的道理,在 C 程序中,有时需要对某个语句是否执行进行选择,或者对两组不同的语句——语句组 A 和语句组 B(计算机要么执行语句组 A,要么执行语句组 B)进行选择。在 C 语言中,可以用 if 语句实现这一功能。

4.3.1　if 语句的基本格式

格式一:用于判断计算机是否执行某个语句。

if (expression)

statement;

计算机在执行 if 语句时,首先计算 expression 的值,如果 expression 的值为真,则计算机执行 statement,否则,不执行 statement 。其中 expression 一般是一个关系表达式或逻辑表达式,也可以是其他类型的表达式。如果是其他类型的表达式的话,表达式的值为非零代表真,零代表假。

例如:

if(a＝＝b＆＆x＝＝y)　printf("a＝b,x＝y");

if(x＋y)　printf("%d",x＋y);

都是合法的。

statement 可以是一个语句,也可以有多个语句,如果包含有多个语句的话必须使用复合语句。

例 4.1　输入一个实数,输出其绝对值。

算法分析:

根据绝对值的定义,$|x|=\begin{cases} x & x>0 \\ 0 & x=0 \\ -x & x<0 \end{cases}$。因此,我们可以分为两种操作,当 x≥0 时,输出 x 的值,否则输出－x 的值。

源程序如下:

```
# include <stdio.h>
int main()
{
    float x;
    printf("请输入一个实数:");
    scanf("%f",&x);
    if(x<0)
        x=-x;
    printf("The absolute value is %f\n",x);
    return 0;
}
```

运行结果(图 4-1):

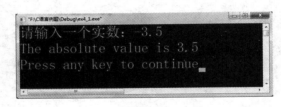

图 4-1

程序说明:程序的声明部分定义了一个单精度的变量 x,调用 scanf 函数从键盘输入一个实数给变量 x,然后判断 x 值的大小,如果 x<0 为真,则执行 x=-x 语句,使 x 的值变号,否则,不执行 x=-x 语句,x 的值不变,最后输出 x 的值。

格式二:用于判断计算机执行两个语句中的哪一个。

```
if (expression)
    statement1;
else
    statement2;
```

计算机执行上述语句时,也是先计算 expression 的值,如果 expression 的值为真,则执行 statement1,否则,执行 statement2。因此这条 if 语句的作用是根据 expression 的值,选择 statement1 或 statement2 其中之一执行,其他格式要求与格式一相同。

例 4.2 判断一个整数是奇数还是偶数,并输出相关信息。

算法分析:一个整数要么是奇数,要么是偶数,因此要用到选择结构。判断一个整数是奇数还是偶数只要判断这个数除以 2 的余数是 1 还是 0 即可。

源程序如下:

```c
#include <stdio.h>
int main(void)
{
    int number,remainder;
    printf("输入要测试的数据:");
    scanf("%d",&number);
    remainder=number % 2;
    if ( remainder==0 )
        printf("%d是一个偶数.\n",number);
    else
        printf("%d是一个奇数.\n",number);
    return 0;
}
```

运行结果(图 4-2):

图 4-2

程序说明:程序中 remainder=number % 2;语句是计算 number 除以 2 的余数,并把余数保存到变量 remainder 中,接下来的 if 语句判断 remainder 的值是否等于 0,若为真则说明 number 为偶数,输出 number 是一个偶数,否则输出 number 是一个奇数。

4.3.2 if 语句的嵌套格式

在解决问题的算法中,有时需要计算机在三个或三个以上的语句之间选择一个执行,一个 if 语句最多有两个选择,因此,要实现三个或三个以上的选择,就要采用嵌套格式。所谓的嵌套格式就是 if 语句中的 statement 还是一个 if 语句。

例如:输出能同时被 3 和 5 整除的数,在完成这一问题的算法中,可以先判断 x 是否能被 3 整除,如果是,再判断 x 能否被 5 整除,如果也成立,则输出 x。用 if 语句实现如下:

```c
if(x%3==0)
    if(x%5==0)
```

```
    printf("%d",x);
```

在上述 if 语句的结构中,第一个 if 语句中包含了另一个 if 语句,这种结构就是一个 if 语句的嵌套结构,当然上述语句也可以用一个 if 语句完成:

```
if(x%3==0&&x%5==0)  printf("%d",x);
```

在 C 程序中,是否采用 if 语句的嵌套结构要根据具体的问题来确定。

例 4.3 计算符号函数的值,公式如下:

$$y=\begin{cases} 1 & x>0 \\ 0 & x=0 \\ -1 & x<0 \end{cases}$$

算法分析:该函数是一个分段函数,y 的值是根据输入 x 值的范围来分别计算的,共有三个选择。解决这个问题可以通过对三个条件逐一判断的方法,如果条件成立,则给变量 y 赋相应的值。

源程序如下:

```
#include <stdio.h>
int main()
{
    int x,y;
    printf("请输入一个整数:");
    scanf("%d",&x);
    if(x>0)
        y=1;
    if(x==0)
        y=0;
    if(x<0)
        y=-1;
    printf("y=%d\n",y);
}
```

运行结果(图 4-3):

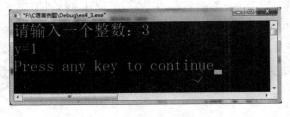

图 4-3

60

程序说明:程序中调用 scanf 从键盘输入一个整数给变量 x,然后执行第一个 if 语句,判断条件 x>0 是否成立,若 x>0 的值为真则执行 y=1。不管 x>0 的值为真还是假,计算机会接着执行第二个 if 语句,判断条件 x==0 是否成立,若 x==0 的值为真则执行 y=0。第二个 if 语句执行完后会执行第三个 if 语句,判断条件 x<0 是否成立,若 x<0 的值为真则执行 y=-1。最后调用 printf 函数输出变量 y 的值。从程序的结构上分析,该程序没有采用 if 语句的嵌套结构。

在例 4.3 程序中,不管 x 的值是多少,三个条件表达式 x>0、x==0、x<0 都要计算,实际上完全是不必要的,因为如果 x>0 为真的话,则 x==0 和 x<0 必然为假。因此,我们可以采用 if 的嵌套格式,避免重复计算。

源程序如下:

```
#include <stdio.h>
int main()
{
    int x,y;
    printf("请输入一个整数:");
    scanf("%d",&x);
    if(x>0)
        y=1;
    else
        if(x==0)
            y=0;
        else
            y=-1;
    printf("y=%d\n",y);
}
```

运行结果(图 4-4):

图 4-4

程序说明:该程序采用了 if 的嵌套格式,调用 scanf 输入一个整数给变量 x 后,首先判断

61

x>0 是否成立,如果 x>0 的值为真,则执行 y=1 语句,然后跳过第二个 if 语句,调用 printf 函数输出 y 的值;只有 x>0 的值为假时,才会执行第二个 if 语句,判断 x==0 是否成立,如果 x==0 的值为真,则执行 y=0 语句,然后调用 printf 函数输出 y 的值;如果 x==0 的值为假,说明 x 不大于 0 也不等于 0,则 x 只有可能小于 0,执行 y=-1 语句,然后调用 printf 函数输出 y 的值。

在上述程序中嵌套的 if 语句包含在 if 语句中的 else 子句中,也就是包含在 if 语句格式中的 statement2 的位置。实际上,嵌套的 if 语句也可以包含在 statement1 的位置。上述程序可以改写如下:

```c
#include <stdio.h>
int main()
{
    int x,y;
    printf("请输入一个整数:");
    scanf("%d",&x);
    if(x>=0)
            if(x==0)
                    y=1;
        else
                    y=0;
    else
        y=-1;
    printf("y=%d\n",y);
}
```

在使用 if 语句的嵌套格式时,需要注意 else 与 if 的配对问题。请大家阅读下面程序:

```c
#include <stdio.h>
int main()
{
    int x,y;
    printf("请输入一个整数:");
    scanf("%d",&x);
    y=1;
    if(x>=0)
        if(x==0)
                y=0;
```

```
else
        y=-1;
printf("y=%d\n",y);
}
```

程序说明：在该程序中的 if 嵌套结构中，只有一个 else 子句，那么这个 eles 子句与哪个 if 语句配对呢？对此，C 语言规定，else 与离它最近的没有 else 的 if 语句配对，所以上述程序中，当 x>=0 为真且 x==0 为假时，执行 else 中的 y=-1 语句，显然上述程序是错误的，不能实现计算符号函数的功能。

如何修改上述程序才能实现计算符号函数的功能呢？有两种方法：

方法一：不改动 if 的嵌套结构，修改变量 y 的值。

```
#include <stdio.h>
int main()
{
    int x,y;
    printf("请输入一个整数:");
    scanf("%d",&x);
    y=-1;
    if(x>=0)
        if(x==0)
            y=0;
        else
            y=1;
    printf("y=%d\n",y);
}
```

方法二：不改动变量 y 的值，修改 if 的嵌套结构。

```
#include <stdio.h>
int main()
{
    int x,y;
    printf("请输入一个整数:");
    scanf("%d",&x);
    y=1;
    if(x>=0)
        {
```

```
            if(x==0)
            y=0;
        }
    else
            y=-1;
    printf("y=%d\n",y);
}
```

不改变 y 的值,要保证程序正确,就必须使 else 与第一个 if 配对,要达到这一目的可以通过把第二个 if 语句加一大括号的方法。

 ## 4.4　switch 语句

由上面的例子可知,一个 if 语句只能实现二选一,进行多选一就必须用多个 if 语句来实现。如果选择结构是根据表达式的值与某个常数是否相等来确定的时候,我们可以用 switch 来完成,其语法格式如下:

```
switch (expression )
{
    case value1:
        statement1;
        break;
    case value2:
        statement2;
        break;
    ......
    case valuen:
        statementn;
        break;
    default:
        statement0;
        break;
}
```

当计算机执行该语句时,首先计算 expression 的值,然后与 value1 比较是否相等,若相等则执行 statement1,若不相等则与 value2 比较是否相等,以此类推。如果 expression 的值与 value1,vlaue2,…,valuen 的值都不相等,则执行 default 后面的 statement0。

注 1 value1,value2,…,valuen 必须是常量或常量表达式,并且任意两个都不能相等。

注 2 每个 case 后面的 statement 如果是一个语句组,不需要加大括号。

注 3 每个 caes 后面的 break 语句的作用是跳出 switch 语句,如果没有 break 语句,计算机将顺序执行后继 case 中的语句。

例 4.4 输入一个形如 number operator number 的算术表达式,其中 operator 可以是 +、一、*、/之一,编写程序输出其计算结果。

算法分析:输入的算术表达式可以用 scanf 函数读取,然后要根据 operator 进行不同的运算,并输出其计算结果,因此,这是一个选择结构。

源程序如下:

```c
#include <stdio.h>
int main (void)
{
    float num1,num2;
    char operator;
    printf ("输入一个算术表达式:");
    scanf ("%f %c %f",&num1,&operator,&num2);
    switch (operator)
    {
        case '+':
            printf ("%.2f\n",num1+num2);
            break;
        case '-':
            printf ("%.2f\n",num1-num2);
            break;
        case '*':
            printf ("%.2f\n",num1 * num2);
            break;
        case '/':
            if ( num2==0 )
                printf ("分母不能为 0\n");
            else
                printf ("%.2f\n",num1 / num2);
            break;
```

```
            default:
                printf ("输入错误! \n");
                break;
        }
    return 0;
}
```

运行结果(图 4-5):

图 4-5

程序说明:在上述程序中,输入一个表达式后,利用 switch 语句,使 operator 和每个 case 中的常量进行相等比较,然后执行相应的计算,并用 break 语句,跳出 switch 语句。如果没有 break 语句,程序运行结果如下所示:

```
#include <stdio.h>
int main (void)
{
    float num1,num2;
    char operator;
    printf ("输入一个算术表达式:");
    scanf ("%f %c %f",&num1,&operator,&num2);
    switch (operator)
    {
        case '+':
            printf ("%.2f\n",num1+num2);
        case '-':
            printf ("%.2f\n",num1-num2);
        case '*':
            printf ("%.2f\n",num1 * num2);
        case '/':
            if ( num2==0 )
```

66

```
            printf ("分母不能为 0\n");
        else
            printf ("%.2f\n",num1 / num2);
    default：
        printf ("输入错误！\n");
    }
    return 0;
}
```

运行结果(图 4-6)：

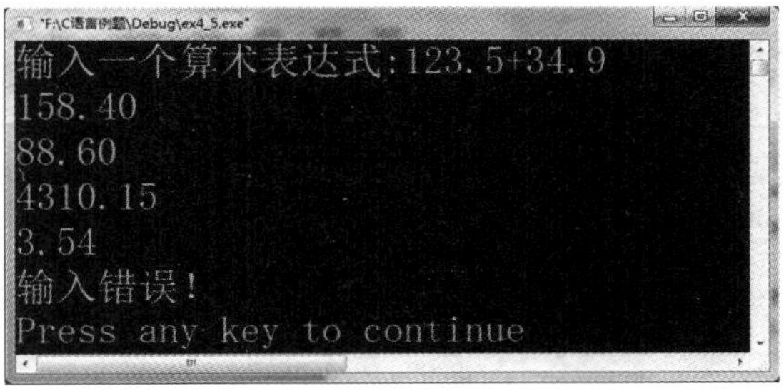

图 4-6

程序说明：从结果可以看出，operator 的值与第一个 case 后面的'＋'号相等，所以计算机执行 printf ("%.2f\n",num1＋num2)；语句，由于没有 break 语句，计算机会顺序执行后面 case 中的语句，显然这与我们的要求是不符的。实际上，因为 default 是 switch 中的最后一种情况，所以 default 中的 break 语句也可以没有。

但有时我们也可以利用这一点实现多个不同的 case 执行同一组语句。

例 4.5 输入一百分制的学生成绩，输出优秀、良好、中等、及格和不及格，其中，90～100 为优秀，80～89 为良好，70～79 为中等，60～69 为及格，60 分以下为不及格。

算法分析：对输入的学生成绩，要判断它属于哪一类，然后输出相应的信息，这是一个典型的选择结构。写程序代码时可以用 if 语句进行分类，也可以 switch 进行分类。用 switch 语句进行分类的关键是设计一表达式，能根据它的值分为优秀、良好、中等、及格和不及格五种情况。根据整数除法的特点，我们可以用学生成绩除以 10 作为 switch 中的表达式。

源程序如下：

```
# include <stdio.h>
int main()
{
    int score;
```

```
printf("请输入学生成绩(0~100):");
scanf(" % d",&score);
switch(score/10)
{
    case 10:
    case 9:printf("优秀\n");
        break;
    case 8:printf("良好\n");
        break;
    case 7:printf("中等\n");
        break;
    case 6:printf("及格\n");
        break;
    case 5:
    case 4:
    case 3:
    case 2:
    case 1:
    case 0:printf("不及格\n");
        break;
    default:
        printf("数据输入错误! \n");
}
return 0;
}
```

运行结果(图 4-7):

图 4-7

程序说明:当输入 55 时,表达式 score/10 的值为 5,因为 case 5:后面没有语句,所以会执行 case 0:后面的语句 printf("不及格\n");,同样的道理,只要输入的数据小于 60,计算机都会执行 case 0:后面的语句,从而实现题目要求。

 ## 4.5　条件运算符

对于某些用 if 语句实现的选择结构,也可以用条件运算符来完成。条件运算符与其他运算符有所不同,它需要三个运算量,运算符由两符号构成? 和:,其基本格式如下:

condition ? expression1:expression2

其中 condition 是一个表达式,一般是一个关系表达式或逻辑表达式。条件表达式的计算过程是先计算 condition 的值,如果 condition 的值为真(非零),则计算 expression1 的值,并将 expression1 的值作为条件表达式的值;如果 condition 的值为假,则计算 expression2 的值,并将 expression2 的值作为条件表达式的值。也就是说,条件表达式的值要么为 expressoin1 的值,要么为 expression2 的值。

条件运算符常常用于根据某个条件把两个数据之一赋给一个变量。例如,我们要把两个数 x,y 中的最大值赋值给变量 max,用 if 语句实现如下:

if (x>y)　max=x;　else　max=y;

而用条件运算符实现如下:

max=x>y ? x:y;

在 C 语言中的运算符中,条件运算符的优先级比赋值运算符的优先级高,但比逻辑运算符的优先级低。其结合性为自右向左。如:例 4.3 求符号函数值的程序也可以用条件运算符来完成:

y=x < 0 ? −1:x==0 ? 0:1;

它等价于:

y=(x < 0)? −1:((x==0)? 0:1);

4.6　上机实训项目

实验 1　下面的程序是输入 3 个数,然后从小到大输出,请找出该程序中的错误并改正之。

```
#include <stdio.h>
int main()
{
```

```
float a,b,c,t;
scanf("%f,%f,%f",&a,&b,&c);
if(a>b)
    t=a;a=b;b=t;
if(a>c)
    t=a;c=a;c=t;
if(b>c)
    t=b;b=c;c=t;
printf("%f,%f,%f\n",a,b,c);
}
```

实验 2 计算分段函数 $y=\begin{cases} x & x<1 \\ 2x-1 & 1<x<10 \\ 3x-11 & x\geqslant10 \end{cases}$,要求 x 的值从键盘输入。

实验 3 输入一个字符,如果它是一个大写英文字母,则把它变成一个小写英文字母;如果它是一个小写英文字母则变成大写英文字母,如果是其他字符则不变。

实验 4 输入一个三角形的三条边长,判断它是哪类三角形(等边、等腰、直角、任意、不是三角形)。

实验 5 某运输公司对用户计算运费的方法如下:f=p*w*s*(1-d),其中 p 为运费,w 为货物重量,s 为距离,d 为折扣。折扣的计算方法如下:

s<250km   d=0
250km≤s<500km   d=0.05
500km≤s<1000km   d=0.1
1000km≤s<2000km   d=0.15
2000km≤s<3000km   d=0.2
s≥3000   d=0.3

4.7 课后实训项目

一、选择题

1.下列运算符中优先级最高的是(   )。

A)<   B)+   C)&&   D)!=

2.能正确表示"当 x 的取值在[1,10]或[200,210]范围内为真,否则为假"的表达式是

70

（　　　）。

A)(x>=1)&&(x<=10)&&(x>=200)&&(x<=210))

B)(x>=1)||(x<=10)||(x>=200)||(x<=210)

C)(x>=1)&&(x<=10)||(x>=200)&&(x<=210)

D)(x>=1)||(x<=10)&&(x>=200)||(x<=210)

3. 设 x,y 和 z 是 int 型变量,且 x=3,y=4,z=5,则下面表达式中值为 0 的是(　　　)。

A)'x'&&'y'　　　　　　　　　　　B)x<=y

C)x||y+z&&y-z　　　　　　　　　D)!((x<y)&&!z||1)

4. 若希望当 A 的值为奇数时,表达式的值为"真",A 的值为偶数时,表达式的值为"假"。则以下不能满足要求的表达式是(　　　)。

A)A%2==1　　　B)!(A%2==0)　　　C)!(A%2)　　　D)A%2

5. 设有:int a=1,b=2,c=3,d=4,m=2,n=2;执行(m=a>b)&&(n=c>d)后 n 的值为(　　　)。

A)1　　　　　　B)2　　　　　　　C)3　　　　　　D)4

6. 已知 int x=10,y=20,z=30;以下语句执行后 x,y,z 的值为(　　　)。

if(x>y) z=x;x=y;y=z;

A)x=10,y=20,z=30　　　　　　　B)x=20,y=30,z=30

C)x=20,y=30,z=10　　　　　　　D)x=20,y=30,z=20

7. 为了避免在嵌套的条件语句 if-else 中产生二义性,C 语言规定:else 子句总是与(　　　)配对。

A)缩排位置相同的 if　　　　　　　B)其之前最近的 if

C)其之后最近的 if　　　　　　　　D)同一行上的 if

8. 以下不正确的语句为(　　　)。

A)if(x>y);

B)if(x=y)&&(x!=0)x+=y;

C)if(x!=y)scanf("%d",&x);else scanf("%d",&y);

D)if(x<y){x++;y++;}

9.请阅读以下程序:

```c
#include <stdio.h>
int main()
{
    int a=5,b=0,c=0;
    if(a=b+c)printf(" *** \n");
    else printf(" $ $ $ \n");
```

```
        return 0;
    }
```
以上程序(　　)。

    A)有语法错不能通过编译　　　　　　　B)可以通过编译但不能通过连接

    C)输出＊＊＊　　　　　　　　　　　　D)输出＄＄＄

10. 以下程序的运行结果是(　　)。

```
# include <stdio.h>
int main()
{
    int k=4,a=3,b=2,c=1;
    printf("\n%d\n",k<a? k:c<b? c:a);
    return 0;
}
```

  A)4　　　B)3　　　C)2　　D)1

二、填空题

1. 当 a＝3,b＝2,c＝1 时,表达式 f＝a>b>c 的值是_____。

2. 设 x,y,z 均为 int 型变量,请写出描述"x 或 y 中有一个不小于 z"的表达式_____。

3. 若 a＝6,b＝4,c＝2 则表达式 ！(a−b)＋c−1&&b＋c/2 的值_____。

4. 以下程序是计算 x,y,z 三个数中的最小值的,请在_____内填入正确内容。

```
# include <stdio.h>
int main()
{   int x=4,y=5,z=8;
    int u,v;
    u=x<y? _____;
    v=u<z? _____;
    printf("%d",v);
    return 0;
}
```

5. 有四个数 a,b,c,d,要求按从大到小的顺序输出,请在_____内填入正确的内容。

```
# include <stdio.h>
int main()
{
    int a,b,c,d,t;
```

```
        scanf("%d %d %d %d",&a,&b,&c,&d);
        if(a<b){t=a;a=b;b=t;}
        if(_____){t=c;c=d;d=t;}
        if(a<c){t=a;a=c;c=t;}
        if(_____){t=b;b=c;c=t;}
        if(b<d){t=b;b=d;d=t;}
        if(c<d){t=c;c=d;d=t;}
        printf("%d %d %d %d\n",a,b,c,d);
    return 0;
}
```

三、程序阅读题

1. 以下程序的运行结果是_____。

```
#include <stdio.h>
int main()
{
    int a,b,c,s,w,t;
    s=w=t=0;a=-1;b=3;c=3;
    if(c>0)s=a+b;
    if(a<=0)
    {
      if(b>0)
            if(c<=0)w=a-b;}
                else if (c>0)w=b-a;
                    else t=c;
    printf("%d   %d   %d",s,w,t);
    return 0;
}
```

2. 以下程序的运行结果是_____。

```
#include <stdio.h>
int main()
{   int x=10,y=20,t=0;
    if(x==y)t=x;x=y;y=t;
    printf("%d,%d\n",x,y);
}
```

3. 若运行时输入:3 5/<回车>,则以下的运行结果是_____。

```c
#include <stdio.h>
int main()
{float x,y;char o;double r;
    scanf("%f %f %c",&x,&y,&o);
    switch(o)
    {case'+':r=x+y;break;
        case'-':r=x-y;break;
        case'*':r=x*y;break;
        case'/':r=x/y;break;
        }
        printf("%f",r);
        return 0;
}
```

4. 若运行时输入:100<回车>时,下面程序的运行结果是_____。

```c
#include <stdio.h>
int main()
{
    int a;
    scanf("%d",&a);
    printf("%s",(a%2!=0)?"no":"yes");
}
```

5. 以下程序的运行结果是_____。

```c
#include <stdio.h>
int main()
{   int i;
    for(i=0;i<3;i++)
    switch(i)
    {   case 1:printf("%d",i);
        case 2:printf("%d",i);
        default:printf("%d",i);
    }
}
```

四、改错题

1. 下段程序的功能是输入 x,y 的值,若 x 大于 y 则 x、y 都减 1,否则 x、y 都加 1。找出程序中的错误并改正之。

```
# include <stdio.h>
  void  main()
    {   int x,y;
        scanf("%d,%d",&x,&y);
        if(x>y)
            x——;
            y——;
        else
            x++;
            y++;
        printf("%d,%d\n",x,y);
    }
```

2. 下段程序的功能是当输入 x 的值为 90 时,输出"right",否则输出"error"。找出程序中的错误并改正之。

```
# include <stdio.h>
void main()
{
    int x;
      scanf("%d",&x);
    if (x=90) printf("right");
else printf("error");
      }
```

五、程序设计题

1. 从键盘输入 3 个整数,输出其中的最大值。

2. 输入 3 个数作为边长,判断能否构成三角形,若能则计算三角形的面积。

3. 输入二次方程 $ax^2+bx+c=0$ 的系数,计算并输出其所有根。

4. 个人所得税计算公式为:应纳税额＝(工薪收入－扣除基数)＊适用税率－速算扣除数。(此处"工薪收入"为已扣除所交社会保险的收入)

个人所得税税率表(扣除基数 3 500)

级数	全月应纳税所得额	税率(%)	速算扣除数
1	不超过 1 500 元	3	0
2	超过 1 500 元至 4 500 元的部分	10	105
3	超过 4 500 元至 9 000 元的部分	20	555
4	超过 9 000 元至 35 000 元的部分	25	1 005
5	超过 35 000 元至 55 000 元的部分	30	2 775
6	超过 55 000 元至 80 000 元的部分	35	5 505
7	超过 80 000 元的部分	45	13 505

编一程序,输入工薪收入,输出税后收入和应缴税。

第 5 章　循环控制

在很多实际问题中,经常需要计算若干个数的和,例如:求 $1+2+3+4+5$,这个问题对我们来说是非常简单的任务,如果编写程序让计算机来做也是比较简单的。程序如下:

```
#include <stdio.h>
int main()
{
    int sum;
    sum=1+2+3+4+5;
    printf("sum=%d\n",sum);
    return 0;
}
```

在上述程序中,我们用一个算术表达式 $1+2+3+4+5$ 就可以实现求和,但如果要计算 500 个数或更多数的和,我们就很难写出一个表达式来计算 500 多个数的和,因此必须找到一个更好的方法来解决这个问题。

我们知道,赋值表达式 sum=sum+1 的作用是把变量 sum 原来的值加上 1 后再保存到变量 sum 中,同样的道理,我们可以把 2,3,4,5 依次累加到变量 sum 中,所以上述程序可以改写如下:

```
#include <stdio.h>
int main()
{
    int sum;
    sum=0;    //给变量 sum 赋初值 0
    sum=sum+1;    //把 1 加到变量 sum 中,sum 的值变为 1
    sum=sum+2;    //把 2 加到变量 sum 中,sum 的值变为 3
    sum=sum+3;    //把 3 加到变量 sum 中,sum 的值变为 6
    sum=sum+4;    //把 4 加到变量 sum 中,sum 的值变为 10
    sum=sum+5;    //把 5 加到变量 sum 中,sum 的值变为 15
    printf("sum=%d\n",sum);
```

```
        return 0;
    }
```

显然,用上述程序的方法计算 500 个数是不合适的,但我们可以把计算过程归纳为让计算机把表达式 sum=sum+i 重复计算 5 次,而 i 从 1 到 5 变化。

这就要求计算机能够对下面两个语句:

sum=sum+i;

i=i+1;

重复执行 5 次。如果要计算 1+2+…+500,只需要计算机对上述 2 个语句重复执行 500 次就可以了。

在程序中能够使计算机对一个或几个语句重复执行若干次的结构称为循环结构,C 语言中提供了 for、while 和 do—while 三个控制语句来实现上述功能。

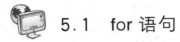

5.1 for 语句

for 语句的一般格式:

for (init_expression;loop_expression;loop_increase)

    statement;

其中,init_expression;loop_expression;loop_increase 是三个表达式,它们之间用分号分隔。statement 是被重复执行的语句,称为循环体语句,如果循环体包含多个语句,则必须用大括号括起来构成复合语句。

计算机在执行 for 语句时,按照下面的流程进行:

1.计算 init_expression 的值,一般它是一个赋值表达式,其作用是给循环控制变量赋初值。

2.计算 loop_expression,如果其值为真(非零),则执行第 3 步,如果其值为假,则中止循环,执行循环体后面的语句。

3.执行循环体语句。

4.计算 loop_increase,一般它的作用是使控制变量的值加一个增量。

5.返回第 2 步。

其流程图如图 5-1 所示。

从流程图可以看出,在整个循环过程中,第 1 个表达式 init_ecpression 只是在进入循环之前执行了一次,第 2 个表达式是在每次执行循环体之前必然执行的,第 3 个表达式是在每次循环体执行完后必然执行的。

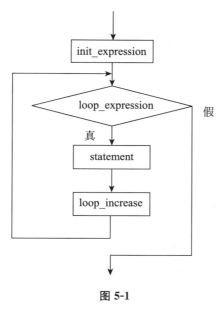

图 5-1

例 5.1　计算 $1+2+3+\cdots+500$ 的和。

由上面的算法,可以写出程序代码如下:

```c
#include <stdio.h>
int main()
{
    int sum=0,i;
    for(i=1;i<=500;i++)
        sum=sum+i;
    printf("sum=%d\n",sum);
    return 0;
}
```

运行结果(图 5-2):

图 5-2

程序说明:在上述程序中,变量 sum 的作用是存放累加和,必须初始化为 0,否则计算结果是错误的,因为一个变量定义后,它所在的存储单元中是有数据的。for 语句中第一个表达式 i=1 的作用是给变量赋初值 1,第二个表达式 i<=500 的作用是控制循环是否继续,第三个表达式 i++ 的作用是每次循环使变量 i 的值增加 1,循环体语句 sum=sum+i;的作用是每次循环把变量 i 的值累加到变量 sum 中,从而达到求和的目的。

注1 for 语句中的三个表达式 init_expression;loop_expression 和 loop_increase 可以是任意类型的表达式。如例 5.1 中,for 语句可以改写为 for(sum=0,i=1;i<=500;i++),其中第一个表达式是一个逗号表达式。

注2 for 语句中的三个表达式 init_expression;loop_expression 和 loop_increase 中的任意一个均可省略,但分号不能省略。如果省略 loop_expression 的话,表示条件永真,也就是说是无限循环。如例 5.1 可改写为:

```
#include <stdio.h>
int main()
{
    int sum=0,i=1;
    for(;i<=500;)
    {
        sum=sum+i;
        i++;
    }
    printf("sum= %d\n",sum);
    return 0;
}
```

例 5.2 从键盘输入一个正整数,输出其阶乘。

算法分析:根据阶乘的定义,n! =1×2×3×…×n,与例 5.1 相似,在程序中无法用一个表达式完成阶乘的计算,所以我们也采用逐个累乘的方法,具体程序代码如下:

```
#include <stdio.h>
int main()
{
    double fac=1;
    int n,i;
    printf("请输入一个正整数:");
    scanf("%ld",&n);
    for(i=1;i<=n;i++)
        fac=fac*i;
```

```
    printf("%d! = %.0lf\n",n,fac);
    return 0;
}
```

运行结果(图 5-3):

图 5-3

　　程序说明:由于阶乘的结果比较大,long 型变量的范围是-2147483648~2147483647,所以,我们定义了一个 double 型的变量来存储阶乘的值,即使这样,也只能计算不大于 21 的阶乘,否则计算结果有误。for 语句中 i 的值从 1 到 n 变化,每次循环都会把变量 i 的值与变量 fac 的值相乘,再保存到变量 fac 中。循环结束后在变量 fac 中保存的值就是 n 的阶乘。

 5.2　while 语句

　　while 语句拓展了 C 语言中循环控制的功能。在某些情况下,用 for 语句不方便的情况下可以用 while 来控制循环。while 语句的语法格式如下:

```
while (loop_expression )
    statement;
```

其中,loop_expression 是一个条件表达式,statement 是循环体语句,如果循环体包含多个语句时,必须用复合语句。

　　当计算机执行 while 语句时,首先计算 loop_expression 的值,如果 loop_expression 的值为真(非零),则执行 statement 语句。执行完 statement 语句后,再次计算 loop_expression 的值,如果为真,则再次执行循环体 statement 语句,直到 loop_expression 的值为假退出循环,执行循环体后面的语句。

　　实际上,while 与 for 的功能是相似的,如 for 语句控制的循环等价于下面用 while 语句控制的循环。

```
init_expression;
while(loop_expression)
{
```

```
        statement;
        loop_increase;
}
```

例 5.3 用 while 语句实现例 5.1。

源程序如下：

```
# include <stdio.h>
int main()
{
        int sum=0,i;
        i=1;
        while(i<=500)
        {
                sum=sum+i;
                i++;
        }
        printf("sum= % d\n",sum);
        return 0;
}
```

运行结果(图 5-4)：

图 5-4

有时,while 比 for 更方便。

例 5.4 计算两个非负整数的最大公约数。

算法分析:两个整数的最大公约数是指两个整数共有约数中最大的一个。求最大公约数的算法有很多,如质因数分解法、短除法、辗转相除法和更相减损法。下面我们给出辗转相除法求最大公约数的基本步骤：

先用小的一个数除大的一个数,得第一个余数;再用第一个余数除小的一个数,得第二个余数;又用第二个余数除第一个余数,得第三个余数;这样逐次用后一个数去除前一个余数,直到余数是 0 为止。那么,最后一个除数就是所求的最大公约数。

根据上述方法,我们可以设计出计算机能够实现的算法：

82

源程序如下：

```c
#include <stdio.h>
int main (void)
{
    int m,n,u,v,remainder;
    printf ("请输入两个非负整数:");
    scanf ("%d%d",&m,&n);
    u=m,v=n;
    while ( v ! =0 )
    {
        remainder=u % v;
        u=v;
        v=remainder;
    }
    printf ("%d和%d的最大公约数是%d\n",m,n,u);
    return 0;
}
```

运行结果(图 5-5)：

图 5-5

　　程序说明：程序调用 scanf 函数输入两个整数给变量 m 和 n，为了最后能够输出 m 和 n 的值，所以把 m、n 的值分别保存到 u、v 中。执行 while 语句时，先判断变量 v 的值是否为零，如果不为零，用赋值语句 remainder=u%v 求出 u 除以 v 后的余数。这时应该判断 remainder 是否为零，但在程序中的循环语句中，是判断变量 v 的值是否为零，并且如果 remainder 不为零，根据辗转相除法，下一步应该用 v 除以 remainder，而程序中是用 remainder=u%v 来计算余数，所以要执行下面两个语句 u=v；和 v=remainder；完成数据的置换，从而实现辗转相除法。最后当 remainder 的值为零时，变量 u 中的值就是最大公约数。

5.3 do 语句

前面介绍的两个循环控制语句 for 和 while,其共同的特点是先判断条件表达式是否为真,然后再决定是否执行循环体。因此,用 for 或 while 语句控制的循环体有可能因为条件表达式为假而一次也不能执行。如果在循环结构中要求先执行循环体语句,然后再判断条件,C 语言提供了一个 do 语句来控制。其语法格式如下:

do

    statement

while (loop_expression);

其中 statement 是循环体,loop_expression 是条件表达式。当计算机执行 do 语句时,先执行 statement,然后才计算 loop_expression,如果其值为真(非零),则再次执行 statement,直到 loop_expression 为假,退出循环,执行 while 后面的语句。

例 5.5 例 5.4 用 do 语句控制循环。

源程序如下:

```
# include <stdio. h>
int main (void)
{
    int m,n,u,v,remainder;
    printf ("请输入两个非负整数:");
    scanf (" %d %d",&m,&n);
    u=m,v=n;
    do
    {
        remainder=u % v;
        u=v;
        v=remainder;
    }while ( v ! =0 );
    printf (" %d 和 %d 的最大公约数是 %d\n",m,n,u);
    return 0;
}
```

运行结果(图 5-6):

图 5-6

程序说明:由于 do 语句是先执行循环体,所以当每两个数输入 0 时,该程序会出错,而例 5.4 不会出错。

例 5.6 输入一个整数,然后逆序输出其各位数字,如输入 1234,输出 4321。

算法分析:输入一个整数后,要先输出其个位数字,就必须把个位数字从整数中分离出来,我们可以用 10 去除该整数求余数的方法来实现。把该整数去掉个位数字后,再用同样的方法输出十位数字,以此类推。

源程序如下:

```c
#include <stdio.h>
int main (void)
{
    int number,right_digit;
    printf ("输入一个整数:");
    scanf ("%d",&number);
    do
    {
        right_digit=number % 10;
        printf ("%d",right_digit);
        number=number / 10;
    }while ( number ! =0 );
    printf ("\n");
    return 0;
}
```

运行结果(图 5-7):

图 5-7

注1 从功能上看,当第一次进入循环时,条件表达式即为假,do 语句与 while 语句的结果是不同的。也就是说,用 do 语句控制循环时循环体至少执行一次,而用 while 控制循环时,循环体可以一次也不执行。

注2 从语法上看,while 后面的小括号外不能加分号,而 do 语句中,while 后面的小括号外要加分号。

 ## 5.4 break 和 continue 语句

在执行循环语句时,有时需要提前退出或中止循环,C 语言提供了 break 和 continue 两个语句,可以实现上述要求。

5.4.1 break 语句

break 语句只能用于 switch 语句或循环语句中,在 switch 语句中的作用前面已经介绍过了。如果在循环体中,计算机执行一个 break 语句,程序将中止循环语句。因此 break 语句必须与一个 if 语句一起使用,否则循环将无法实现。

例 5.7 输入一正整数,判断它是否是一个素数(质数)。

算法分析:根据数学的定义,素数(或质数)是指在大于 1 的自然数中,除了 1 和此整数自身外,无法被其他自然数整除的数(也可定义为只有 1 和本身两个因数的数)。要验证一个数 m 是否是素数,我们可以用 $2 \sim m-1$ 中的每个数去除这个数 m,如果都不能整除则说明这个数 m 是素数,否则不是素数。实际上,在检验 m 是否是素数的过程中,i 不需要从 2 到 $m-1$ 变化,因为一个数如果能够分解成两个非 1 和本身的因数乘积的话,则其中之一必然小于等于 $\sqrt{m}$。所以我们只需要验证到 $\sqrt{m}$ 即可,这样可以大大减少程序运行的时间。

源程序如下:

```
#include <stdio.h>
#include <math.h>
int  main()
{
    int m,i,isprime;
    printf("请输入一个正整数:");
    scanf("%d",&m);
    isprime=1;
    for (i=2;i<=sqrt(m);i++)
        if (m%i==0)
```

86

```
        {
            isprime=0;
            break;
        }
    if (isprime==1)
        printf("%d是一个素数\n",m);
    else
        printf("%d不是一个素数\n",m);
}
```

运行结果(图5-8):

图 5-8

程序说明: 输入一个正整数给变量 m 后,利用 for 控制 if 语句重复执行,验证 m 能否被 2~m-1 中的某一个数整除。如果 m 能被 2~m-1 中的某个数 i 整除,则说明 m 不是素数,后面的数就不需要验证了,执行 break 语句中止循环。为了能够区分 m 是否是素数,程序中设置了一个变量 isprime,它的初值为 1,当 m 能被某个数 i 整除时,使 isprime 的值为 0。当循环结束后,只要判断 isprime 的值是否等于 1 就可以确定 m 是否是素数了。这种变量的作用是表示某种状态,从而达到分类的目的,因此我们称它们为状态变量。

5.4.2　continue 语句

continue 语句只能用于循环体中,它不能中止循环,但可以跳过循环体中 continue 后面的语句,直接进行下一轮循环的判断。

 ## 5.5　循环的嵌套

如果在一个循环体内还需要一个循环结构,我们称这种结构为循环的嵌套。

例 5.8　输出 200 以内的所有素数。

算法分析: 在例 5.7 中,只是判断一个数是否是素数,现在要判断 200 以内的所有数是

87

否是素数,我们用一个循环语句使 m 从 2 到 200 变化,然后把例 5.7 中判断 m 是否是素数的代码作为循环体即可。

源程序如下:

```c
# include <stdio.h>
# include <math.h>
int main()
{
    int m,i,isprime,k;
    for(m=2;m<=200;m++)
    {
        k=sqrt(m);
        isprime=1;
        for (i=2;i<=k;i++)
        if (m%i==0)
        {
            isprime=0;
            break;
        }
        if (isprime==1)
        printf(" %10d",m);
    }
    return 0;
}
```

运行结果(图 5-9):

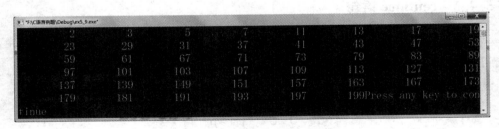

图 5-9

程序说明:程序中的第一个 for 语句称为外循环,它的作用是提供 200 以内被验证的整数,由于 0 和 1 肯定不是素数,所以 m 的值从 2 到 200 变化,其循环体是对 m 是否是素数进行验证。第二个 for 语句称为内循环,它的作用是从 2 到 m−1 去除 m,判断是否能整除,若能整除则说明 m 不是素数。

需要注意的是,执行循环的嵌套时,内外循环的变化就像时钟的分针和时针,时针从 0 到 1 变化一个格,而分针则从 0 到 60 转一圈。

 # 5.6 典型算法

5.6.1 穷举法

穷举法也叫枚举法或列举法。用计算机解决实际问题时,如果问题的解只有有限个,我们可以利用计算机的循环功能,在所有可能的解空间中进行搜索,找出符合条件的答案。

例 5.9 中国古代数学家张丘建在他的《算经》中提出了著名的"百钱买百鸡问题":鸡翁一,值钱五,鸡母一,值钱三,鸡雏三,值钱一,百钱买百鸡,问翁、母、雏各几何?

算法分析:设鸡翁、鸡母、鸡雏的个数分别为 x,y,z,共 100 钱要买百鸡,由题意可得到下面的不定方程:

$$x+y+z=100$$
$$5x+3y+z/3=100$$

所以此问题可归结为求这个不定方程的整数解。

由程序设计实现不定方程的求解与手工计算不同,在分析确定方程中未知数变化范围的前提下,我们可通过对未知数可变范围的穷举,验证上述不定方程是否成立,从而得到相应的解。

若 100 元全买公鸡最多买 20 只,显然 x 的取值范围在 0~20;同理,y 的取值范围在 0~33,z 的取值范围在 3~99。在下面的算法中,我们穷举了 x,y 的可能值,根据第 1 个方程计算出 z 的值,然后判断 x,y,z 是否满足第 2 个方程。

源程序如下:

```
#include <stdio.h>
int main()
{
    int x,y,z;
    for(x=0;x<=20;x++)
        for(y=0;y<=33;y++)
        {
            z=100-x-y;
```

```
        if(15 * x+9 * y+z==300)
            printf("x= % d,y= % d,z= % d\n",x,y,z);
    }
    return 0;
}
```

运行结果(图5-10):

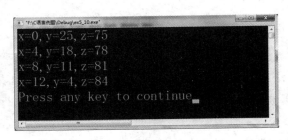

图 5-10

程序说明:穷举法是用计算机解决已知解的范围一类问题的有效方法,一般要使用循环结构,程序中的第一个 for 语句穷举了公鸡的可能解,第二个 for 语句穷举了母鸡的可能解,然后根据第一个方程计算出鸡雏 z 的值,接下来判断 x,y,z 是否满足第二个方程即可,若满足则为它的一个解。在判断条件时,为了避免 z/3 的计算,所以方程两边同乘以 3。

5.6.2 迭代法

迭代法也称辗转法,是一种从一个初始值开始,不断用变量的旧值递推出新值的过程。迭代法又分为精确迭代法和近似迭代法。迭代算法是用计算机解决问题的一种基本方法,它利用计算机运算速度快、适合做重复性操作的特点,让计算机对一组指令(或一定步骤)进行重复执行,在每次执行这组指令(或这些步骤)时,都从变量的原值推出它的一个新值。

例 5.10 求斐波那契(Fibonacci)数列的前 40 个数。斐波那契数列指的是这样一个数列:1,1,2,3,5,8,13,21,34,…。

由数列可以看出,从第 3 项开始,每项都是前二项数之和,由此可以得到递推公式如下:

$$\begin{cases} F_1=1 & (n=1) \\ F_2=1 & (n=2) \\ F_n=F_{n-1}+F_{n-2} & (n\geqslant3) \end{cases}$$

显然该问题可以用迭代法来解决。

源程序如下:

```
#include <stdio.h>
```

90

```
int main()
{
    int f1=1,f2=1,f3,i;
    printf("%10d%10d",f1,f2);
    for(i=3;i<=40;i++)
    {
        f3=f1+f2;
        if(i%5==0)printf("%10d\n",f3);
        else printf("%10d",f3);
        f1=f2;
        f2=f3;
    }
    return 0;
}
```

运行结果(图 5-11):

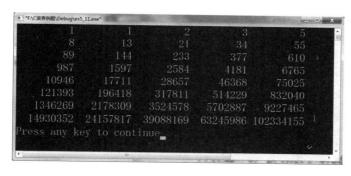

图 5-11

程序说明:程序中我们定义了 3 个整型变量 f1,f2,f3,分别用来存储递推公式中的F_{n-1}、F_{n-2} 和 F_n 的值,其中 f1 和 f2 赋初值为 1。接下来用 for 语句控制语句 f3=f1+f2 重复执行,每次计算出当前项后,必须执行 f1=f2;和 f2=f3;两个语句进行数据替换,目的是可以利用 f3=f1+f2 计算下一项。for 语句中的变量 i 主要是为了控制循环的次数,其值的大小与运行结果没有直接的关系,可以从 1 到 38 变化,本例中通过变量 i 的值控制每行输出 5 个数,所以 i 的值从 3 到 40 变化。

例 5.11 用牛顿迭代法求下面方程在-6附近的根,要求相对误差小于10^{-6}。

$$x^3+4 x^2-17x-60=0$$

算法分析:设 x 是 f(x)=0 的根,选取 x_0 作为 x 初始近似值,过点$(x_0,f(x_0))$做曲线 y=f(x)的切线 L,L 的方程为 $y=f(x_0)+f'(x_0)(x-x_0)$,求出 L 与 x 轴交点的横坐标

91

$x_1 = x_0 - f(x_0)/f'(x_0)$，称 x_1 为 r 的一次近似值。过点 $(x_1, f(x_1))$ 做曲线 $y = f(x)$ 的切线，并求该切线与 x 轴交点的横坐标 $x_2 = x_1 - f(x_1)/f'(x_1)$，称 x_2 为 r 的二次近似值(图 5-12)。重复以上过程，得到如下迭代公式：

$$x_{n+1} = x_n - \frac{f(x_n)}{f'(x_n)}$$

源程序如下：

```c
#include <stdio.h>
#include <math.h>
void main()
{
    double x0,x1,x2,f,d;
    printf("input a root to x0:");
    scanf("%f",&x0);
    do
    {
        f=pow(x0,3)+4*pow(x0,2)-17*x0-60;
        d=3*pow(x0,2)+8*x0-17;
        x1=x0-f/d;
        x2=x0;
        x0=x1;
    }while(fabs(x2-x1)>1e-6);
    printf("the root is %f\n",x1);
}
```

图 5-12

运行结果(图 5-13)：

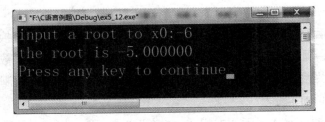

图 5-13

　　程序说明：程序中定义了 2 个变量 x0 和 x1 分别存储迭代公式中的x_n和x_{n+1}，变量 x2 用于暂存变量 x0 的值，以便和 x1 进行误差比较，变量 f 和变量 d 分别存储 f(x0)和f'(x0)。

scanf 函数输入根的估计值,然后利用 do 循环语句控制重复执行 x1＝x0－f/d 进行迭代,直到误差小于 10^{-6} 为止。

5.6.3 二分法

二分法思想是在搜索解的过程中,将搜索空间一分为二,然后确定解在左半部分还是右半部分,如果解在左半部分,则接下来在左半部分继续用二分法搜索,如果解在右半部分,则在右半部继续用二分法搜索,直到搜索空间小于给定的阈值为止。

例 5.12 用二分法求下方程在(－10,10)之间的根。

$$2x^3 - 4x^2 + 3x - 6 = 0$$

算法分析:用二分法求已知函数 f(x)＝0 的根（x 的解）的算法如下:

1. 先找出一个区间 [a,b],使得 f(a)与 f(b)异号。根据介值定理,这个区间内一定包含着方程的根。

2. 求该区间的中点 $m = \dfrac{a+b}{2}$,并计算出 f(m)的值。

3. 若 f(m)与 f(a)正负号相同则取 [m,b] 为新的区间,否则取 [a,m]。

4. 重复第 2 和第 3 步至理想精确度为止。

源程序如下:

```
# include <stdio.h>
# include <math.h>
int main()
{
double x0＝－10,x1＝10,xm,fx0,fxm;
fx0＝((5 * x0－4) * x0＋3) * x0－6;
do
{
    xm＝(x0＋x1)/2.0;
    fxm＝((5 * xm－4) * xm＋3) * xm－6;
    if(fx0 * fxm<0)
        x1＝xm;
    else
    {
        x0＝xm;
        fx0＝((5 * x0－4) * x0＋3) * x0－6;
    }
```

```
xm=(x0+x1)/2.0;
}while(fabs(x1-x0)>1e-5);
printf("The root= %f\n",xm);
}
```

运行结果(图5-14):

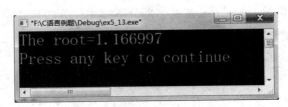

图 5-14

程序说明：程序中定义的变量 x0、x1 和 xm 分别存储区间左、右端点和中点的值，fx0 用于存储 x0 的函数值，fxm 用于存储 xm 的函数值。

 # 5.7　上机实训项目

实验 1　下面的程序是根据公式 $e \approx 1+\frac{1}{1!}+\frac{1}{2!}+\frac{1}{3!}+\cdots+\frac{1}{n!}$ 求 e 的值。请找出其中的错误并改正之。

```
#include <stdio.h>
int main()
{int i;
  double e,temp;
  i=1;
  while(temp>1e-6);
      {temp=temp/i;
      e+=temp;
      i++;
      }
printf("e= %f\n",e);
    return 0;
}
```

实验 2　下面的程序是求 0～100 自然数中偶数之和，完成并调试该程序。

94

```
#include <stdio.h>
void main()
{
    int sum=0,i=0;
    while(i<=100)
        {_____
        _____}
    printf("sum=%d\n",sum);
}
```

实验3　编写一程序求满足下面条件的最大的 n,使 $1^2+2^2+3^2+\cdots+n^2 \leqslant 1\ 000$。

实验4　在 1~10 000 之间找出符合下面条件的数:该数加上 100 后是一个完全平方数,再加上 168 后还是一个完全平方数。

实验5　在数论中,水仙花数(Narcissistic number),也被称为超完全数字不变数(pluperfect digital invariant,PPDI)、自恋数、自幂数、阿姆斯壮数或阿姆斯特朗数(Armstrong number),用来描述一个 N 位非负整数,其各个位数字的 N 次方和等于该数本身。例如:153 是水仙花数,因为 $153=1^3+5^3+3^3$。试编程找出 3 位数中的所有水仙花数。

 ## 5.8　课后实训项目

一、选择题

1. C 语言中 while 和 do-while 循环的主要区别是(　　)。

　A)do-while 的循环体至少无条件执行一次

　B)while 的循环控制条件比 do-while 的循环控制条件严格

　C)do-while 允许从外部转到循环体内

　D)do-while 的循环体不能是复合语句

2. 设有程序段:

　int k=10;

　while(k=10)k=k-1;

则下面描述中正确的是(　　)。

　A)while 循环执行 10 次数　　　　　B)循环是无限循环

　C)循环体语句一次也不执行　　　　D)循环体语句执行一次

3. 下面程序段的运行结果是(　　)。

```
int n=0;
while(n++<=2);printf("%d",n);
```
  A)2   B)3   C)4   D)有语法错

4.下面有关 for 循环的正确描述是(   )。

    A)for 循环只能用于循环次数已经确定的情况

    B)for 循环是先执行循环体语句,后判断表达式

    C)在 for 循环中,不能用 break 语句跳出循环体

    D)for 循环的循环体语句中,可以包含多条语句,但必须用花括号括起来

5.下列程序段不是死循环的是(   )。

    A)int i=100;
```
    while(1)
    {i=i%100+1;
    if(i>100)break;
    }
```
    B)for(;;);

    C)int k=0;
```
    do{++k;}while(k>=0);
```
    D)int s=36;
```
    while(s);
```

6.下面程序的运行结果是(   )。
```
#include <stdio.h>
int main()
{int i,j,x=0;
    for(i=0;i<2;i++)
{    x++;
    for(j=0;j<=3;j++)
    {if(j%2)continue;
    x++;
    }
    x++;
    }
    printf("x=%d\n",x);
    return 0;
}
```

A)x＝4　　　　　　B)x＝8　　　　　　C)x＝6　　　　　　D)x＝12

7. 执行下面的程序后,a 的值为(　　　)。

```c
#include <stdio.h>
int main()
{
    int a,b;
    for(a=1,b=1;a<=100;a++)
    {
        if(b>=20) break;
        if(b%3==1)
        {
            b+=3;
            continue;
        }
        b-=5;
    }
}
```

　　A)7　　　　　　　　B)8　　　　　　　　C)9　　　　　　　　D)10

8. 以下程序的输出结果是(　　　)。

```c
#include <stdio.h>
int main()
{
    int x=3;
    do
    {
        printf("%3d",x-=2);
    }while(--x);
    return 0;
}
```

　　A)1　　　　　　　　B)30 3　　　　　　C)1-2　　　　　　D)死循环

9. 下面程序的输出结果是(　　　)。

```c
#include <stdio.h>
int main()
{
```

```c
    int x=3,y=6,z=0;
    while(x++! =(y-=1))
    {
        z+=1;
        if(y<x)break;
    }
    printf("x= %d,y= %d,z= %d\n",x,y,z);
    return 0;
}
```

A)x=4,y=4,z=1   B)x=5,y=5,z=1

C)x=5,y=4,z=3   D)x=5,y=4,z=1

10. 当输入为"quert?"时,下面程序的执行结果是(   )。

```c
# include <stdio.h>
int main()
{
    while(putchar(getchar())! ='?');
    return 0;
}
```

   A)quert B)rvfsu C)quert? D)rvfsu?

二、填空题

1. break 语句只能用于_____语句和_____语句中。

2. 以下程序的功能是:从键盘上输入若干个学生的成绩,统计并输出最高成绩和最低成绩,当输入负数时结束输入,请填空。

```c
# include <stdio.h>
int main()
{float x,max,min;
scanf(" %f",&x);
max=x;min=x;
while(_____)
{if(x>max)max=x;
    if(_____)min=x;
    scanf(" %f",&x);
}
```

```c
    prinf("\nmax= %f\nmin= %f\n",max,min);
return 0;
}
```

3. 下列程序主要功能是输出下列图形,试填写程序中缺少的内容。

```
   *
  ***
 *****
*******
```

```c
#include <stdio.h>
int main()
{
    int i,j;
    for(i=1;i<5;i++)
    {
        for(j=0;j<=_____;j++)printf(" ");
        for(j=0;j<_____;j++)printf(" * ");
        printf("\n");
    }
    return 0;
}
```

4. 以下循环体的执行次数是_____。

```c
#include <stdio.h>
int main()
{   int i,j;
    for(i=0,j=1;i<=j+1;i+=2,j--)
    printf(" %d \n",i);
return 0;
}
```

5. 下面程序的功能是根据公式 $\frac{\pi}{2}=1+\frac{1}{3}+\frac{1}{3}\frac{2}{5}+\frac{1}{3}\frac{2}{5}\frac{3}{7}+\frac{1}{3}\frac{2}{5}\frac{3}{7}\frac{4}{9}+\cdots$,计算满足精度 eps 要求下的 π 值,请填空。

```c
#include "stdio.h"
int main()
```

```
{   double s=0.0,t=1.0;
    int n;
    float eps;
    scanf("%f",&eps);
    for(_____;t>eps;n++)
    { s+=t;
    t=n*t/(2*n+1);}
    printf("pi=%f\n",  _____ );
}
```

6. 下面程序输出 3 到 100 之间的所有素数。

```
#include <stdio.h>
int main()
{ int k,j;
  for (k=3;k<100;k++)
  { for (j=2;j<=k-1;j++)
    if ( _____ )
    break;
  if (_____ )   printf("%4d",k);
  }
}
```

三、程序阅读题

1. 下面程序的输出结果是_____。
```
#include <stdio.h>
int main()
{   int s,i;
    for(s=0,i=0;i<3;i++,s+=i);
    printf("%d\n",s);
    return 0;
}
```

2. 执行下列程序的输出结果是_____。
```
#include <stdio.h>
int main()
    {int m,n;
```

```
        for(m=11;m>10;m--)
        {for(n=m;n>9;n--)
            if(m%n)break;
            if(n<=m-1)  printf("%d",m);
        }
        return 0;
}
```

3. 以下程序的运行结果是_____。

```
#include <stdio.h>
int main()
{    int a=1,b=2,c=3,t;
     while(a>b>c)
     {a--;}
     printf("%d",a);
     return 0;
}
```

4. 以下程序的运行结果是_____。

```
#include <stdio.h>
int main()
{    int k=4,n=0;
     for(;n<k;)
     { n++;
     if(n%3! =0)continue;
     k--;
     }
     printf("%d,%d\n",k,n);
     return 0;
}
```

5. 以下程序的运行结果是_____。

```
#include <stdio.h>
void main()
{
     int i=1;
     while(i<=5)
```

```
{
printf("%d  ",i);
i++;
}
}
```

四、改错题

1. 下面程序的功能是计算 $\sum\limits_{n=1}^{100} n$,编译时无错误,但运行程序时,输出结果不对。

```
# include <stdio.h>
void main()
{    int n=0,sum;
     while(n<=100)
     {sum=sum+n;
         ++n;}
     printf("sum=%d\n",sum);
}
```

2. 下面程序的功能是计算 n!,编译下面程序时出现错误信息"error C2146:syntax error:missing ';' before identifier 'printf'"。

```
# include <stdio.h>
void main()
{ int n,i=1;
double t=1;
scanf("%d",&n);
do
{ t=t*i;
    i=i+1;
  }while(i<=n)
    printf("%d! =%f\n",n,t);
}
```

3. 下面的程序是计算 m=1-2+3-4+···+9-10,试找出其中的错误并改正之。

```
# include <stdio.h>
int main()
{ int m=0,f=1,i;
```

```
        for(i=1,i<n,i++)
        { m+=i*f;
        f=-f;
        }
printf("m=%d\n",m);
return 0;
}
```

五、程序设计题

1.求 $\int_{2}^{1} x^2 dx$。提示:用梯形法。

2.打印出所有的"水仙花数"。

3.用迭代法求一个数的平方根,其迭代公式为 $x_{n+1} = \dfrac{1}{2}\left(x_n + \dfrac{a}{x_n}\right)$。

4.用1,2,3,4 这 4 个数字,能组成多少个互不相同且无重复数字的 3 位数? 试编程序打印出这些 3 位数,要求每行打印 10 个数。

第6章 数组和指针

到目前为止，我们所使用的变量都属于基本数据类型，如 int、double、char 等，这些变量只能保存单一的数据项。而在程序设计中，我们常常遇到的问题是大量的、同类型的一组数据。如某个学期全年级数学分析课的成绩、数列、一元 n 次多项式的系数、矩阵等。为了处理方便，我们需要把具有相同数据类型的若干变量按有序的形式组织起来，这些按序排列的同类型数据元素的集合即称为数组（array）。

在 C 语言中，数组属于构造数据类型。一个数组可以分解为多个数组元素，这些数组元素可以是基本数据类型或者构造类型。因此，按照数组元素的类型不同，数组又可以分为数值数组、字符数组、指针数组、结构数组等。本章主要介绍数值数组、字符数组和指针数组，而对于其他类型的数组则在后续章节中进行介绍。

在程序设计时，有时我们还需要处理内存的地址，如变量的地址。因此 C 语言提供了指针数据类型，使我们可以直接访问计算机的内存单元。指针的使用非常广泛，是 C 语言最强大功能之一。一方面，利用指针可以表示各种数据结构，能很方便地使用数组和字符串。另一方面，使用指针可以像汇编语言一样处理内存地址，从而编出精练而高效的程序。然而，指针也是 C 语言中最容易令人困惑和最难以掌握的主题之一。如果使用者粗心，指针很容易就指向了错误的地方。但是，如果谨慎地使用指针，便可以利用它写出简单、清晰的程序。

指针与数组之间的关系十分密切，我们将在本章讨论它们之间的关系，并探讨如何利用这种关系。

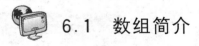 6.1 数组简介

为了说明数组的概念及其作用，下面我们先看一个实例。

例 6.1 计算全班同学数学分析的平均成绩。

假设该班只有 10 位同学，那么我们需要定义 10 个整型变量来存储 10 个同学的分数。程序如下：

```
#include <stdio.h>
int main()
```

```
{
    int num0,num1,num2,num3,num4;
    int num5,num6,num7,num8,num9;
    int sum=0;
    float average=0.0f;    //平均成绩
    //读入10个学生成绩
    printf("Please input the first five scores:\n");
    scanf("%d%d%d%d%d",&num0,&num1,&num2,&num3,&num4);
    printf("Please input the last five scores:\n");
    scanf("%d%d%d%d%d",&num5,&num6,&num7,&num8,&num9);
    sum=num0+num1+num2+num3+num4+num5+num6+num7+num8+num9;
    average=sum / 10.0f;
    printf("The average score of the ten numbers is:%f\n",average);
    return 0;
}
```

运行结果(图 6-1):

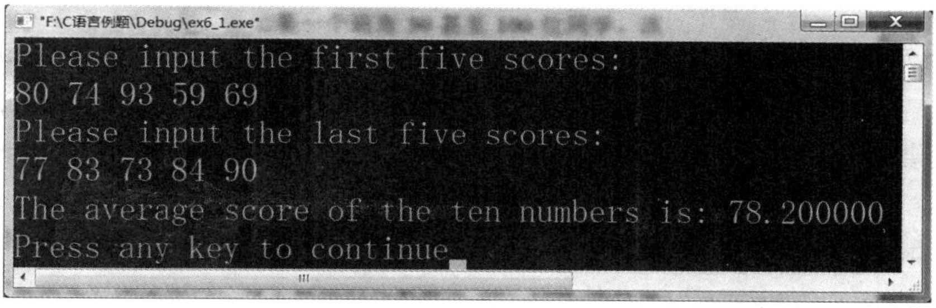

图 6-1

程序说明:我们用变量 num0～num9 存储 10 个学生的成绩,由于变量太多,所以程序中用了两个 scanf 函数,同学们可以根据具体情况调用 1 个 scanf 或多个 scanf。由于不能使用循环来控制 scanf,显然这样很繁琐。当然,对于只有 10 位同学的班级还是可以忍受的,但如果有 100 位甚至 1 000 位同学,用这种方法来定义 100 或 1 000 个变量显然是不可取的。对于大量同类型数据的存储,使用数组存储可以解决这个问题。

数组是一组个数固定、类型相同数据项的集合,数组中的数据项称为元素(element),每个元素由其数组名和下标唯一确定。数组的重要特性是:数组中的元素个数固定、类型相同,每个数组的元素可以是 int、char 或其他类型。

用数组存储数据需要先定义,后使用。数组根据其下标的个数可分为一维数组、二维数组及多维数组,在接下来的两节中我们将讨论一维数组和二维数组。

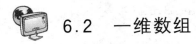

6.2 一维数组

6.2.1 一维数组的定义和使用

最简单的数组类型就是一维数组,一维数组的元素是线性地存储在计算机内存中的,所以只要一个下标就可以确定数组元素在数组中的位置。

数组的定义类似于定义一个存储单一数值的普通变量,所不同的是要在数组名后面的方括号中放一个整数,其一般格式如下:

数据类型 数组名[常量表达式];

其中,数据类型可以是任何一个数据类型,用来说明数组中存放什么类型的数据。数组名必须是合法的标识符,用来区分不同的数组。常量表达式中不能包含变量,用来说明数组可以存放多少个数据。

例如,定义一个存储 10 个 int 型数据的数组 num 可以写成:

int num[10];

在这个例子中,我们定义了一个名为 num 的整型数组,可以存储了 10 个 int 型数据。括号中的数字声明了要存放在数组中的元素的个数,为了访问这 10 个数据,C 语言为数组中的每个元素都提供了下标(即索引值)。下标是从 0 开始的连续整数,比如 num 数组元素的下标是 0~9。其中,下标 0 表示数组中的第一个元素,下标 9 表示最后一个元素。要访问某个元素,只需用数组名加下标即可。如 num 数组的元素可以表示为 num[0],num[1],num[2],…,num[9],如图 6-2 所示。

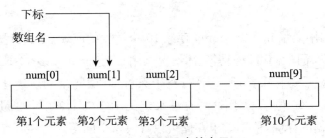

图 6-2 数组元素的表示

数组元素是组成数组的基本单元,通过"数组名[下标]"的方式我们可以像访问普通变量一样来访问数组元素。需要注意的是,在使用数组元素时,下标可以是整型常量、整型变量或表达式。

例如:num[5]、num[i]都是合法使用的数组元素,其中 i 是变量。如果 i 的值为 5,则

num[i]与 num[5]表示的是同一个数组元素。i 可以是 0~9 中的任意值。

接下来,我们利用数组来解决例 6.1 中求平均成绩的问题。

例 6.2 利用数组解决例 6.1 的问题。

```c
#include <stdio.h>
int main()
{
    int num[10];
    int sum=0,i;
    float average=0.0f;        //平均成绩
    //读入 10 个学生成绩
    printf("Please input the scores:\n");
    for (i=0;i<10;i++)
    {
        scanf("%d",&num[i]);
        sum=sum+num[i];
    }
    average=sum / 10.0f;
    printf("The average score of the ten numbers is:%f\n",average);
    return 0;
}
```

运行结果(图 6-3):

图 6-3

程序说明:程序中我们定义了一个名为 num 的数组来存储 10 个学生的成绩,由于数组元素的下标可以使用变量,所以我们用 for 循环控制输入与求和。显然,使用数组可以使程序变得更加简洁。

对于数组的定义和使用需要说明以下几点:

1. 数组的类型实际上是指数组元素的类型,这个类型可以是基本数据类型,也可以是构造数据类型。对于同一个数组,其所有元素的数据类型都是相同的,即为数组的类型。

2. 定义数组变量时其长度必须使用常量,如下面的代码是错误的:

```c
int main()
```

```
{
    int n=10;
    int num[n];
    return 0;
}
```

而以下代码则是合法的,其中 arrLen 是一个符号常量:

```
#define arrLen 10;
int main()
{
    int num[arrLen];
    return 0;
}
```

3. 数组元素的下标是从 0 开始的,不是 1。如上面定义的 num 数组,若要访问数组中第 4 个元素,应使用 num[3],而非 num[4]。

4. C 语言的编译器不检查下标的范围。当下标超出范围时,程序可能产生不可预知的行为。比如,在一个 10 个元素的数组 num 中,其下标范围是 0~9,而如果访问 num[-1] 或者 num[10],则可能会取出一个垃圾值或者引发程序错误。

例 6.3 数组元素下标越界引起的错误。

```
#include <stdio.h>
int main()
{
    int arr[10],i;
    for (i=0;i<=9;i++)
        arr[i]=i;
    printf("%d%d  %d\n",arr[0],arr[5],arr[10]);
    return 0;
}
```

运行结果(图 6-4):

图 6-4

程序说明：例6.3主要练习了数组的定义和数组元素的引用，对于数组中的元素可以通过下标进行随机地访问。程序中利用 for 循环控制给数组元素 arr[0]～arr[9]赋值，然后调用 printf 函数输出下标为 0,5 和 10 的数组元素的值，由结果可以看出，第 3 个数并不是数组中的值，这是因为下标 10 已经超出定义的 arr 数组的范围，但 C 语言的编译器对下标的越界并不报错，它会照样输出 arr[10]中的值。

值得注意的是，如果 arr[10]所代表的内存单元已经分配给其他变量了，那么给 arr[10]赋值就会破坏那个变量中的数据。

例6.4 用数组保存从 1 开始的 10 个连续偶数并输出之。

```
#include <stdio.h>
int main()
{
    int n,arr[10],i;
    n=10;
    for (i=0;i<=n;i++)
        arr[i]=2*i;
    for (i=0;i<=n;i++)
        printf("%d  ",arr[i]);
    printf("\n%x,%x\n",&n,&arr[10]);   //输出变量 n 和 arr[10]的地址
    return 0;
}
```

运行结果(图 6-5)：

图 6-5

程序说明：程序中变量 n 的作用是设置循环的次数，使用一个循环语句给 arr 数组元素送入偶数值，然后用另一个循环语句输出各偶数值。但运行结果并不符合题目要求，因为变量 n 的值为 10，从程序中看，循环控制变量 i 的终值为 10，所以可以推断循环的次数应为 11 次，而结果却输出了 21 个数，也就是说循环的次数是 21 而不是 11。这是因为变量 n 的值变成了 20，我们在程序中并没有修改 n 的值，为什么 n 的值会变成 20 呢？罪魁祸首就是因为数组下标的越界。在 VC 6.0 环境下，变量 n 在内存中所分配的内存单元在 arr[9]之后，也就是 arr[10]的内存单元，所以当在第一个 for 语句中给 arr[10]赋值 20 时，实际上把 20 送

入变量 n 中了,因此不知不觉中修改了变量 n 的值,从而改变了循环次数。请读者把两个 for 语句中的 i<=n 改为 i<n 后上机运行一下。

6.2.2 一维数组的初始化

像其他变量一样,数组也可以在定义时获得一个初始值。初始化数组元素的方法是在定义数组时,在大括号中指定一组初值,各初值之间用逗号分开,例如:

```
double values[5]={1.1,2.2,3.3,4.4,5.5};
```

这相当于:values[0]=1.1,values[1]=2.2,values[2]=3.3,values[3]=4.4,values[4]=5.5。

在此例中,因为全部元素都赋了初值,所以在数组定义时,可以省略数组元素的个数。如上面的初始化代码可以改写为:

```
double values[]={1.1,2.2,3.3,4.4,5.5};
```

要初始化整个数组,应使每个元素都有一个值。如果初值个数少于数组元素个数,没有初值的元素将被设为 0。如果初值个数多于数组元素数,编译器则会报错。例如:

```
double values[5]={1.1,2.2};
```

则表示给数组的前两个元素赋值,而后面的 3 个元素自动赋值为 0。

利用这一特性,可以更容易地把数组元素全初始化为 0:

```
double values[5]={0};
```

需要注意的是,必须使用大括号将 0 括起来,下面的写法则是错误的:

```
double values[5]=0;
```

6.2.3 一维数组举例

除了可以在数组的定义时进行初始化外,还可以在程序执行时对数组元素动态赋值。这时可使用循环语句配合 scanf 函数逐个对数据元素赋值。

例 6.5 输入 10 个整数并求其最大值。

算法分析:要从若干个数中找出最大值,其基本思想可采用"打擂台方法",

```
#include <stdio.h>
int main()
{
    int i,max,arr[10];
    printf("Please input 10 numbers:\n");
    for (i=0;i<10;i++)
        scanf("%d",&arr[i]);
    max=arr[0];
```

```
for (i=1;i<10;i++)
    if (arr[i] > max)max=arr[i];
printf("The max number is % d\n",max);
return 0;
}
```

运行结果(图 6-6):

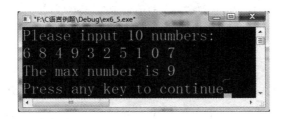

图 6-6

程序说明: 在程序中,第一个 for 循环逐个输入 10 个数到数组 arr 中。然后先将 arr[0] 送入最大值 max 中。在第二个 for 循环中,从 arr[1]到 arr[9]逐个与最大值 max 比较,若比 max 大则认为该值是新的最大值,把它存入 max 中。比较结束后,max 即为这 10 个数中最 大者,输出之。

例 6.6 假设一道题目的答案只能有四种,即:A、B、C、D(为了方便起见,我们使用 1、2、3、4 代替),现有 10 位同学分别给出自己的答案,我们希望统计各类答案出现的 次数。

源程序如下:
```
#include <stdio.h>
int main()
{
    int i,frequency[5]={0};
    int answers[10]={3,1,1,1,4,1,3,1,1,3};
    for (i=0;i<10;i++)
        ++frequency[answers[i]];
    printf(" % 6s % 17s\n","answer","frequency");
    for (i=1;i<=4;i++)
        printf(" % 6d % 17d\n",i,frequency[i]);
    return 0;
}
```

111

运行结果(图 6-7)：

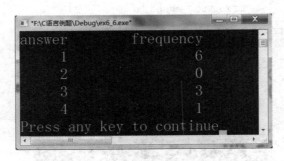

图 6-7

程序说明: 在本例中，我们使用 5 个元素的数组 frequency 来计算各种答案出现的次数。因为答案的四种情况为 1、2、3、4，由于使用 frequency[1] 来表示答案 1 的次数比 frequency[0] 更合理些，所以我们忽略了 frequency[0]。这样可以直接使用答案作为 frequency 数组的下标。

第一个 for 循环每次从数组 answers 中得到一个答案，并增加 frequency 数组中 4 个计数器(frequency[1] 到 frequency[4])中一个的值。程序中的关键语句为：

++frequency[answers[i]];

这个语句根据 answers[i] 的数值增加对应 frequency 计数器的值。例如，当变量 i 为 0 时，answers[i] 为 3，++frequency[answers[i]]; 实际上解释为：

++frequency[3];

它将 frequency 数组元素 3 加 1。当 i 为 1 时，answers[i] 为 1，++frequency[answers[i]]; 将解释为：

++frequency[1];

它将 frequency 数组元素 1 加 1，以此类推。注意，无论统计过程中答案数量是多少，仅需 5 个(实际上是 4 个)元素来汇总结果。如果答案中出现非法值(如:5)，则将超出数组边界，为了防止计算机引用不存在的元素或引发错误，我们需要增加判断语句以确保所有引用都在数组边界内，读者可以尝试对程序进行改写。

6.3　二维数组

前面介绍的数组只有一个下标，称为一维数组，其数组元素也称为单下标变量。而在实际问题中，很多量都是二维的或多维的，因此 C 语言允许定义多维数组。多维数组元素有多个下标，以标识它在数组中的位置，所以可称为多下标变量。在多维数组中，以二维数组最具有代表性,本节将主要以二维数组为例对多维数组进行介绍。

6.3.1 二维数组的定义和使用

例如,下面的语句定义了一个二维数组(或者按照数学中的术语可称为矩阵):

int m[3][5];

数组 m 有 3 行 5 列,其中每个元素都为 int 型,其中 3 表示第一维(行)下标的长度,5 表示第二维(列)下标的长度,类似的我们还可以定义更多维。如图 6-8 所示,数组的行和列的下标都从 0 开始。

	0	1	2	3	4
0	m[0][0]	m[0][1]	m[0][2]	m[0][3]	m[0][4]
1	m[1][0]	m[1][1]	m[1][2]	m[1][3]	m[1][4]
2	m[2][0]	m[2][1]	m[2][2]	m[2][3]	m[2][4]

图 6-8 二维数组的逻辑表示

在逻辑表示上,二维数组显然是二维的,也就是说其下标在两个方向上变化(行和列,或者第一维和第二维),这样也便于我们理解和使用。但实际上它们在计算机内存里并不是这样存储的。由于内存是连续编址的(即内存单元是按一维顺序排列),为了使用一维内存单元来存储二维数据,C 语言需要按照行主序存储二维数组。也就是从第 0 行(a[0]行)开始,然后是第 1 行(a[1]行),以此类推。图 6-9 显示了数组 m 的存储:

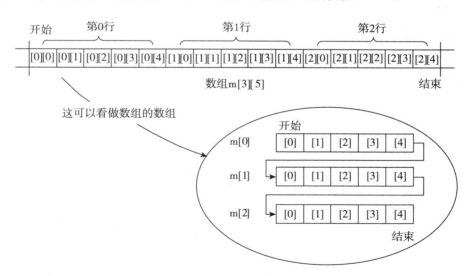

图 6-9 3 行 5 列元素数组在内存中的组织方式

113

从图 6-9 表示的二维数组在内存中的存储形式可以看出,如果我们把二维数组中的一行看成一个数组元素的话,则数组 m 可以看成是一个具有 3 个数组元素的一维数组,其数组元素分别是 m[0],m[1],m[2];而数组中的每一行也可以看成是一个一维数组,其数组名分别是 m[0],m[1],m[2]。

二维数组元素的引用与一维数组非常相似,所不同的是下标,需要用两个下标来确定数组元素在数组中的位置。如:m[2][0] 表示数组 m 第 2 行第 0 列的元素。

例 6.7 一个学习小组有 5 个人,每个人有三门课的考试成绩。求全组各科平均成绩和总平均成绩(表 6-1)。

表 6-1　学习小组成绩表

	赵	钱	孙	李	周
英语	85	77	63	90	80
数学分析	82	86	70	93	88
高等代数	79	83	58	95	85

可设一个二维数组 score[3][5] 来存放 5 个同学 3 门功课的成绩,再设一个一维数组 avg[3] 来保存三门功课的平均成绩,使用变量 average 保存总平均成绩。该程序代码如下:

```
#include <stdio.h>
int main()
{
    int i,j,sum,scores[3][5];
    double average,avg[3];
    printf("Please input the scores:\n");
    for (i=0;i<3;i++)
    {
        sum=0;
        for (j=0;j<5;j++)
        {
            scanf("%d",&scores[i][j]);
            sum=sum+scores[i][j];
        }
        avg[i]=sum / 5.0;
    }
    average=(avg[0]+avg[1]+avg[2])/ 3.0;
```

```
printf("英语：%lf\n数学分析：%lf\n高等代数：%lf\n",avg[0],avg[1],avg[2]);
printf("平均分：%.2f\n",average);
return 0;
}
```

运行结果(图 6-10)：

图 6-10

程序说明：程序使用了双重循环。在内循环中依次读入某一门功课的各个学生的成绩，并将这些成绩累加起来，退出内循环后将计算出的该门功课平均成绩保存到数组 avg 中。外层循环共执行 3 次，分别求出三门功课的平均成绩并保存至数组 avg 中。退出外循环后，计算总平均成绩。最后输出各门功课的平均成绩及总平均成绩。

对于二维数组，我们也有必要讨论一下其在内存中的存储方式。如图 6-8 所示的二维数组，不仅从逻辑上可视为一维数组，并且在物理上也是按照一维数组的方式存储的。我们通过下面的例子验证这一点。

例 6.8 *二维数组的存储方式。*

```
#include <stdio.h>
int main()
{
    int i,j,m[3][5];
    for (i=0;i<3;i++)
    {
        printf("m[%d]    Address：%p\n",i,m[i]);
        for (j=0;j<5;j++)
        {
            m[i][j]=i*10+j;
            printf("m[%d][%d] Address：%p   Content：%d\n",i,j,&m[i][j],m[i][j]);
        }
```

115

```
        }
    return 0;
}
```
运行结果(图 6-11):

图 6-11

程序说明: 由于 m 是二维数组,因此程序使用了双重循环。在内层循环中,第 i 行第 j 列的元素值被设为 i∗10+j(即行号作为十位,列号作为个位)。通过对运行结果进行分析,我们可以得出这样的结论:

(1)与一维数组类似,二维数组元素在内存中也是连续存放的,其中元素 m[0][4] 的后一个元素为 m[1][0]。

(2)m[i] 为第 i 行(可视为第 i 个一维数组)的地址,即第 i 行第 0 列元素的地址,与 &m[i][0] 等价。

6.3.2 二维数组的初始化

类似于一维数组的初始化,二维数组的初始化既可以在定义时进行初始化,也可以在程序运行时为数据元素动态赋值。

二维数组定义时初始化需要将每一行的初始值放在大括号内,例如,可以使用下面的语

句按照表 6-1 所示的学生成绩对数组 scores 进行初始化:

```
int scores[3][5]={{85,77,63,90,80},{82,86,70,93,88},{79,83,58,95,85}};
```

需要注意的是,初始化行元素的每组值放在一对大括号中,所有行的初始值放在另一对大括号中。一行中的值以逗号分开,各行值也要以逗号分开。

如果对数组的全部元素赋值,则可采用连续复制的方式(每行的初值可以不用放在大括号中),并且第一维(行)的长度可以不给出,如:

```
int scores[3][5]={85,77,63,90,80,82,86,70,93,88,79,83,58,95,85};
```

或

```
int scores[][5]={85,77,63,90,80,82,86,70,93,88,79,83,58,95,85};
```

和一维数组一样,若指定的初值少于一行的元素数,这些值会从每行的第一个元素开始,依序赋予各元素,剩下未指定处置的元素将被初始化为 0。例如:

```
int a[3][3]={{1},{2},{3}};
```

赋值后各元素的值为:

```
1    0    0
2    0    0
3    0    0
```

按照相同的原理,也可以对三维或三维以上的数组进行初始化。例如,三维数组将会有 3 级嵌套的大括号。

6.3.3 二维数组举例

例 6.9 编写程序实现矩阵的转置,例如将矩阵 A 转置为矩阵 T:

$$A=\begin{bmatrix}1&2&3\\4&5&6\end{bmatrix} \quad T=\begin{bmatrix}1&4\\2&5\\3&6\end{bmatrix}$$

算法分析:矩阵可以表示为二维数组,在本题中可以定义两个二维数组:数组 A 为 2 行 3 列,存放初始的 6 个数,而数组 T 为 3 行 2 列,开始时并未赋值。对于矩阵的转置,可以使用双重嵌套循环,将数组 A 中的每个元素 A[i][j] 保存到数组 T 的 T[j][i] 中即可。程序代码如下:

```
#include <stdio.h>
int main()
{
    int i,j,A[2][3]={{1,2,3},{4,5,6}};
    int T[3][2];
    for(i=0;i<2;i++)
```

```
            for (j=0;j<3;j++)
                T[j][i]=A[i][j];
        printf("Thetransposed matrix of A is:\n");
        for (i=0;i<3;i++)
        {
            for (j=0;j<2;j++)
                printf(" %5d",T[i][j]);
            printf("\n");
        }
        return 0;
}
```

运行结果(图 6-12):

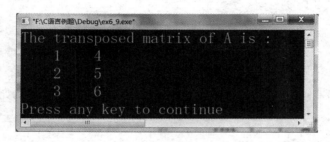

图 6-12

例 6.10 有一个 3×4 的矩阵,要求编程求出其中值最大的那个元素的值,及其所在的行号和列号。

算法分析:对于 3×4 的矩阵可以定义一个 3 行 4 列的数组 num[3][4],而对于选择最大值元素,可采用"打擂台"的方法进行选择。

首先,将 num[0][0]作为"擂主",将其记为最大值(max),此时最大值的行号(row)和列号(col)分别为 0 和 0。然后,逐次将其他元素 num[i][j]与最大值 max 比较,若 num[i][j]比 max 大,则将其值作为新的最大值,并更新最大值的行号和列号。否则,不改变。当所有元素都比较完毕后,此时的 max 即为所有元素的最大值,row 和 col 即为最大值对应的行号和列号。

```
#include <stdio.h>
int main()
{
    int i,j,max,row=0,col=0;
    int num[3][4]={{1,2,3,4},{8,7,6,5},{12,11,10,9}};
    max=num[0][0];
```

118

```
for (i=0;i<3;i++)
    for (j=0;j<4;j++)
        if (num[i][j] > max)
        {
            max=num[i][j];
            row=i;
            col=j;
        }
printf("max= % d\nrow= % d\ncolumn= % d\n",max,row,col);
return 0;
}
```

运行结果(图 6-13):

图 6-13

 6.4 指针与指针变量

指针是 C 语言的一个重要特色,也是 C 语言最为强大的工具之一,正确灵活地运用指针可以使程序更加简洁、高效。可以说,指针是 C 语言最为精华的内容,不掌握指针就不能算真正地掌握 C 语言。

但同时,指针也是 C 语言最难以掌握的内容之一。所以一定要在一开始时正确理解指针的概念及其基本用法,这样在深入探讨指针时,才能对其操作有清晰地认识。作为指针学习的开始,本小节主要讲述指针的基本概念和指针变量的基本用法。

6.4.1 指针的概念

要弄清指针的概念,必须先了解内存(memory)的基本知识。内存是计算机的重要部件,主要用于存储程序和数据。内存可以看作一排顺序摆放的小盒子(当然这些盒子非常多),每个盒子可以存放一个二进制位(bit)0 或 1。为了方便起见,我们将 8 个小盒子组合为

119

一组,每组称为一个字节(byte)。由此可见,在计算机的内存中,一个字节可以存放一个 8 位二进制数,在不同位置的 1 具有不同的权值,最右边的位称为最低位,其权值为 1,最左边的位称为最高位,其权值为 128,如图 6-14 所示。

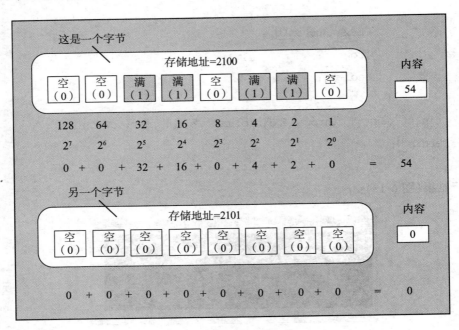

图 6-14　内存中的字节

为了计算机能够访问存放在字节中的数据,内存中的每个字节用数字进行了编号(就像我们教学楼中的教室一样也进行了编号)。内存中的第 1 个字节编号为 0,第 2 个字节编号为 1,以此类推,直至最后一个字节。这些用以标记字节的编号称为地址(address),而在该字节中存入的数据称为内容。比如,在图 6-14 中,地址为 2100 的字节存放的内容为 54,而地址为 2101 的字节存放的内容为 0。

在计算机编译系统里,当定义一个变量时需要在内存中为其分配存储空间,空间的大小与变量类型和编译系统有关。比如,在 VC 6.0 中定义一个 int 型变量,则需要为其分配 4 个字节的空间,而在 Turbo C 2.0 中定义一个 int 型变量则只需 2 个字节。当为一个变量分配空间后,这个变量则拥有了地址,其中第一个字节的地址即为变量的地址。

C 语言提供了寻址运算符 &,用以获取一个变量的地址,这一点在我们学习 scanf 函数时已经了解到。理解寻址运算符的最好方法就是多使用它,下面就是一个例子。

例 6.11　寻址运算符的使用。

```
#include <stdio.h>
int main()
{
```

```
//定义 3 个整型变量
shorta=1;
int b=2;
long c=3L;
//定义 3 个浮点型变量
float d=4.0;
double e=5.0;
long double f=6.0;
//显示整型变量所占的字节数
printf("整型变量在内存所占用的空间大小:\n");
printf("short:%d bytes,int:%d bytes,long:%d bytes.\n",sizeof(short),sizeof(int),sizeof(long));
//显示变量的地址
printf("The address of a is %p\nThe address of b is %p\n",&a,&b);
printf("The address of c is %p\n",&c);
//显示浮点型变量所占的字节数
printf("浮点型变量在内存所占用的空间大小:\n");
printf("float:%d bytes,double:%d bytes,long double:%d bytes.\n",sizeof(float),sizeof(double),sizeof(long double));
//显示变量的地址
printf("The address of d is %p\nThe address of e is %p\n",&d,&e);
printf("The address of f is %p\n",&f);
return 0;
}
```

运行结果(图 6-15):

图 6-15

程序说明：读者运行上述程序时，运行结果有可能与本书的运行结果有所不同，得到什么地址值取决于所用的操作系统以及系统同时运行的其他程序。程序中首先定义了 3 个整型的变量（分别为 short、int 和 long 型）和 3 个浮点型的变量（分别为 float、double 和 long double 型），接下来，输出 3 个整型变量所占用的字节数（其中 sizeof 为系统函数，其作用是计算数据类型的字节数），并输出 3 个整型变量的地址。这里还用了一个新的格式符%p，来输出变量的地址。这个格式符指定输出一个内存地址，其值为十六进制。当然，如果希望使用十进制输出地址，也可以使用%d。然后，输出 3 个浮点型变量所占用的字节数，并输出 3 个浮点型变量的地址。

在一个程序中如果包含下面的语句：

int i=10,j=20,k=30;

则在编译时将在内存中为每个 int 型变量分配 4 个字节（VC 6.0 中）的空间，并把数据保存到相应的内存空间中，如图 6-16 所示。

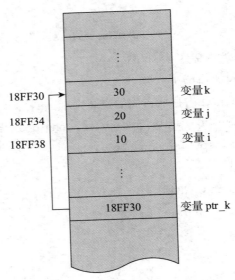

图 6-16   变量在内存中的组织

注意区分变量名、变量地址、变量内容这几个概念，比如 k 是变量名，它的地址是 18FF30，存放的内容为 30。

到目前为止，我们对变量的访问都是用变量名进行的，如要输出变量 k 的值可用下面的语句：

printf("%d\n",k);

这种方式称为直接访问方式。实际上，计算机是通过变量名 k 找到内存单元的地址（18FF30），然后从该内存单元中取出其内容（30）并输出的。

除了直接访问方式外，还可以采用另一种间接访问方式来访问变量 k。比如，为变量 k

122

分配的内存单元起址(简称为变量的地址)是18FF30,通过这个地址即可找到变量k所在的内存单元,进而访问到该变量k的内容(30)。由于通过地址可以访问到对应的变量单元(系统为变量分配的内存单元),可以说,地址指向该变量在内存中的内存单元。因此,将地址形象化的称为指针,意思是通过它可以找到其对应的内存单元。

为了采用间接访问方式访问变量,一般我们将变量k的地址存放在另一个变量里,然后通过该变量来找到变量k的地址,进而访问变量k的内容。如图6-16,定义一个变量ptr_k来存放int型变量k的地址,ptr_k的值即为18FF30。这里所定义的变量ptr_k是一种特殊的变量,它所存放的是变量的地址(或指针),因此我们称这种变量为指针变量,我们将在下一小节对指针变量进行详细地介绍。有了变量k和变量ptr_k,我们可以通过两种方式来对变量k进行存取。如图6-17所示。

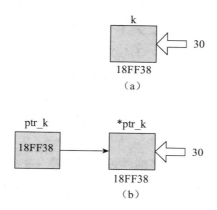

图 6-17　变量的两种访问方式

图6-17(a)是直接访问方式,根据变量名直接给变量k赋值,由于变量名与变量的地址有一一对应的关系,所以会按地址直接对变量k的存储单元进行访问,即将数值30存放到变量k的存储单元(地址为18FF30),用C语句可表达为:

k=30;

图6-17(b)是间接访问方式,先找到存放变量k地址的变量ptr_k,从中得到变量k的地址(18FF30),从而得到变量k的存储单元,然后对它进行存取访问,用C语句可表达为:

*ptr_k=30;

这里,一元运算符*是间接寻址或间接引用运算符,当它作用于指针变量时,将访问指针变量所指向的对象。在上边的语句中,*ptr_k表示指针变量ptr_k所指向的对象,即k。到现在为止,我们已经学习了与地址相关的两个运算符。寻址运算符&实现了变量到地址的转换,而间接引用运算符*则实现了地址到变量的转换,在后面的章节中我们将通过更多的例子来熟悉它们。

6.4.2 指针变量的定义

以下语句可以定义一个指向 int 类型变量的指针：

int * ptr;

ptr 变量的类型为 int *，它可以存放任意 int 类型变量的地址，其中 int 是在定义指针变量时必须指定的基类型。这条语句创建了指针变量 ptr，而没有对其初始化，这是很危险的，因此需要在定义指针变量时对其初始化，即便定义时并不知道该指针变量指向哪个对象。如下面的语句，初始化 ptr，使它不指向任何对象：

int * ptr＝NULL;

需要说明的是，NULL 是标准库中的一个常量，对于指针它表示 0，即表示不指向任何内存位置，这样进行初始化才不会意外覆盖内存。NULL 在＜stdio.h＞、＜stdlib.h＞、＜string.h＞、＜time.h＞等文件中都有定义，所以在使用时必须在源文件中至少包含这些头文件中的一个，否则编译器将无法识别 NULL。

当然，如果在定义指针变量时已经知道它指向哪个对象，则可以使用寻址运算符 & 直接对其初始化，例如：

int number＝100;

int * ptr＝&number;

在这里，ptr 的初值是 number 变量的地址。需要注意的是，number 的定义必须在 ptr 的定义之前，否则代码就不能编译通过。编译器需要先为变量 number 分配好空间，才能使用 number 的地址对指针变量 ptr 进行初始化。

指针变量的定义与普通变量的定义相比没有什么特殊之处，可以使用相同的语句来定义指向其他数据类型的指针，例如：

double * pointer;

char * p,q;

注意，第二条语句定义了一个指针变量 p 和一个变量 q，两者都是 char 类型，不能把 p 和 q 都当做指针。

例 6.12 通过指针变量访问整型变量。

```
#include <stdio.h>
int main()
{
    int x＝1,y＝10;
    int * ptr1＝NULL, * ptr2＝NULL;
    ptr1＝&x;
    ptr2＝&y;
```

```
printf("x= % d,y= % d\n",x,y);
printf(" * ptr1= % d, * ptr2= % d\n", * ptr1, * ptr2);
printf("&x= % p,&y= % p\n",ptr1,ptr2);
return 0;
}
```

运行结果(图 6-18):

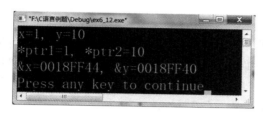

图 6-18

程序说明:在开头处定义了两个指向 int 型变量的指针变量 ptr1 和 ptr2,但此时它们并未指向任何变量,为了安全起见将其初始化为 NULL。程序第 6、7 两行的作用是使 ptr1 指向 x,ptr2 指向 y,此时 ptr1 的值为 x 的地址(&x),ptr2 的值为 y 的地址(&y),如图 6-19 所示。

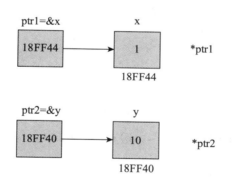

图 6-19 例 6.12 图示

第 8 行输出变量 x 和 y 的值 1 和 10,第 9 行输出 ptr1 和 ptr2 所指向的变量的值,其中 * ptr1 表示指针变量 ptr1 所指向的 int 型变量(也就是 x),所以第 9 行输出的结果也是 x 和 y 的值,即为 1 和 10。第 10 行输出两个变量 x 和 y 的地址,也是两个指针变量 ptr1 和 ptr2 的值。

需要注意的是,第 4 行和第 9 行中的 * ptr1 含义不同。第 4 行的 * ptr1 是变量的定义,表示 ptr1 是一个指针变量,它的类型是 int * ;而第 9 行的 * ptr1 则代表 ptr1 所指向的变量,即 x。

6.4.3 指针变量的使用

可以通过指针变量来访问其所指向的变量的内容,例如:
```
int number=100,i=10;
```

```
int *ptr=&number;
*ptr+=10;
```

上面的最后一条语句将指针变量 ptr 所指向的变量值（number）增加 10。指针变量 ptr 能存储任何 int 型变量的地址，因此可以使用下面的语句改变 ptr 指向的变量：

```
ptr=&i;
```

如果再重复之前的语句：

```
*ptr+=10;
```

该语句操作的是新的变量 i。这表示指针变量可以包含同一类型的任意变量的地址，所以使用一个指针变量操作许多其他变量，只要它们的类型与指针变量的类型相同即可。

例 6.13 通过指针变量访问整型变量。

```
#include <stdio.h>
int main()
{
    long a=0L,b=0L;
    long *ptr=NULL;
    ptr=&a;
    *ptr=2;
    ++b;
    b+=*ptr;
    ptr=&b;
    ++*ptr;
    printf("a=%ld,b=%ld\n",a,b);
    printf("*ptr=%ld\n",*ptr);
    return 0;
}
```

运行结果（图 6-20）：

图 6-20

程序说明：在开头处定义了一个指向 long 型变量的指针变量 ptr，初始化为 NULL。程序第 6 行将指针 ptr 设定为指向 a，该语句使用寻址运算符 & 获取 a 的地址，并将它保存在

126

ptr 中。第 7 行使用了间接运算符 ∗ ,间接设定了 a 的值 2。第 8 行以常规方式使 b 自增 1,此时 b 的值为 1。第 9 行将 ptr 指向的变量内容加到 b 上,由于此时 ptr 仍指向 a,所以给 b 加上 a 的值,此时 b 的值为 3。在程序的第 10、11 行中,将指针变量 ptr 重新指向 b,然后使用表达式＋＋ ∗ ptr 使 ptr 指向变量(b)的值自增 1,此时 b 的值为 4。需要注意的是,如果使用后置形式,必须写成(∗ ptr)＋＋。这是因为自增运算符＋＋和一元运算符 ∗ (和一元运算符 &)的优先级相同,并且都是从右向左计算的。因此,如果省略括号 ∗ ptr＋＋,则意味着将 ptr 的值自增然后再取其所指向的变量的值,这显然与程序的原意不同。为了避免类似的错误,我们建议在类似的情况下都使用括号。最后,程序显示 a、b 以及 ∗ ptr 的值,根据运行结果可知,a＝2,b＝4。

第一次遇到指针时,可能会弄不清楚指针、指针变量、变量、地址、内容之间的关系,这里我们简单地概括一下它们之间的关系。任一变量在编译时都需要为其分配一块内存空间,而地址便是标识这块空间的数字,变量的内容存放在由该地址标识的内存空间中;而地址就是指针,指针变量是一种特殊的、用来存放变量地址的变量,它提供了一种间接地访问变量的方式。为了搞清楚这些关系,建议大家可以编写短一点的程序,使用指针变量得到数值、改变值、打印地址等,这是掌握指针的一个好方法。

 6.5 指针与数组

理解指针和数组之间的关系对于熟练掌握 C 语言非常关键,它能使我们深入了解 C 语言的设计过程,并且能够帮助我们理解现有的程序。指针和数组之间的关系非常密切,在本节中我们将讨论它们之间的关系,并探讨如何利用这种关系。

比如,对于下面的数组:

long number[4];

数组名 number 指定了存储数据项的内存区域地址,把该地址和数组下标结合起来就可以找到每一个元素,因为下标表示各个元素与数组开头的偏移量。

定义一个数组时,需要提供数组元素的类型以及元素的个数,编译器根据这些信息为数组分配内存。如上面的数组定义语句,则需要为数组 number 分配 16 个字节的内存空间。数组的名称指定了数组从内存的什么地方开始存储(数组名称即为数组首元素的地址),下标指定了从首元素到所需元素之间有多少个元素。数组元素的地址是数组开始的地址(数组首元素的地址)加上元素的下标乘以数组中每个元素类型所需的字节数。图 6-21 是数组变量保存在内存中的情形。

获取数组元素地址的方式类似于普通变量。比如,要输出 number 数组的第 1 个元素的地址,可以使用下面的代码:

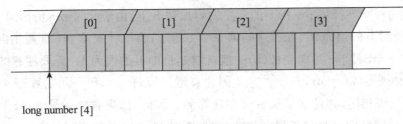

数组number包含4个元素，每个元素占用4个字节

long number [4]

图 6-21　数组在内存中的组织方式

```
printf("%p\n",&number[0]);
```

由于数组名称即为数组首元素的地址，因此上面的代码也可以写成这样：

```
printf("%p\n",number);
```

同样的，也可以输出 number 数组第 3 个元素的地址：

```
printf("%p\n",&number[2]);
```

在方括号中使用 2 来访问第 3 个元素。这里用寻址运算符 & 获得元素的地址，如果使用相同的语句但不使用 &，则会显示存储在数据中的第 3 个元素的值，而不是它的地址。

例 6.14　数组与地址。

```
#include <stdio.h>
int main()
{
    int i,num[5];
    for (i=0;i<5;i++)
    {
        num[i]=10*(i+1);
        printf("data[%d] Address:%p  Content:%d\n",i,&num[i],num[i]);
    }
    return 0;
}
```

运行结果(图 6-22)：

```
data[0] Address: 0018FF30 Content: 10
data[1] Address: 0018FF34 Content: 20
data[2] Address: 0018FF38 Content: 30
data[3] Address: 0018FF3C Content: 40
data[4] Address: 0018FF40 Content: 50
Press any key to continue
```

图 6-22

程序说明:在 for 循环中,循环控制变量 i 遍历了 num 数组中所有元素。在这个循环中,位于下标位置 i 的元素值被设为 10 * (i+1)。输出语句显示了当前的元素及其下标、由 i 的当前值决定的数组元素的地址以及存储在元素中的值。通过运行结果可以看到,每个元素的地址成等差数列排列,每个元素的地址都比前一个元素的地址大 4,这说明数组元素在内存中是连续存放的,并且每个元素所占用的内存空间为 4(VC 6.0 中 int 型变量占用 4 个字节)。

6.2.3 小节曾介绍数组与地址之间的关系,既然指针就是地址,那么数组与指针之间也有着密切的关系,这也是为什么要将数组与指针一起讲解的原因。在本节中,我们将介绍指针与数组的关系,以及如何使用指针变量访问数组。

6.5.1 数组元素的指针

一个数组包含若干个元素,像普通变量一样每个数据元素也都有自己的地址。既然指针变量可以指向普通变量,那么它也可以指向某个数组元素,即将某个数组元素的地址保存在一个指针变量中。比如,下面的语句:

int nums[10]={0,10,20,30,40,50,60,70,80,90};

定义了一个长度为 10 的数组 nums。换句话说,它定义了一个由 10 个对象组成的集合,这 10 个对象存放在相邻的内存区域中,每个对象占用 4 个字节的内存空间(VC 6.0 中),对象的名字分别为 nums[0],nums[1],…,nums[9]。如图 6-23 所示。

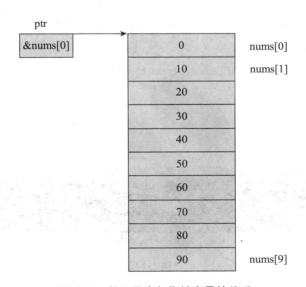

图 6-23 数组元素与指针变量的关系

如果定义一个指针变量:

int *ptr;

129

则说明它是一个指向 int 型变量的指针变量,那么赋值语句:

ptr=&nums[0];

则表示将指针变量 ptr 指向数组 nums 的第 0 个元素,也就是说 ptr 存放的是数组元素 nums[0]的地址。

引用数组元素可以使用下标表示法,也可以使用指针表示法。需要说明的是,数组的下标表示法在编译器中将转换为指针表示法,所以使用指针的形式书写数组下标表达式可以节省编译时间,这也是为什么使用指针书写的程序执行效率更高的原因。

在前面的章节中已经介绍过,数组名即为数组首元素的地址,所以 nums 与 &nums[0]则表达相同的意义。因此,下面的两条语句是等价的:

ptr=&nums[0];

ptr=nums;

例 6.15 数组名即为地址。

```
#include <stdio.h>
int main()
{
    int nums[10]={0,10,20,30,40,50,60,70,80,90};
    int * ptr;
    ptr=&nums[0];
    printf("The address of the first array element: %p\n",ptr);
    ptr=nums;
    printf("The address obtained from the array name: %p\n",ptr);
    return 0;
}
```

运行结果(图 6-24):

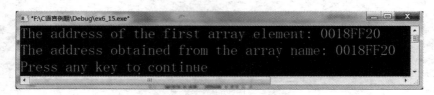

图 6-24

程序说明:程序的运行结果验证了上面给出的结论:&nums[0]会产生和 nums 表达式相同的值,都表示数组首元素的地址。

但需要注意的是,数组名本质上是一个常量指针,它表示数组首元素的地址,总是指向

130

数组的开头。所以,下面的表达式是非法的:

nums++;

6.5.2　通过指针引用数组元素

C 语言规定:如果指针变量 p 已指向数组 nums 中的一个元素,则通过在 p 上执行指针算术运算可以访问 nums 的所有其他元素。C 语言支持 3 种格式的指针算术运算:

- 指针变量加上整数
- 指针变量减去整数
- 两个指针变量相减

下面将具体介绍每种运算。下面的所有例子都假设有如下定义:

int nums[10]={0,10,20,30,40,50,60,70,80,90};

int * p, * q,i,j;

1. 指针变量加上整数

指针变量 p 加上整数 j 产生某个数组元素的指针,这个元素是 p 原先指向的元素后移 j 个位置。换句话说,如果 p 指向数组元素 nums[i],则 p+j 指向 nums[i+j](当然,前提是 nums[i+j] 必须存在,否则会引发错误)。

下面的示例说明指针的加法运算,图示说明计算中指针变量 p 和 q 在不同点的值。

p=&nums[1];

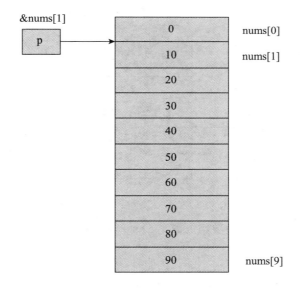

q=p+4;

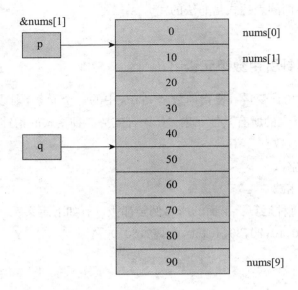

p+=7;

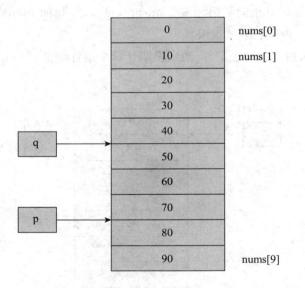

2.指针变量减去整数

同样的,如果指针变量 p 指向数组元素 nums[i],那么 p−j 则指向 nums[i−j]。

p=&nums[8];

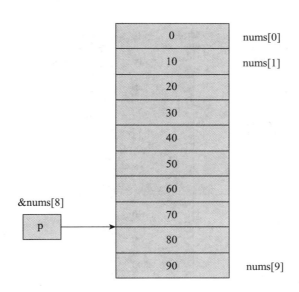

q=p-4;

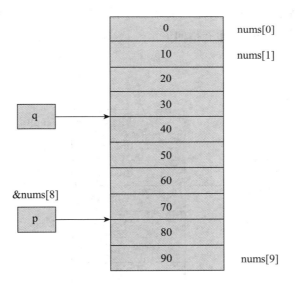

p-=7;

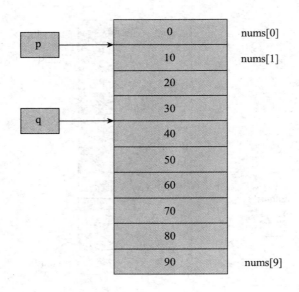

3. 两个指针变量相减

两个指针变量相减,结果为指针之间的距离(用数组元素的个数来度量)。因此,如果指针变量 p 指向数组元素 nums[i]而 q 指向 nums[j],那么 p−q 则等于 i−j。例如:

p=&nums[8];

q=&nums[3];

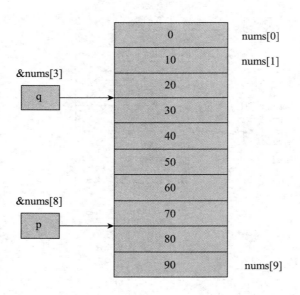

则 p−q 的值为 5,而 q−p 的值为−5。

在前面的介绍中曾提到,数组名即为指向数组首元素的指针,所以以数组名可以作为指针常量来使用。因此,如果指针变量 p 的初值为 &nums[0],则 p+i 等价于 nums+i,二者都表示指向数组 nums 中第 i 个元素的指针（即 nums 第 i 个元素的地址）。

根据以上叙述，引用一个数组元素可以使用以下两种方法：

(1)下标法（或直接法），即用 nums[i]的形式访问数组元素。在前面介绍数组时都是采用这种方法。

(2)指针法（或间接法），即采用 *(nums+i)或 *(p+i)的形式，用间接访问的方法来访问数组元素，其中 nums 是数组名，p 是指向数组 nums 的指针变量，其初值为 p=&nums[0]（或 p=nums）。

下面我们通过一些例子来加深对这两种引用方式的了解。

例 6.16 输出数组中的全部元素（下标法）。

```
#include <stdio.h>
int main()
{
    int nums[10],i;
    for (i=0;i<10;i++)
        nums[i]=i*i;
    for (i=0;i<10;i++)
        printf("nums[%d]=%d\n",i,nums[i]);
    return 0;
}
```

运行结果(图 6-25)：

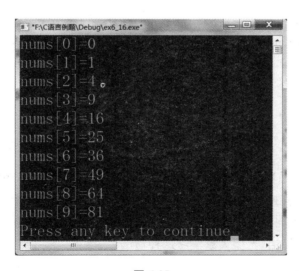

图 6-25

例 6.17 输出数组中的全部元素（通过数组名计算元素的地址，找出元素的值）。

135

```
# include <stdio.h>
int main()
{
    int nums[10],i;
    for (i=0;i<10;i++)
        *(nums+i)=i*i;
    for (i=0;i<10;i++)
        printf("nums[%d]=%d\n",i,*(nums+i));
    return 0;
}
```

运行结果:

同例 6.16。

例 6.18 输出数组中的全部元素(指针法)。

```
# include <stdio.h>
int main()
{
    int nums[10],i,*p;
    p=nums;
    for (i=0;i<10;)
    {
        *p=i*i;
        printf("nums[%d]=%d\n",i++,*p++);
    }
    return 0;
}
```

运行结果:

同例 6.16。

程序说明:在 for 循环中并没有循环控制变量的自增,而是放在循环体的打印语句里进行;同样,指针 p 的下移操作也放在了打印语句里。另外,对于 *p++,由于++和*运算法优先级相同,结合方向自右而左,等价于 *(p++)。本程序只使用了一个循环,并且使用指针变量使程序更加简洁,希望大家学习这种写法。

6.5.3 多维数组的指针

前面讨论的都是一维数组与指针的关系,那么使用指针变量访问多维数组元素的方式是否与一维数组相同？这是个值得讨论的问题。下面以二维数组为例讨论多维数组与指针的关系。

设有如例6.10的数组m[3][5]，其逻辑表示如下：

	0	1	2	3	4
0	0	1	2	3	4
1	10	11	12	13	14
2	20	21	22	23	24

1. 多维数组元素的地址

我们通过下面的例子来探讨二维数组与地址之间的关系。

例6.19 二维数组与地址之间的关系。

```
#include <stdio.h>
int main()
{
    int m[3][5]={{0,1,2,3,4},{10,11,12,13,14},{20,21,22,23,24}};
    printf("address of m        :%p\n",m);
    printf("address of m[0][0]  :%p\n",&m[0][0]);
    printf("m[0] is             :%p\n",m[0]);
    return 0;
}
```

运行结果(图6-26)：

图6-26

程序说明：通过运行结果可以看到，3个输出值是相同的。在定义一维数组m[3]时，3放在数组名之后，告诉编译器它是一个有3个元素的数组。定义二维数组m[3][5]时，在第一维[3]的后面放置第二维[5]，编译器将会创建一个大小为3的数组(3个元素分别为m[0]、m[1]、m[2])，其中每个元素是大小为5的数组。正如6.3节介绍的那样，二维数组可以看做是一个数组的数组，即一个一维数组其中每个元素都是一维数组。因此，用二维数组名称加上第一维下标访问二维数组时，例如m[0]，就是在引用第一个一维子数组的地址；仅使用二维数组名称，就是引用该二维数组的开始地址，即第一个一维子数组的开始地址。

虽然m、m[0]和&m[0][0]的数值相同，但它们的意义则有所不同。m[0]和&m[0][0]的数值相同,因为 m[0][0] 就是第一个一维子数组 m[0] 的第一个元素,而 m[0] 则可以看做第一个一维子数组的名字,也就是该子数组的首地址。而二维数组名称 m 则表示其首元素(m[0])的地址,可以看做元素 m[0][0] 的地址的地址(或指向元素 m[0][0] 的指针的指针)。这是比较别扭的地方,因此在使用间接运算符 * 来访问二维数组元素的时候,就需要特别注意。我们通过下面的例子来说明。

例 6.20 使用间接运算符访问二维数组第一个元素。

```
#include <stdio.h>
int main()
{
    int m[3][5]={{0,1,2,3,4},{10,11,12,13,14},{20,21,22,23,24}};
    printf("value of m[0][0]     :%d\n",m[0][0]);
    printf("value of *m[0]       :%d\n",*m[0]);
    printf("value of **m         :%d\n",**m);
    return 0;
}
```

运行结果(图 6-27):

图 6-27

程序说明:通过运行结果可以看到,3 个输出值是相同的,都表示二维数组 m 第一个元素的值。m[0][0] 显然表示第一行第一列的元素,即数组 m 的第一个元素,这很容易理解;上面提到,m[0] 表示第一个一维子数组,即该子数组第一个元素的地址,因此 *m[0] 则表示该子数组的第一个元素,同样也是二维数组 m 的第一个元素;特别地,如果使用二维数组名 m 获取第一个元素的值,则需要使用两个间接运算符 **m,这是因为二维数组名 m 表示第一个元素的地址的地址,这是与一维数组不同的地方。

综上所述,我们将二维数组、一维子数组和元素之间的关系总结成图 6-28:

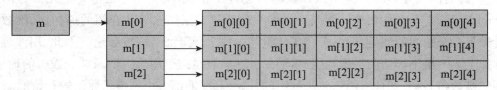

图 6-28 二维数组、一维子数组和元素之间的关系

138

如图 6-28 所示,m 引用第一个子数组(m[0])的地址,而 m[0]、m[1]、m[2]则引用对应子数组中第一个元素的地址。所以,使用 m 引用第一个元素需要使用两个 *,而使用 m[0]引用第一个元素则需要使用一个 *。

例 6.21 使用间接运算符访问二维数组所有元素。

```
#include <stdio.h>
int main()
{
    int m[3][5]={{0,1,2,3,4},{10,11,12,13,14},{20,21,22,23,24}};
    int i;
    for (i=0;i<3*5;i++)
    {
        if (i%5==0)
            printf("\n");
        printf("%4d",*(*m+i));
    }
    printf("\n");
    return 0;
}
```

运行结果(图 6-29):

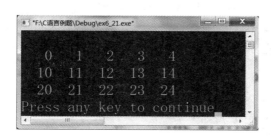

图 6-29

程序说明:在这个程序中,第 8、9 行的 if 语句的作用是控制每行输出 5 个数值就要换行。需要特别注意的是循环中间接引用 m 的方法:

```
printf("m : %d\n",*(*m+i));
```

可以看到,使用表达式 *(*m+i)可以得到一个数组元素的值。其中,括号中 *m 表示第一个元素的地址,而 *m+i 可以得到数组中相对于第一个元素偏移量为 i 的元素的地址,前面再加上间接运算符 * 即可到该地址中的值。表达式中的括号非常重要,如果写成 **m+i,则表示第一个元素再加上 i 的值,程序的运行结果则为(图 6-30):

图 6-30

另外,如果使用表达式 ** (m+i),也会出现错误的结果。此时,** (m+0)表示 m[0][0],而 ** (m+1)则表示 m[1][0],** (m+2)表示 m[2][0]。当增加的 i 值过大时,则会访问到数组以外的内存位置,导致错误的结果。

2.指向多维数组元素的指针变量

前面通过指针的表示法用数组名称访问二维数组,下面将通过一个例子来学习如何使用指针变量来引用二维数组元素。

(1)指向数组元素的指针变量

例 6.22 使用指针变量访问二维数组所有元素。

```c
#include <stdio.h>
int main()
{
    int m[3][5]={{0,1,2,3,4},{10,11,12,13,14},{20,21,22,23,24}};
    int i, * ptr= * m;
    for (i=0;i<3 * 5;i++)
    {
        if (i%5==0)
            printf("\n");
        printf(" %4d",*(ptr+i));
    }
    printf("\n");
    return 0;
}
```

运行结果:

同例 6.21。

程序说明:这个程序使用二维数组的第一个元素(m[0][0])的地址来初始化指针,然后用指针的加法运算遍历整个数组:

```
int i, * ptr= * m;
for (i=0;i<3 * 5;i++)
printf("m  ：%d\n", * (ptr+i));
```

需要注意的是,由于二维数组名 m 是数组 m[0]的地址,而不是一个元素的地址,因此需要使用间接运算符(* m)才能得到需要的地址。当然,也可以使用下面的语句进行初始化:

```
int * ptr=&m[0][0];
```

或

```
int * ptr=m[0];
```

这与程序中的写法效果相同,也更容易理解些。

例 6.23 使用指针变量访问二维数组所有元素。

```
# include <stdio.h>
int main()
{
    int m[3][5]={{0,1,2,3,4},{10,11,12,13,14},{20,21,22,23,24}};
    int * ptr;
    for (ptr=m[0];ptr<m[0]+3 * 5;ptr++)
    {
        if ((ptr-m[0]) % 5==0)
            printf("\n");
    printf(" % 4d", * ptr);
    }
    printf("\n");
    return 0;
}
```

运行结果:

同例 6.21。

程序说明:在本程序中,ptr 是一个 int * 型的指针变量,它可以指向一般的 int 型变量,也可以指向一个 int 型数组的元素。在循环控制语句:

```
for (ptr=m[0];ptr<m[0]+3 * 5;ptr++)
```

中,ptr 指向的是二维数组的第一个元素(m[0][0]),因为 m[0]本身就是 m[0][0]的地址。每次使 ptr 自增 1,ptr 则会指向下一个元素,从而达到访问二维数组中所有元素的目的。

需要说明的是,如果使用下面的语句对 ptr 进行初始化:

```
ptr=m;
```
则是错误的,因为二维数组名 m 和整型指针变量 ptr 有着不同的间接级别,指针变量 ptr 指向的地址包含一个 int 类型的值,而 m 则指向一个地址,这个地址指向另一个含有 int 类型值的地址。可见,m 要比 ptr 多了一个间接级别。因此,如果想获取一个元素的值,对于指针变量 ptr 需要一个 * ,而对于二维数组名 m 则需要两个 * 。

(2)指向由 m 个元素组成的一维数组的指针变量

在上面的例子中,指针变量 ptr 是使用

```
int * ptr;
```
定义的,它是一个指向整型数据的指针,而 p+1 则指向下一个元素。考虑二维数组名 m,它的意义是第一个一维子数组(m[0])的地址,那么能否定义一个指针变量 ptr 使它指向一个一维数组(就像数组名 m 一样),而不是指向一个数组元素。这样的话,如果 ptr 最初指向 m[0](即 ptr=&m[0]),则 ptr+1 不是指向 a[0][1],而是指向 a[1],ptr 的增量以一维数组的长度为单位,如图 6-31 所示。

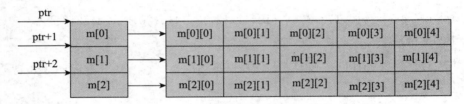

图 6-31   指向由 5 个元素组成的一维数组的指针变量

例 6.24   输出二维数组任一行任一列元素的值。

```c
#include <stdio.h>
int main()
{
    int m[3][5]={{0,1,2,3,4},{10,11,12,13,14},{20,21,22,23,24}};
    int (*ptr)[5],row,col;
    ptr=m;
    printf("please input row and column:\n");
    scanf("%d,%d",&row,&col);
    printf("m[%d][%d]=%d\n",row,col,*(*(ptr+row)+col));
    return 0;
}
```

运行结果（图 6-32）：

图 6-32

程序说明：程序的第 5 行将 ptr 定义为一个指针变量，它指向包含 5 个整型元素的一维数组。注意，* ptr 两侧的括号不可缺少，如果写成 * ptr[5]，由于方括号[]运算级别高，则 ptr 将先与[5]结合，prt[5]是定义数组的形式，然后再与前面的 * 结合，int * ptr[5]则表示指针数组，指针数组将在下一小节介绍。如果觉得"int（ * ptr)[5]"这种形式难以理解，我们可以做下面的比较：

＜1＞int a[5];(a 有 5 个元素，每个元素为整型)

＜2＞int（ * p)[5];

第＜2＞种形式表示(* p)有 5 个元素，每个元素也为整型，即 p 指向的对象是由 5 个整型元素组成的数组，也就是说 p 是指向一维数组的指针。

由于程序中 ptr 是指向由 5 个元素组成的一维数组的指针变量，则 p 的增量以 5 为单位，那么 ptr＋row 则指向二维数组的第 row 行；而 * (ptr＋row)指向二维数组第 i 行第 0 列，其增量以 1 为单位，于是 * (ptr＋row)＋col 则指向第 i 行第 j 列的元素。从而可以通过 * (* (ptr＋row)＋col)访问第 i 行第 j 列的元素。我们可以通过图 6-33 更加直观地理解这种关系：

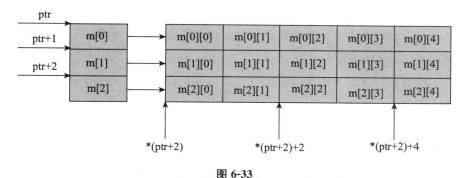

图 6-33

6.5.4 指针数组和多重指针

这一小节将介绍指针的两种特殊形式:指针数组和多重指针。

1.指针数组

前面定义的数组,其基类型都是诸如整型、浮点型等基本数据类型,那么数组的基类型

143

是否可以是指针类型？当然可以。基类型为指针类型数据的数组称为指针数组。也就是说,指针数组中的每个元素都是一个地址,相当于一个指针变量,不过这些指针变量都必须具有相同存储类型和指向相同数据类型。比如定义一个 int 型指针数组:

int ∗ ptr[5];

正如上一小节最后部分讲到的那样,由于[]比 ∗ 优先级高,因此 ptr 将先与[5]结合,形成 ptr[5]这种数组形式,表示 ptr 为一个有 5 个元素的数组。然后再与前面的 ∗ 结合形成 ∗ptr[5],说明数组 ptr 的基类型为指针类型,因此上面的语句定义了一个由 5 个元素组成的数组,其中每个元素的类型为指向 int 型变量的指针类型。

注意不要写成下面的形式:

int (∗ ptr)[5];

这种形式意味着定义一个指向一维数组的指针变量,具体的解释可参考上一小节的最后部分。

例 6.25 使用指针数组访问二维数组。

```c
#include <stdio.h>
int main()
{
    int m[3][3]={1,2,3,4,5,6,7,8,9};
    int * ptrArray[3]={m[0],m[1],m[2]};
    int * ptr=m[0];
    int i;
    for (i=0;i<3;i++)
        printf("%d,%d,%d\n",m[i][2-i],* m[i],*(*(m+i)+i));
    for(i=0;i<3;i++)
        printf("%d,%d,%d\n",* ptrArray[i],ptr[i],*(ptr+i));
    return 0;
}
```

运行结果(图 6-34):

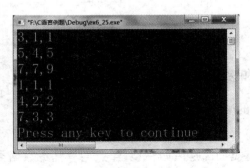

图 6-34

144

程序说明: 在本程序中,我们练习了多种对二维数组元素的访问方式。其中,ptrArray 是一个指针数组,三个元素分别指向二维数组 m 的各行。然后用循环语句输出指定的数组元素。其中 *m[i] 表示 i 行 0 列元素值;*(*(m+i)+i)表示 i 行 i 列的元素值;*ptrArray[i]表示 i 行 0 列元素值;由于 ptr 与 m[0] 相同,故 ptr[i] 表示数组 m 第 0 行第 i 列的值; *(ptr+i)表示数组 m 第 0 行第 i 列的值。读者可仔细领会对二维数组元素的多种访问方式。

需要注意的是指针数组和二维数组指针变量的区别,这两者虽然都可用来表示二维数组,但是其表示方法和意义是不同的。二维数组指针变量是单个的变量,其一般形式中"(＊指针变量名)"两边的括号不可少。而指针数组类型表示的是多个指针(一组有序指针)在一般形式中"＊指针数组名"两边不能有括号。

2.多重指针

一个指针变量可以指向整型变量、实型变量、字符类型变量,当然也可以指向指针类型变量。当这种指针变量用于指向指针类型变量时,我们称为指向指针的指针变量。也就是说,指向指针的指针变量就是一个存放指针变量地址的变量,此时称为二重指针,当然还可以有三重指针、四重指针等。

在前面我们曾介绍过,通过指针访问变量称为间接访问。由于指针变量直接指向变量,所以称为"单级间址"。而如果通过指向指针的指针变量来访问变量则构成"二级间址"。我们看下面的例子(图 6-35):

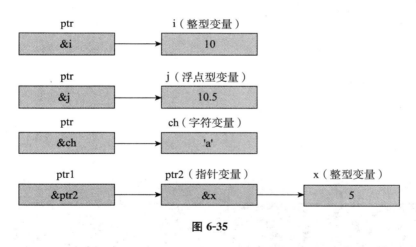

图 6-35

在图 6-35 中,整型变量 i 的地址是 &i,将其保存在指针变量 ptr 中,则 ptr 指向变量 i;浮点变量 j 的地址是 &j,将其保存在指针变量 ptr 中,则 ptr 指向变量 j;字符变量 ch 的地址是 &ch,将其保存在指针变量 ptr 中,则 ptr 指向变量 ch。同样地,整型变量 x 的地址是 &x,将其保存在指针变量 ptr2 中,则 ptr2 指向变量 x,同时 ptr1 也是指针变量,它所保存的是变量 ptr2 的地址(即 &ptr2)。这里的 ptr1 就是我们上面提到的指向指针变量的指针变

145

量,即指针的指针。

指向指针的指针变量定义如下:

类型标识符 ** 指针变量名

例如:float ** ptr;

其含义为定义一个指针变量 ptr,它指向另一个指针变量(该指针变量又指向一个浮点型变量)。由于指针运算符 * 是自右至左结合的,所以上面的定义相当于:

float * (* ptr);

下面,我们通过一个例子来说明指向指针变量的指针变量该如何正确引用。

例 6.26 使用指向指针数据的指针变量。

```c
#include <stdio.h>
int main()
{
    int nums[5]={1,3,5,7,9};
    int * pnums[5]={&nums[0],&nums[1],&nums[2],&nums[3],&nums[4]};
    int ** ptr,i;
    ptr=pnums;
    for(i=0;i<5;i++)
    {
        printf("%d\t", ** ptr);
        ptr++;
    }
    printf("\n");
    return 0;
}
```

运行结果(图 6-36):

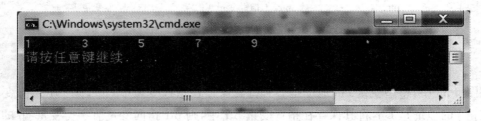

图 6-36

程序说明:程序的逻辑结构非常简单,图 6-37 为其存储示意图。程序首先定义了一个整型一维数组 nums,然后定义一个指针数组 pnums 用以存放数组 nums 中各元素的地址,

146

接着定义一个指向指针的指针变量 ptr。由于数组名 pnums 是该数组首元素的地址,并且数组 pnums 为指针数据,所以 pnums 可以看做指向指针的指针,因此 pnums 与 ptr 两者类型兼容。通过语句"ptr＝pnums"实现了 ptr 指向数组 pnums 的首元素。

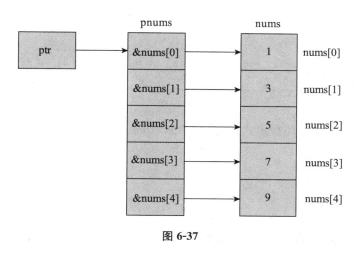

图 6-37

最后在 for 循环中,程序利用指向指针的指针变量 ptr 实现对数组 nums 中各元素的遍历和输出。由于 ptr 是指向指针的指针变量,则 ＊ptr 则为 ptr 所指向的 pnums 数组中的元素,最初 ptr 指向 pnums[0],又由于 pnums[0]指向 nums[0],因此 ＊＊ptr 最初则为 nums[0]。程序通过"ptr＋＋"实现指针变量 ptr 的下移,完成对 nums 中各元素的"二级间址"访问。

 6.6 字符串

在 C 语言中,字符型数据是以字符的 ASCII 码保存在存储单元中的,一般占一个字节。字符串是由若干字符组成的一种数据,一般以常量的形式存在,C 语言没有字符串类型,所以不能定义字符串变量来保存这种数据,但我们可以用字符数组来存储字符串数据。

对于字符串的访问可以采用两种方式:字符数组和字符指针,在这一节中我们将对字符串的两种访问方式分别进行介绍。另外,我们还将介绍一些字符串函数,以方便对字符串进行处理。

6.6.1 字符数组的定义和使用

字符数组是数组的一种形式,用于存放字符数据的数组即为字符数组。因此,字符数组的定义方式与普通数组相同。例如:

char c[11];

c[0]='H';c[1]='e';c[2]='l';c[3]='l';c[4]='o';c[5]=' ';c[6]='W';c[7]='o';c[8]='r';c[9]='l';c[10]='d';

上面的语句定义了一个字符数组 c,包含 11 个元素。通过赋值后,数组 c 的状态如图 6-38 所示:

c[0]	c[1]	c[2]	c[3]	c[4]	c[5]	c[6]	c[7]	c[8]	c[9]	c[10]
H	e	l	l	o	␣	w	o	r	l	d

图 6-38

由于字符型数据是以整数形式(字符的 ASCII 码)存放的,因此也可以使用整数数组来存放一组字符数据,例如:

int c[11];

c[0]='H';

需要说明的是,由于 int 型需要占用 2 个(如 Turbo C 中)或 4 个(如 VC 6.0 中)字节,使用 int 型数组存放字符数据显然比较浪费空间。

6.6.2 字符数组的初始化

如果在定义字符数组时不进行初始化,则数组中的数据是不可预料的。对字符数组进行初始化,最容易理解的方式使用“初始化列表”,把各个字符依次赋给数组中的每个元素。例如:

char c[11]={'H','e','l','l','o',' ','W','o','r','l','d'};

把 11 个字符依次赋给 c[0]～c[10]这 11 个元素。

如果大括号中提供的初值数目(即字符个数)与定义的数组长度一致,则可以不用指定数组长度,系统会根据初值数目自动确定数组长度。例如:

char c[]={'H','e','l','l','o',' ','W','o','r','l','d'};

系统会自动将数组 c 的长度定为 11。特别对于初值数目比较多时,这会非常方便。

如果初值数目大于数组长度,则会出现语法错误。反之,如果初值数目小于数组长度,则其余的元素自动定为空字符(即'\0')。例如:

char c[11]={'C',' ','P','r','o','g','r','a','m'};

数组状态如图 6-39 所示。

c[0]	c[1]	c[2]	c[3]	c[4]	c[5]	c[6]	c[7]	c[8]	c[9]	c[10]
C	␣	P	r	o	g	r	a	m	\0	\0

图 6-39

在这里,'\0'是字符数组的结束标识,系统会在遇到第一个字符'\0'时就认为该字符数组已结束。有了结束标识'\0',可以便于确定字符数组的有效长度。比如在图 6-39 所示的例子

148

中,虽然字符数组 c 的长度为 11,但第一个'\0'出现在 c[9]的位置,因此字符数组 c 的有效长度为 9。

C 系统在用字符数组存储字符串常量时会自动增加一个'\0'作为结束符。例如,字符串"Hello World"共有 11 个字符,而要将其存放到一个字符数组时,在数组中将占用 12 个字节,其中最后一个字节'\0'是系统自动加上的。

基于对字符串结束标识'\0'的介绍,这里给出字符数组的另一种初始化方法:利用字符串常量初始化字符数组。例如:

char c[]={"Hello World"};或 char c[]="Hello World";

显然,这种初始化的方法更加直观和方便,也符合人们的使用习惯。需要注意的是,这里的字符串常量要用双引号而非单引号。另外,此时数组 c 的长度为 12,而非 11。因为系统会在字符串常量"Hello World"的最后加上一个'\0'。

因此,上面的语句相当于:

char c[]={'H','e','l','l','o',' ','W','o','r','l','d','\0'};

但与下面的语句并不等价:

char c[]={'H','e','l','l','o',' ','W','o','r','l','d'};

需要说明的是,在利用字符串常量初始化字符数组时,字符串的实际长度应小于字符数组定义的长度。例如下面的语句则会引发"array bounds overflow"错误:

char c[11]={"Hello World"};

对于字符数组的结束标识'\0',还需要说明以下几点:

(1)'\0'表示 ASCII 码为 0 的字符,从 ASCII 码表中可以查到,该字符不是一个可显示的字符,而是一个"空操作符"。用它来作为字符串结束标识不会产生附加的操作或增加有效字符,只起到一个辨识的作用。

(2)字符数组并不要求它的最后一个字符必须为'\0',而是系统在处理字符串常量存储时会自动加一个'\0'。为了使处理方法一致,便于测定字符串的实际长度,以及在程序中做相应处理,往往会人为地为字符数组增加一个'\0'。

(3)要学会有效地利用'\0'。考虑下面这个问题,如定义了以下的字符数组:

char c[]={"C Program"};

其数组存储情况如图 6-40 所示:

c[0]	c[1]	c[2]	c[3]	c[4]	c[5]	c[6]	c[7]	c[8]	c[9]
C	␣	p	r	o	g	r	a	m	\0

图 6-40

若想用一个新的字符串来代替原来的字符串"C Program",比如从键盘输入"Hello"分别赋给数组 c 中前面的 5 个字符。如果不加'\0',则会出现以下情况(图 6-41):

c[0]	c[1]	c[2]	c[3]	c[4]	c[5]	c[6]	c[7]	c[8]	c[9]
H	e	l	l	o	g	r	a	m	\0

图 6-41

显然,新旧字符串将混在一起,无法区分。如果要输出该字符数组中的字符串,将会得到:

Hellogram

为了解决这个问题,可以在"Hello"后面增加一个'\0',让它取代第 6 个字符'g'的位置。此时该数组的存储情况如图 6-42 所示:

c[0]	c[1]	c[2]	c[3]	c[4]	c[5]	c[6]	c[7]	c[8]	c[9]
H	e	l	l	o	\0	r	a	m	\0

图 6-42

如果使用下面的语句输出数组 c 中的字符串:

printf("%s\n",c);

此时将得到"Hello",而不是"Hellogram"。这是因为在输出字符数组中的字符时,遇到第一个'\0'就停止输出。

6.6.3 字符数组的输入输出

对字符数组的输入输出,可以使用%c 格式符逐个字符输入输出。

例 6.27 输出一个已知的字符串。

```c
#include <stdio.h>
int main()
{
    int i;
    char c[15]={'I',' ','a','m',' ','a',' ','s','t','u','d','e','n','t','.'};
    for (i=0;i<15;i++)
        printf("%c",c[i]);
    printf("\n");
    return 0;
}
```

运行结果(图 6-43):

图 6-43

150

例 6.28　编写程序输出由"＊"组成的菱形图,如图 6-44 所示。

算法分析:对于上图所示菱形图,每行包括 5 个字符,其中有的是'＊'字符,有的是空白字符,同时需要记录每行中'＊'字符出现的位置。因此,需要使用一个二维字符数组来存储该菱形图中的所有字符,并使用"初始化列表"的方法按照上图所示对其进行初始化。然后,利用双重嵌套循环将该字符数组中的字符输出,即得到菱形图。

```
#include <stdio.h>
int main()
{
    int i,j;
    char diamond[5][5]={{' ',' ','*'},{' ','*',' ','*',' '},{'*',' ',' ',' ','*'},{' ','*',' ',
'*',' '},{' ',' ','*'}};
    for (i=0;i<5;i++)
    {
        for (j=0;j<5;j++)
            printf("%c",diamond[i][j]);
        printf("\n");
    }
    return 0;
}
```

```
    *
  *   *
*       *
  *   *
    *
```

图 6-44

还可以将整个字符串一次输入或输出。此时需要使用"％s"格式符,意思是对字符串(string)的输入输出。

(1)使用"％s"格式符进行字符串输出

输出时,遇到第一个结束符'\0'就停止输出。例如:

char c1[]={"China"};

printf("%s\n",c1);

char c2[]={'C','h','i','n','a','\0',' ','W','i','n','!'};

printf("%s\n",c2);

上面两组语句输出结果都为:

China

字符数组 c1、c2 的存储情况分别如下所示:

C	h	i	n	a	\0

C	h	i	n	a	\0	␣	W	i	n	!	\0

151

需要注意的是,使用"％s"格式符输出字符串时,printf 函数中的输出项是字符数组名,而不是数组元素名,如下面这样是不对的:

```
printf("％s\n",c2[0]);
```

(2)使用"％s"格式符进行字符串输入

形如:

```
scanf("％s",c);
```

其中,scanf 函数中的输入项 c 是已定义的字符数组名。例如,已定义:

```
char c[6];
```

从键盘输入:

China

系统会自动在 China 后面加上一个'\0'结束符。如果利用 scanf 函数输入多个字符串,则应在输入时用空格分隔。例如:

```
char str1[5],str2[5],str3[5];
scanf("％s％s％s",str1,str2,str3);
```

输入数据:

How are you?

由于有空格分隔,将作为 3 个字符串输入。在输入完后,str1、str2 和 str3 数组的状态如下:

H	o	w	\0	\0
a	r	e	\0	\0
y	o	u	?	\0

若改为:

```
char str[13];
scanf("％s",str);
```

如果输入以下字符:

How are you?

由于系统会将空格作为字符串之间的分隔符,因此只能将第一个空格前的字符"How"送到 str 中。此时,str 数组的状态为:

H	o	w	\0	\0	\0	\0	\0	\0	\0	\0	\0	\0

通过这个例子可以看到,在使用形如"scanf("％s",c);"的语句进行字符串输入时,无法输入包含空格的字符串。如果的确需要一个字符数组中包含空格,除了可以使用逐个字符输入的方式外,还可以借助于函数 gets(具体参见 6.4.5 小节)。

例 6.29 字符数组的输入输出。

```
#include <stdio.h>
```

```
int main()
{
    char str[20];
    printf("Please input string:\n");
    scanf(" % s",str);
    printf(" % s\n",str);
    return 0;
}
```

运行结果(图 6-45):

图 6-45

程序说明:本例中由于定义数组长度为 15,因此输入的字符串长度必须小于 15,以留出一个字节用于存放字符串结束标识'\0'.应该说明的是,对一个字符数组,如果不作初始化赋值,则必须说明数组长度。

注意在本例的 scanf 和 printf 函数中,使用的格式字符串为"%s",表示输入或输出的是一个字符串。而在输出列表中给出数组名则可,但不能写成:

```
printf(" % s",str[]);
```

上面曾提到,当用 scanf 函数输入字符串时,字符串中不能含有空格,否则将以空格作为串的结束符。比如,如果输入字符串为"I Love China",则只能输出"I"(图 6-46),这是因为编译器会将空格视为字符串的结束。

图 6-46

如果使用 gets 函数改写程序,则可以解决这个问题。

```
# include <stdio.h>
```

153

```
int main()
{
    char str[20];
    printf("Please input string:\n");
    gets(str);
    printf(" % s\n",str);
    return 0;
}
```

运行结果(图6-47):

图 6-47

6.6.4　字符串与指针

对于字符串的访问除了可以采用字符数组外,还可以使用字符指针,我们一起比较一下
下面两个看起来很相似的定义:

char address[]="Shandong China";

char * address="Shandong China";

第一条语句定义 address 是一个字符数组类型,而第二条语句定义 address 为一个字符
指针类型,指向字符串中的第一个字符(即字符串的首地址),可以认为是一个字符串指针。
正因为有了数组和指针之间的紧密关系,才使得上面的两个定义中的 address 都可以用作字
符串,提供了对字符串的两种不同的访问方式。

可以看到,字符串指针变量的定义说明与指向字符变量的指针变量说明是相同的。只
能按对指针变量的赋值不同来区别,对指向字符变量的指针变量应赋予该字符变量的地址。
比如下面的句子:

char c='S';

char * ptr=&c;

这里的指针变量 ptr 则指向字符变量的指针变量。

例 6.30　使用字符指针变量输出一个字符串。

♯ include <stdio. h>

```
int main()
{
    char * address="Shandong China";
    printf(" % s\n",address);
    address="Berlin Germany";
    printf(" % s\n",address);
    return 0;
}
```

运行结果(图 6-48):

图 6-48

程序说明:在本程序中,我们定义了一个 char * 类型的变量 address,并使用字符串常量"Shandong China"对它进行初始化。在 C 语言中,字符串常量是按字符数组进行处理的,在内存中开辟了一个字符数组来存放该字符串常量,不过这个字符数组并没有命名,所以无法通过数组名来引用,只能通过字符指针来引用。当使用该字符串常量对字符指针变量 address 进行初始化时,实际上是将字符串中第一个字符的地址(即存放该字符串的字符数组的首地址)赋给了 address,使得 address 指向该字符串的第一个字符。

不过,需要特别注意的是,address 仅是一个字符指针,保存了该字符串第一个字符的地址,并不意味着 address 存放了整个字符串的内容。所以,我们可以说字符指针 address 指向字符串"Shandong China",但并不能说字符串变量 address 的值为"Shandong China","内容"和"地址(或指针)"请大家一定要分清楚。当然,C 语言中也没有字符串类型或字符串变量。

既然 address 是个字符指针变量,还可以通过重新赋值使它指向其他字符串常量,如:

address="Berlin Germany";

这时 address 就指向字符串"Berlin Germany",而不是"Shandong China"了。可以通过字符指针变量输出它所指向的字符串,如:

printf(" % s\n",address);

"%s"是输出字符串时所用的格式符,在输出项中给出字符指针变量名 address,系统则会输出 address 所指向的字符串第一个字符,然后 address 自动加 1,使其指向下一个字符,直至输出到字符串结束标识'\0'为止。可见,使用%s 同样可以对字符指针变量指向的字符

155

串进行整体的输入输出。

例 6.31 在输入的字符串中查找有无字符's'。

```
#include <stdio.h>
int main()
{
    char string[20], * pString;
    printf("Please input a string:\n");
    scanf(" % s",string);
    pString=string;
    for(; * pString! ='\0';pString++)
        if ( * pString=='s')
        {
            printf("There is a 's' in the string. \n");
            return;
        }
    if ( * pString=='\0')
    printf("There is no 's' in the string. \n");
    return 0;
}
```

运行结果(图 6-49):

图 6-49

程序说明: 在本程序中,我们定义了字符数组 string 和字符指针变量 pString,两者都可以实现对字符串的访问。当字符数组 string 通过键盘输入一个字符串后,使用字符数组名 string 对字符指针变量 pString 进行初始化,由于数组名是指向首元素的指针,因此这种赋值是合理的。在 for 循环中,使用指针的加法运算完成对字符串中每个字符的遍历,从而查找字符串中是否包含字符's',一旦找到字符's',main 函数便立即结束,使用 return 跳出函数体。

例 6.32 将字符串 s1 复制为字符串 s2,然后输出字符串 s2。

```
# include <stdio. h>
int main()
{
    char s1[]="Peking University",s2[30];
    char  * ptr1, * ptr2;
    ptr1=s1;ptr2=s2;
    for(; * ptr1! ='\0';ptr1++,ptr2++)
        * ptr2= * ptr1;
        * ptr2='\0';
    printf("string s1 is:% s\n",s1);
    printf("string s2 is:% s\n",s2);
    return 0;
}
```

运行结果(图 6-50):

图 6-50

程序说明: 在本程序中,ptr1、ptr2 都是指向字符型数据的指针变量,分别使用字符数组 s1、s2 进行初始化,ptr1、ptr2 分别指向字符数组 s1、s2 的第一个字符。 * ptr1 最初的值为'P'。赋值语句" * ptr2= * ptr1;"的作用是将字符'P'(字符数组 s1 的第一个字符)赋给 ptr2 所指向的元素,即 s2[0]。然后 ptr1、ptr2 分别加 1,表示它们分别指向其下一个元素,直到 * ptr1 的值为'\0'为止。在 for 语句中,ptr1++和 ptr2++使得 ptr1 和 ptr2 同步移动,见图 6-51。

显然,这个程序还可以使用字符数组来实现,请大家课后实验。

用字符数组和字符指针都可实现字符串的访问,但不能错误地理解为这两种形式具有相同的意义和使用方法,二者之间有很大的差别,使用时需要特别注意。

(1)字符指针变量本身是一个变量,用于存放字符串的首地址。而字符串本身是存放在以该首地址为首的一块连续的内存空间中并以'\0'作为串的结束。字符数组是由若干个数组元素组成的,它可用来存放整个字符串。

(2)对字符串指针方式:

char * pString="C Language";

157

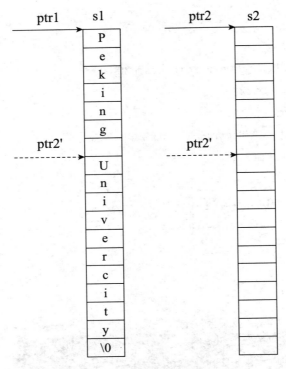

图 6-51

可以写为：

    char ＊pString；

    pString＝"C Language"；

    而对数组方式：

    static char st[ ]＝{"C Language"}；

不能写为：

    char st[20]；

    st＝{"C Language"}；

而只能对字符数组的各元素逐个赋值。

从以上两点可以看出字符串指针变量与字符数组在使用时的区别,同时也可看出使用指针变量更加方便。

前面说过,当一个指针变量在未取得确定地址前使用是危险的,容易引起错误。但是对指针变量直接赋值是可以的。因为 C 系统对指针变量赋值时要给以确定的地址。

因此,

    char ＊pString＝"C Langage"；

或者

```
char *pString;
pString="C Language";
```
都是合法的。

在 6.5.4 小节中我们曾提到指针数组,它更为常见的用途就是用来构成由字符串数组。字符串本质上是指向它的第一个字符的指针,所以字符串数组中的每一个元素实际上是指向字符串第一个字符的指针,因此使用指针数组来表示字符串数组非常合适。比如,定义一个数组,用来表示纸牌的花色(黑桃 Spades、红心 Hearts、梅花 Clubs、方片 Diamonds)。首先,我们想到的是使用二维字符数组,比如:

```
char colors[4][8]={
    {'S','p','a','d','e','s'},
    {'H','e','a','r','t','s'},
    {'C','l','u','b','s'},
    {'D','i','a','m','o','n','d','s'}
}
```

由于四个花色中 Diamonds 最长(长度为 8),为了能够使二维数组保存所有的花色,因此二维字符数组的第二维长度至少为 8,显然这样会浪费较多的空间,如图 6-52 所示:

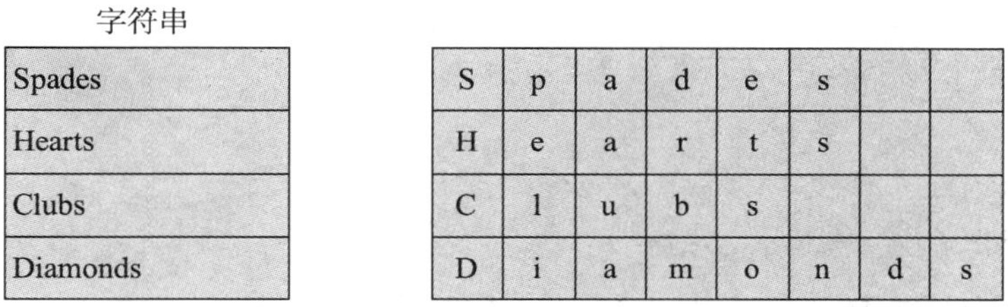

图 6-52　多个字符串的二维数组表示

如果使用指针数组来表示四个花色,则可定义如下:

```
const char *colors[4]={"Spades","Hearts","Clubs","Diamonds"};
```

这个定义语句说明 colors 是由 4 个元素组成的数组,其中每个元素的类型都是指向 char 的指针类型。这里的限定符 const 说明 colors 为常量,即不能修改每个元素指针所指向的字符串。数组中的 4 个值为"Spades"、"Hearts"、"Clubs"、"Diamonds",所有这些都将以空字符结尾的字符串形式存储在内存中,这些字符串比引号之间的字符数量多 1 个字符,这是因为字符串将以一个空字符\0结尾,这一点在 6.6 节有详细讲解。显然这样更加节省存储空间。尽管看起来这些字符串放置在数组 colors 中,其实数组中仅存放了指针,每个指针指向它所对应字符串的第一个字符(图 6-53)。所以,尽管数组 colors 的大小是固定的,但它可以访问任一长度的字符串。因此,使用指针数组来处理多个字符串,将会更加方便灵活。

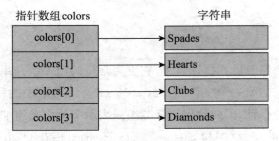

图 6-53　多个字符串的指针数组表示

例 6.33　将 5 个国名按字母顺序排列并输出。

```c
#include <stdio.h>
#include <string.h>
int main()
{
    char * countries[]={ "China","Japan","Australia","USA","Germany"};
    char * ptr;
    int i,j,k;
    //排序
    for (i=0;i<5-1;i++)
    {
        k=i;
        for (j=i+1;j<5;j++)
        if (strcmp(countries[k],countries[j])> 0)  k=j;
        if (k ! =i)
        {
            ptr=countries [i];
            countries [i]=countries [k];
            countries [k]=ptr;
        }
    }
    //输出
    for (i=0;i<5;i++)
        printf(" % s\n",countries[i]);
    return 0;
}
```

160

运行结果(图 6-54):

图 6-54

程序说明:程序中定义一个包含 5 个元素的指针数组 countries,这 5 个元素的初值分别是字符串"China"、"Japan"、"Australia"、"USA"、"Germany"的首字符的地址,见图 6-55。这些字符串是不等长的。

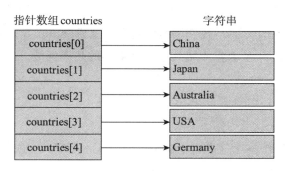

图 6-55

程序第 9 行到第 20 行的作用是对字符串排序,排序方法采用选择法。strcmp 是系统提供的字符串比较函数(详见 6.6.5 小节),因此在 main 函数之前需要包含该函数的头文件(string. h)。countries[k]和 countries[j]分别是第 k 个和第 j 个字符串首字符的地址,strcmp(countries[k],countries[j])的值为:如果 countries[k]所指的字符串大于 countries[j]所指的字符串,则此函数值为正数;若相等,则函数值为 0;若小于,则函数值为负数。在第 13 行中,if 语句的作用是使 k 保存两个串中较小的那个串的序号。当执行完内层 for 循环时,第 k 串即为从第 i 串到第 n 串这些字符串中最小的那个串。在第 14 行中,若 k=i 就表示最小的串即是第 i 串,此时什么都不做;否则,则需要将 countries[k]和 countries[i]交换,也就是将那个指向第 k 个字符串的指针数组元素的值与指向第 i 个字符串的指针数组元素的值交换,其实是将它们的指向互换。当外层 for 循环执行完毕时排序完成,最后指针数组的情况如图 6-56 所示:

程序的第 22、23 行负责输出各字符串。countries[0]~countries[4]分别是各字符串(按从大到小的顺序排好序)的首字符地址,用"%s"格式符输出,即可得到这些字符串。

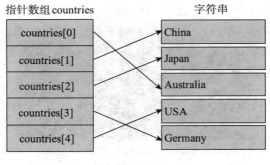

图 6-56

6.6.5　字符串处理函数

为了便于对字符串进行处理,C 函数库提供了一系列字符串函数。大致可分为字符串的输入、输出、合并、修改、比较、转换、复制、搜索几类。使用这些函数可大大减轻编程的负担。用于输入输出的字符串函数,在使用前应包含头文件"stdio.h",使用其他字符串函数则应包含头文件"string.h"。下面将介绍其中最为常用的几个函数。

1. 字符串输出函数:puts

其一般形式为:

puts(字符数组)

puts 函数的作用是将一个字符串(以'\0'结束的字符序列)输出到终端并换行。使用 puts 函数输出的字符串中可以包含转义字符。例如:

char str[]={"Shandong\nChina"};

puts(str);

将输出:

Shandong

China

注意:程序在输出 China 后将换行。

2. 字符串输入函数:gets

其一般形式为:

gets(字符数组)

gets 函数的作用是从终端输入一个字符串到字符数组中,并且返回字符数组的起始地址。例如,执行下面的语句(字符数组 str 已定义):

gets(str);

从键盘输入:

Program

将输入的字符串"Program"送到字符数组 str，函数的返回值为字符数组 str 的起始地址。

需要注意的是，puts 和 gets 函数只能输出或输入一个字符串，不能写成：

puts(str1,str2);

gets(str1,str2);

例 6.34　puts 和 gets 函数的使用。

```c
#include <stdio.h>
int main()
{
    char str1[]="Shandong\nChina";
    char str2[20];
    printf("Please input a string:\n");
    gets(str2);
    printf("str1=%s\n",str1);
    puts(str2);
    return 0;
}
```

运行结果(图 6-57)：

图 6-57

程序说明：首先对于 gets 函数，从输出结果可以看出当输入的字符串中含有空格时，输出仍为全部字符串。说明 gets 函数并不以空格作为字符串输入结束的标识，而只以回车作为输入结束。这是与 scanf 函数不同的。而对于 puts 函数，其函数中可以使用转义字符，因此输出结果成为两行('\n'转义为回车)。puts 函数完全可以由 printf 函数取代，不过当需要按一定格式输出时，通常使用 printf 函数。

163

3.字符串连接函数:strcat

其一般形式为:

strcat(字符数组1,字符数组2);

strcat 是 string catenate(字符串链接)的缩写。strcat 函数的作用是将两个字符数组中的字符串连接起来,把字符数组2接到字符数组1的后面,结果放在字符数组1中,函数的返回值为字符数组1的地址。例如:

char str1[30]={"Shandong Normal "};

char str2[]={"University"};

printf("%s",strcat(str1,str2));

输出:

Shandong Normal University

需要说明的是,字符数组1必须足够大,以便容纳连接后的新字符串。在本例中两个字符串连接后的长度为26,而 str1 的长度为30,显然足够使用。

4.字符串赋值函数:strcpy 和 strncpy

其一般形式为:

strcpy(字符数组1,字符串2);

strcpy 是 string copy(字符串赋值)的缩写。strcpy 函数的作用是将字符串2复制到字符数组1中。例如:

char str1[10],str2[]="China";

strcpy(str1,str2);

执行后,str1 的状态如下图:

C	h	i	n	a	a	\0	\0	\0	\0	\0

需要说明几点:

(1)字符数组1的长度不应小于字符串2的长度,以便容纳被复制的字符串2。

(2)"字符数组1"必须写成数组名形式(如 str1),"字符串2"可以是字符数组名,也可以是字符串常量。例如:

strcpy(str1,"China");

(3)不能使用赋值语句将一个字符串常量或字符数组直接赋给一个字符数组。如下面两行都是不合法的:

str1="China";

str1=str2;

而只能使用 strcpy 函数将一个字符串或字符数组复制到另一个字符数组中。

(4)使用 strncpy 函数可以将字符串2中的前 n 个字符复制到字符数组1中。例如:

strncpy(str1,"China",2);

作用是将字符串"China"的前两个字符(即"Ch")复制到 str1 中,取代 str1 中原有的最前面 2 个字符。

5. 字符串比较函数:strcmp

其一般形式为:

strcmp(字符串 1,字符串 2);

strcmp 是 string compare(字符串比较)的缩写。strcmp 函数的作用是比较字符串 1 和字符串 2,函数返回一个整数。若两个相等则返回 0,若字符串 1>字符串 2 则返回一个正整数(1),若字符串 1<字符串 2 则返回一个负整数(−1)。

字符串比较的规则是:将两个字符串从左到右逐个字符比较(按照 ASCII 码值大小),直到出现不同的字符或遇到'\0'为止。若全部字符相同,则认为两字符串相等;若出现不相同的字符,则以第一对不相同的字符比较结果为准。例如:

strcmp("China","Japan");

因为两个字符串的第一个字符'C'<'J',因此该函数返回−1。

同样的,下面的例子将返回 1:

strcmp("china","CHINA");

需要说明的是,两个字符串进行比较需要使用 strcmp 函数,而不能使用以下形式:

if (str1 > str2)
    printf("yes!");

例 6.35 strcmp 函数的使用。

```
#include <stdio.h>
#include <string.h>
int main()
{
    int i;
    static char str1[]="C Language",str2[20];
    printf("Please input a string:\n");
    gets(str2);
    i=strcmp(str1,str2);
    if (i==0)  printf("str1=str2\n");
    if (i>0)   printf("str1>str2\n");
    if (i<0)   printf("str1<str2\n");
    return 0;
}
```

运行结果(图 6-58):

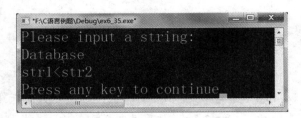

图 6-58

程序说明:在本程序中,我们使用 strcmp 函数把字符数组 str1 和输入的字符串 str2 比较,并将比较的结果保存至整型变量 i 中,然后根据 i 的值再输出结果提示串。当输入为"Database"时,由 ASCII 码可知"C Language"小于"Database",故 i<0,因此输出结果"str1<str2"。

6.字符串长度函数:strlen

其一般形式为:

strlen(字符数组);

strlen 是 string length(字符串长度)的缩写。strlen 函数的作用是测试字符数组的长度。函数的值为字符串的实际长度(不包括'\0'在内)。例如:

char str[10]="China";

printf("%d",strlen(str));

输出结果不是 10,也不是 6,而是 5。当然,该函数也可以直接测试字符串常量的长度,例如:

printf("%d",strlen("China"));

7.大小写转换函数:strlwr 和 strupr

strlwr 函数的作用是将字符串中的大写字母转换为小写字母,strlwr 是 string lowercase(字符串小写)的缩写。该函数的一般形式为:

strlwr(字符串)

strupr 函数的作用是将字符串中的小写字母转换为大写字母,strupr 是 string uper case(字符串小写)的缩写。该函数的一般形式为:

strupr(字符串)

 6.7 上机实训项目

实验 1 数组的定义,输入下面程序,找出其中的错误语句并修改之。

#include <stdio.h>

166

```
    int main()
    {
        int N=10;
        int a[N],i;
        for(i=0;i<10;i++)
            a[i]=i;
        for(i=0;i<10;i++)
            printf("a[%d]=%d\n",i,a[i]);
        return 0;
    }
```

实验 2 数组下标的范围,输入下面程序,找出其中的错误语句并修改之。

```
#include <stdio.h>
int main()
{
    int a[5],b=20;
    a[5]=10;
    printf("%p,%p\n",&a[5],&b);
    printf("%d,%d\n",a[5],b);
    return 0;
}
```

实验 3 输入 10 个实数,用选择法由小到大排序,请输入程序并运行之。

实验 4 输入两个矩阵(矩阵的大小自定),计算两矩阵的乘积。

实验 5 调试程序,使之具有如下功能:用指针法输入 12 个数,然后按每行 4 个数输出。写出调试过程。

实验 6 下面的程序是从键盘输入一个字符串,然后在输入的字符串中每两个字符之间插入一个空格。如:原串 aabbcc,要求输出的新串为 a a b b c c 。请补充完成程序并调试。

```
#include <stdio.h>
#include <string.h>
int main()
{
    char s[100];
    int i;
    printf("please input s:");
    get(s);
```

```
for(i=strlen(s);i>0;i——)
{
        *(p+2*i)=_____;
        _____=' ';
}
return 0;
}
```

 ## 6.8　课后实训项目

一、选择题

1. 以下合法的数组定义是(　　)。

A)int a()={'A','B','C'};　　　　　　　　B)int a[5]={0,1,2,3,4,5};

C)char a={'A','B','C'};　　　　　　　　 D)int a[ ]={0,1,2,3,4,5};

2. 若有说明语句 int a[3][4],则对 a 数组元素的正确引用是(　　)。

A)a[2][4]　　　　　B)a[1,3]　　　　 C)a[1+1][0]　　　　D)a(2)(1)

3. 下列不正确的字符串赋值或赋初值的方法是(　　)。

A)char str[10]="string";

B)char str[10]={'s','t','r','i','n','g'};

C)char str[10];str="string";

D)char str1[]="string",str2[]="12345678";strcopy(str2,str1);

4. 若有语句 int a[9];则下述对 a 的描述正确的是(　　)。

A)定义了一个名称为 a 的一维整型数组,共有 9 个元素

B)定义了一个数组 a,数组 a 共有 10 个元素

C)说明数组 a 的第 9 个元素为整型变量

D)以上说法都不对

5. 以下对一维整型数组 a 的正确说明是(　　)。

A)int a(20);　　　　　　　　　　　　　 B)int n=20,a[n];

C)int n;scanf("%d",&n);int a[n];　　 D)#define SIZE 30　 int a[SIZE];

6. 以下语句定义正确的是(　　)。

A)int a[1][4]={1,2,3,4,5};　　　　　　B)float c[3][]={{1},{2},{3}};

C)long b[2][3]={{1},{1,2},{1,2,3}};　 D)double d[][3]={0};

168

7. 以下能对一维数组正确初始化的语句是(   )。

    A)int a[10]＝(0,0,0,0,0);   B)int a[10]＝{ };

    C)int a[]＝{0};   D)int a[10]＝(10 * 1);

8. 若有说明"int array[10];",则下列写法中正确的是(   )。

    A)array[0]＝10;   B)array＝0;

    C)array[10]＝0;   D)array[－1]＝0;

9. 若有说明:int a[3][4]＝{0};则下列叙述正确的是(   )。

    A)只有元素 a[0][0]可得到初值 0

    B)此说明语句不正确

    C)数组 a 中各元素都可得到初值,但其值不一定是 0

    D)数组 a 中各元素都可得到初值 0

10. 定义如下变量的数组:

int i;

int a[3][3]＝{1,2,3,4,5,6,7,8,9};

则下面语句的输出结果是(   )。

for(i＝0;i<3;i++)

printf(" %d",a[i][2－i]);

    A)1 5 9   B)1 4 7   C)3 5 7   D)3 6 9

11. 若有说明"int a[][3]＝{1,2,3,4,5,6,7};",则 a 数组第一维的大小是(   )。

    A)2   B)3   C)4   D)5

12. 下面程序的输出结果是(   )。

```
int main()
{
    char s[]="cat and mouse";
    int j=0;
    while(s[j]! ='\0')++j;
    printf(" %d\n",j);
    return 0;
}
```

    A)11   B)10   C)12   D)13

13. 对两个数组 a 和 b 进行如下初始化:

char a[]＝"ABCDEF";

char b[]＝{'A','B','C','D','E','F'};

则以下叙述正确的是(   )。

A)a 和 b 数组完全相同　　　　　　　　　　B)a 和 b 长度相同

C)a 和 b 中都存放字符串　　　　　　　　　　D)a 数组比 b 数组占用内存大

14. 有以下程序段：

int a＝5,＊b,＊＊c;

c＝&b;

b＝&a;

程序在执行了 c＝&b;b＝&a;语句后,表达式:＊＊c 的值是(　　　)。

　A)变量 a 的地址　　　　　　　　　　　　B)变量 b 中的值

　C)变量 a 中的值　　　　　　　　　　　　D)变量 b 的地址

15. 有如下的程序段,执行该段程序后,a 的值为(　　　)。

int ＊p,a＝10,b＝1;

p＝&a;

a＝＊p＋b;

　A)12　　　　　　　　B)11　　　　　　　　C)10　　　　　　　　D)编译出错

16. 若有说明"int n＝2,＊p＝&n,＊q＝p;",则以下非法的赋值语句为(　　　)。

　A)p＝q;　　　　　　B)＊p＝＊q;　　　　　　C)n＝＊q;　　　　　　D)p＝n;

17. 若定义"int a＝511,＊b＝&a;",则 printf("％d\n",＊b);的输出结果为(　　　)。

　A)无确定值　　　　　B)a 的地址　　　　　　C)512　　　　　　　　D)511

18. 下面程序的输出结果是(　　　)。

```
＃include ＜stdio.h＞
int main()
{
    char a[10]＝{9,8,7,6,5,4,3,2,1,0},＊p＝a＋5;
    printf("％d",＊－－p);
    return 0;
}
```

　A)非法　　　　　　　B)a[4]的地址　　　　　C)5　　　　　　　　　D)3

19. 下面程序的输出结果是(　　　)。

```
＃include ＜stdio.h＞
int main()
{
    int x[8]＝{8,7,6,5,0,0},＊s;
    s＝x＋3;
    printf("％d\n",s[2]);
```

```
        return 0;
    }
```
　　A)随机值　　　　　　　B)0　　　　　　　　C)5　　　　　　　　D)6

20. 若已定义"int a[0],＊p＝a;",并在以后的语句中未改变 p 的值,不能表示 a[1]地址的表达式是(　　)。

　　A)p＋1　　　　　　　B)a＋1　　　　　　　C)a＋＋　　　　　　D)＋＋p

21. 若已定义"int a[]＝{0,1,2,3,4,5,6,7,8,9},＊p＝a,i;",其中 0＜＝i＜＝9,则对 a 数组元素不正确的引用是(　　)。

　　A)a[p－a]　　　　　　B)＊(&a[i])　　　　C)p[i]　　　　　　　D)a[10]

22. 下面程序的输出结果是(　　)。

```
# include <stdio. h>
int main()
{
    int a[]={1,2,3,4,5,6,7,8,9,0},＊p;
    p=a;
    printf("%d\n",＊p+9);
    return 0;
}
```
　　A)0　　　　　　　　　B)1　　　　　　　　C)10　　　　　　　　D)9

23. 变量的指针,其含义是指该变量的(　　)。

　　A)值　　　　　　　　　B)地址　　　　　　　C)名　　　　　　　　D)一个标识

24. 若有语句 int ＊point,a＝4;和 point＝&a;下面均代表地址的一组选项是(　　)。

　　A)a,point,＊&a　　　　　　　　　　　B)&＊a,&a,＊point

　　C)＊&point,＊point,&a　　　　　　　D)&a,&＊point,point

25. 设 char ＊s＝"\ta\017bc";则指针变量 s 指向的字符串所占的字节数是(　　)

　　A)9　　　　　　　　　B)5　　　　　　　　C)6　　　　　　　　D)7

26. 若有语句:char s1[]＝"string1",s2[8],＊s3,＊s4＝"string2",则对库函数 strcpy 的错误调用是(　　)。

　　A)strcpy(s1,"string2");　　　　　　B)strcpy(s4,"string1");

　　C)strcpy(s3,"string1");　　　　　　D)strcpy(s1,s2);

27. 下面程序段的运行结果是(　　)。

```
char s[6];
s="abcd";
printf("\"%s\"\n",s);
```

A)"abcd"   B)"abcd"   C)\"abcd\"   D)编译出错

28.若有以下定义,则对 a 数组元素的正确引用是(   )。

int a[5],＊p＝a;

 A)＊&a[5]   B)a＋2   C)＊(p＋5)   D)＊(a＋2)

29.若有以下定义,则对 a 数组元素地址的正确引用是(   )。

int a[5],＊p＝a;

 A)p＋5   B)＊a＋1   C)&a＋1   D)&a[0]

30.以下与 int ＊q[5];等价的定义语句是(   )。

 A)int q[5]   B)int ＊q   C)int ＊(q[5])   D)int (＊q)[5]

31.若有以下定义和语句,则对 a 数组元素的正确引用为(   )。

int a[2][3],(＊p)[3];

p＝a;

 A)(p＋1)[0]   B)＊(＊(p＋2)＋1)   C)＊(p[1]＋1)   D)p[1]＋2

32.若有以下定义和赋值语句,则对数组的第 i 行第 j 列(假设 i,j 已正确说明并赋值)元素地址的合法引用为(   )。

int b[2][3]＝{0},(＊p)[3];

p＝b;

 A)＊(＊(p＋i)＋j)   B)＊(p[i]＋j)   C)＊(p＋i)＋j   D)(＊(p＋i))[j]

33.若有以下定义,且 0<＝i<6,则正确的赋值语句是(   )。

int s[4][6],t[6][4],(＊p)[6];

 A)p＝t;   B)p＝s;   C)p＝s[i];   D)p＝t[i];

34.若有说明语句:

char a[]＝"It is mine";

char ＊p＝"It is mine";

则以下不正确的叙述是(   )。

 A)a＋1 表示的是字符 t 的地址

 B)p 指向另外的字符串时,字符串的长度不受限制

 C)p 变量中存放的地址值可以改变

 D)a 中只能存放 10 个字符

35.下面说明不正确的是(   )。

 A)char a[10]＝"china";   B)char a[10],＊p＝a;p＝"china";

 C)char ＊a;a＝"china";   D)char a[10],＊p;p＝a＝"china";

36.下面程序段的运行结果是(   )。

char a[]＝"language",＊p;

172

```
p=a;
while( * p! ='u'){printf(" % c", * p-32);p++;}
```
    A)LANGUAGE   B)language   C)LANG   D)language

37.已有函数 x(a,b),为了让函数指针变量 P 指向函数 max,正确的赋值方法是(   )。

    A)p=max;   B) * p=max;

    C)p=max(a,b);   D) * p=max(a,b);

38. 若有以下说明和语句:

```
char * language[]={"FORTRAN","BASIC","PASCAL","JAVA","C"};

char ** q;

q=language+2;
```

则语句 printf("%o\n", * q);(   )。

    A)输出的是 language[2]元素的地址。

    B)输出的是字符串 PASCAL

    C)输出的是 language[2]元素的值,它是字符串 PASCAL 的首地址

    D)格式说明不正确,无法得到确定的输出

39.设有以下定义:

```
char * cc[2]={"1234","5678"};
```

则正确的叙述是(   )。

    A)cc 数组的两个元素中各自存放了字符串"1234"和"5678"的首地址

    B)cc 数组的两个元素分别存放的是含有 4 个字符的一维字符数组的首地址

    C)cc 是指针变量,它指向含有两个数组元素的字符型一维数组

    D)cc 数组元素的值分别是"1234"和"5678"

二、填空题

1.C 语言中,数组的首地址是_____。

2.下面程序的功能是将字符串 s 中所有的字符'c'删除,填空所缺语句。

```
# include <stdio. h>

int main()

{

    char s[80];

    int i,j;

    gets(s);

    for(i=j=0;s[i]! ='\0';i++)

        if(s[i]! ='c')_____;
```

```
        s[j]='\0';
    puts(s);
    return 0;
}
```

3. 下面程序的功能是输出字符数组中最大元素的下标,请填空所缺语句。

```
#include <stdio.h>
int main()
{
    int a,k;
    char ch[]="how are you";
    for(a=0,k=a;a<strlen(ch);a++)
    if(ch[a]>ch[k])_____;
    printf("%d\n",k);
    return 0;
}
```

4. 若已定义"int w[]={23,54,10,33,47,98,72,80,61,0}, * p=w;",则不移动指针 p,且通过指针 p 引用为 98 的数组元素的表达式是_____。

5. 在 C 程序中,指针变量能够赋_____值或_____值。

6. 下面程序段是把从终端输入的一行字符作为字符串放在字符数组中,然后输出。请填空。

```
int i;
char s[80], * p;
for(i=0;i<79;i++)
{
    s[i]=getchar();
    if(s[i]=='\n')break;
}
s[i]=_____;
p=_____;
while( * p)putchar( * p++);
```

7. 若有以下定义和语句:

```
int a[4]={0,1,2,3}, * p;
p=&a[1];
```

则++(* p)的值是_____。

174

8. 若有以下定义和语句：

int s[2][3]={0},(*p)[3];

p=s;

则 p+1 表示数组_____。

9. 若有定义"int a[2][3]={2,4,6,8,10,12};",则 a[1][0] 的值是_____, *(*(a+1)+0)) 的值是_____。

10. 若有以下定义和语句：

int a[4]={0,1,2,3},*p;

p=&a[2];

则 *--p 的值是_____。

11. 若有定义"int a[2][3]={2,4,6,8,10,12}",则 *(&a[0][0]+2*2+1) 的值是_____, *(a[1]+2) 的值是_____。

12. 下面程序可通过行指针 p 输出数组 a 中任一行任一列元素的值,请填空。

```c
#include <stdio.h>
int main()
{
    int a[2][3]={2,4,6,8,10,12};
    int (*p)[3],i,j;
    p=a;
    scanf("%d,%d",&i,&j);
    printf("a[%d][%d]=%d\n",i,j,_____);
    return 0;
}
```

13. 若有定义 "int m[10][6]",在程序中引用数组元素 m[i][j] 的四种形式是:_____,_____,_____,_____(假设 i,j 已正确说明并赋值)。

三、分析下面程序,写出运行结果

1. 阅读程序,写出运行结果_____。

```c
#include <stdio.h>
int main()
{
    int a[][3]={9,7,5,3,1,2,4,6,8};
    int i,j,s1=0,s2=0;
    for(i=0;i<3;i++)
```

```c
        for(j=0;j<3;j++)
        {
                if(i==j)s1=s1+a[i][j];
                if(i+j==2)s2=s2+a[i][j];
        }
    printf("%d   %d\n",s1,s2);
    return 0;
}
```

2. 阅读程序,写出运行结果_____。

```c
#include <stdio.h>
int main()
{
    char * s="12134211";
    int v[4]={0,0,0,0},k,i;
    for(k=0;s[k];k++)
    switch(s[k])
    {
        case '1':i=0;
        case '2':i=1;
        case '3':i=2;
        case '4':i=3;v[i]++;
    }
    for(k=0;k<4;k++)
        printf("%d ",v[k]);
    return 0;
}
```

3. 以下程序的输出结果是_____。

```c
#include <stdio.h>
int main()
{
    char a[]="abcdef";
    a[3]='\0';
    printf("%s\n",a);
    return 0;
```

```c
}
```

4. 以下程序的输出结果是_____。

```c
#include <stdio.h>
int main()
{
    int i,n[]={0,0,0,0,0}
    for(i=1;i<4;i++)
    {
        n[i]=n[i-1]*2+1;
        printf("%d  ",n[i]);
    }
    return 0;
}
```

5. 以下程序的输出结果是_____。

```c
#include <stdio.h>
int main()
{
    int i,x[3][3]={1,2,3,4,5,6,7,8,9};
    for(i=0;i<3;i++)
    printf("%d,",x[i][2-i]);
    return 0;
}
```

6. 设有以下程序：

```c
#include <stdio.h>
int main()
{
    int a,b,k=4,m=6,*p1=&k,*p2=&m;
    a=p1==&m;
    b=(*p1)/(*p2)+7;
    printf("a=%d\n",a);
    printf("b=%d\n",b);
    return 0;
}
```

执行该程序后,a 的值为_____,b 的值为_____。

7. 下面程序段的运行结果是_____。

```
char s[80], * sp="HELLO!";
sp=strcpy(s,sp);
s[0]='h';
pubs(sp);
```

8. 下面程序段的运行结果是_____。

```
char s[20]="abcd";
char * sp=s;
sp++;
puts(strcat(sp,"ABCD"));
```

9. 下面程序段的运行结果是_____。

```
char * s1="AbcdEf", * s2="aB";
s1++;
t=(strcmp(s1,s2)>0);
printf("%d\n",t);
```

10. 下面程序段的运行结果是_____。

```
char a[]="123456789", * p;
int i=0;
p=a;
while( * p)
{
    if(i%2==0)   * p='*';
    p++;i++;
}
puts(a);
```

11. 若有以下输入 1,2,则下面程序的运行结果是_____。

```
#include <stdio.h>
int main()
{
    int a[2][3]={2,4,6,8,10,12};
    int ( * p)[3],i,j;
    p=a;
    scanf("%d,%d",&i,&j);
    printf("a[%d][%d]=%d\n",i,j, * ( * (p+i)+j));
```

```
        return 0;
    }
```

12. 下面程序段的运行结果是_____。

```
char a[]="12345",*p;
int s=0;
for(p=a;*p! ='\0';p++)
    s=10*s+ *p-'0';
printf("%d\n",s);
```

13. 下面程序段的运行结果是_____。

```
char str[]="abc\0def\0ghi",*p=str;
printf("%s",p+5);
```

14. 下面程序段的运行结果是_____。

```
char *p="PDP1-0";
int i,d;
for(i=0;i<7;i++)
{
    d=isdigit(*(p+i));
    if(d! =0)printf("%c*",*(p+i));
}
```

四、找出下面程序中的所有语法错误,然后在计算机上运行输出正确结果。

1. 下面程序的功能是从键盘输入１２３４５,输出１２３４５。编译时无错误,但运行程序时,输出结果为:0 1244996 1245064 4199049 1。

```
#include <stdio.h>
int main()
{
    int *p,i,a[5];
    p=a;
    printf("please enter5 numbers:");
    for(i=0;i<5;i++)
        scanf("%d",p++);
    for(i=0;i<5;i++,p++)
        printf("%d ",*p);
    return 0;
```

}

正确的语句是_____

2.下面程序,编译时有错误,错误信息是"cpp1.cpp(4):error C2440:'=':cannot convert from 'char [15]' to 'char [5]'"。

```
#include <stdio.h>
int main()
{
    char str[5];
    str="I am a student";
    printf("%s\n",str);
    return 0;
}
```

正确的语句是_____

3.下面程序的功能是输出数组中的值,编译下面程序时出现错误信息"Cpp1.cpp(4): error C2057:expected constant expression"。

```
#include <stdio.h>
int N=5;
int main()
{
    int arr[N]={1,2,3,4,5},i;
    for(i=0;i<N;i++)
        printf("%d \n",arr[i]);
    return 0;
}
```

正确的语句是_____

4.下面程序的功能是将一个有5个元素的数组中的值(整数)按逆序重新存放。比如:原来顺序为:8、6、5、4、1,要求改为1、4、5、6、8。

```
#define N 5
#include <stdio.h>
int main()
{
    int a[N],i,temp;
    printf("enter array a:\n");
    for(i=0;i<N;i++)
```

```
        scanf(" % d",&a[i]);
    for(i=0;i<N;i++)
    {
        temp=a[i];
        a[i]=a[N-i-1];
        a[N-i-1]=temp;
    }
    printf("\n Now,array a:\n");
    for(i=0;i<N;i++)
        printf(" % 4d",a[i]);
    printf("\n");
    return 0;
}
```

正确的语句是_____

5.下面程序的功能是:给定 n 个实数,输出平均值,并统计在平均值以下(含平均值)的实数个数。例如:n＝6 时,输入 23.5、45.67、12.1、6.4、58.9、98.4,所得平均值为40.828335,在平均值以下的实数个数应为 3。

```
# include <stdio.h>
int main()
{
    double x[6]={23.5,45.67,12.1,6.4,58.9,98.4};
    int j,c=0;
    float j=0;
    for(j=0;j<=n;j++)
        xa+=x[j];
    xa=xa/n;
    printf("ave= % f\n",xa);
    for(j=0;j<=n;j++)
        if(x[j]<=xa)  c++;
    printf(" % d\n",xa);
    return 0;
}
```

6.编写一个程序,从键盘接收一个字符串,然后按照字符顺序从小到大进行排序,并删除重复的字符,试找出程序中的错误。

```c
#include <stdio.h>
#include <string.h>
int main()
{
    char str[100],* p,* q,* r,c;
    printf("输入字符串:");
    gets(str);
    for(p=str;p++)
    {
        for(q=r=p;* q;q++)
            if(* r>* q)r=q;
        if(r==p)
        {
        c=r;
        * r=* p;
        * p=c;
        }
    }
    for(p=str;* p;p++)
    {
        for(q=p;* p==* q;q++);
            strcpy(p+1,q);
    }
    printf("结果字符串:% s\n\n",str);
    return 0;
}
```

五、程序设计题

1. 找出一个二维数组中的鞍点,即该位置上的元素在该行上最大,在该列上最小,也可能没有鞍点。

2. 在一个有序的数组中插入一个数,使数组中的数据仍然有序。

3. 用筛选法求 100 之内的素数。

基本思想:把从 1 开始的、某一范围内的正整数从小到大顺序排列,1 不是素数,首先把它筛掉。剩下的数中选择最小的数是素数,然后去掉它的倍数。依次类推,直到筛子为空时结束。

第7章 函数

　　一般来说,用计算机来解决的问题都是比较复杂的,对于比较复杂的问题往往采用自顶向下、逐步细分的方法。也就是说把一个较大的问题分解成若干个比较小的问题来解决,如果分解后的问题仍然较大,可以继续分解成更小的问题,直到小问题能够用 C 语言编写程序为止。这样每个小问题可以编写成一个相对独立的小程序,若干个这样的小程序组合在一起就构成了解决大问题的程序。我们称这些小程序为函数(Function)。所以一个 C 程序可以由若干个相互独立的函数组合而成,其中有一个函数称为主函数(函数名为 main),在主函数中可以通过调用其他函数来完成某些计算或操作,其他的函数如果需要也可以调用其他的函数。实际上,我们在前面的编程中已经是这样做的了,如我们在程序中需要输出时调用了 printf 函数,需要输入时调用了 scanf 函数。这些函数是 C 语言的开发者写出的程序代码,我们只要会调用就可以了,这些函数称为库函数。如果我们需要的函数在库函数中没有,就需要自己定义,本章主要介绍函数的定义、调用及调用函数时数据的传递方式。

 ## 7.1　函数的定义

　　首先,我们已经知道,函数是具有一定功能的、相对独立的程序。因此,在调用函数来完成某个任务前,必须先对函数进行定义,以便告诉编译系统函数的名字、函数的参数、函数的返回值及具体的操作代码。下面是定义函数的一般格式:

数据类型　　函数名(形式参数表)
{
　　　声明部分
　　　语句部分
}

　　上述格式中的第一行也称为函数的原型(function prototype)。其中,数据类型是用来说明函数调用结束后其返回值的类型,可以是任意的数据类型,如果函数不需要返回值,则其类型应为 void。函数名必须是一个合法的标识符,用于区分不同的函数。形式参数表定义了若干个变量,用于接受调用函数时传递给函数的数据。一对大括号说明这是一个函数,大括号内是函数体,用于说明函数具体要做什么操作,它由声明和语句两部分组成。

例 7.1 编写一函数在屏幕上输出一行星号。

```
void printStar (void)
{
    printf ("******************* \n");
}
```

程序说明: 由于该函数只是在屏幕上输出信息,不需要返回值,因此,其数据类型说明为 void,printStar 是函数名,在调用该函数时不需要给它传递数据,所以小括号内说明为 void,也可以是空的。在屏幕上输出信息可以调用 printf 来完成。本例的程序是不能在计算机上运行的,因为该程序没有 main 函数。

例 7.2 编写一函数,计算两个数的最大公约数。

根据例 5.4,我们定义求最大公约数的函数如下:

```
void gcd(int x, int y)
{
    int   u, v, remainder;
    u=x; v=y;
    while ( v ! =0 )
    {
        remainder=u % v;
        u=v;
        v=remainder;
    }
    printf("%d 和 %d 的最大公约数是:%d\n", x, y, u);
}
```

程序说明: 函数定义的第一行中 void 表示该函数不需要返回值,函数名为 gcd,调用该函数时需要把两个整数传递给该函数,所以在小括号内定义了两个形式参数 x,y。函数体是利用辗转相除法求最大公约数的算法,最后调用 printf 函数输出最大公约数。

 # 7.2 函数的调用

函数定义以后,当我们需要执行函数来完成函数的功能时,就必须调用函数。回顾例 5.4,我们定义了一个 main 函数来求两个数的最大公约数,当运行程序时,系统自动调用了 main 函数。但例 7.2 中我们定义了一个 gcd 函数来求两个数的最大公约数,那么怎样才能让计算机执行 gcd 函数呢？我们知道，当运行一个程序时，计算机首先会执行 main 函数，所以，要让计算机执行 gcd 函数，就必须定义一个 main 函数，然后在 main 函数中调用 gcd 函数。

7.2.1　函数调用的约定

函数被调用之前，必须通知编译系统该函数已经定义过了，否则系统会出错。也就是说，调用函数要遵循"先定义，后调用"的原则。

对于库函数，在调用之前要用 ♯include 预处理命令把相应的库文件插入到源文件中，如程序中要调用 printf 函数。所以在程序的开始我们要加上下面的命令：

　　♯ include ＜stdio. h＞

这是一条预处理命令，它的作用是把文件 stdio. h 的内容插入到程序的开始位置，在 stdio. h 文件中含有输入输出函数的声明，这样我们才可以调用输入输出函数。如果在程序中需要调用 sin、cos、fabs、sqrt 等数学函数就要在程序开始加上 ♯ include ＜math. h＞，更多内容参见附录 C。

对于自定义函数，一般情况可以把函数的定义放在调用之前，但有时会出现函数之间互相调用的情况，所以，当函数的定义在函数的调用之后时，我们可以在调用函数之前加上一条函数的声明。

所谓的函数声明就是告诉编译系统，已经定义过的函数名字、函数的返回值的类型、函数的形式参数有几个及它们的数据类型等信息。如例 7.2 的函数声明如下：

　　void gcd(int x, int y);

由此可以看出，函数声明就是函数的原型后面加上一个分号，所以函数声明的一般形式为：

　　数据类型　函数名(形式参数表);

实际上，函数的声明时可以省略形式参数的名字，如：

　　void gcd(int, int);

7.2.2　函数的调用格式

调用函数时只要告诉计算机我们要调用哪个函数(函数名)、要传递给函数哪些数据(实际参数)就可以了，其一般格式如下：

　　函数名(实际参数表);

如果实际参数表有多个参数，则各参数之间用逗号分隔，实际参数可以是常量、变量或表达式。如果调用函数时不需要向函数传递数据，实际参数表可以省略。

例 7.3　调用例 7.1 中的函数在屏幕上输出 2 行星号。

　　♯ include ＜stdio. h＞

```
void printStar (void);
int main(void)
{
    printStar();
    printStar();
    return 0;
}
void printStar (void)
{
    printf ("********************\n");
}
```

运行结果(图7-1):

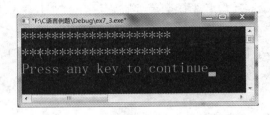

图 7-1

程序说明:在该程序中,由于 printStar 函数的调用在函数的定义之前,所以程序中的第二行加了一个函数声明。在 main 函数中,调用 printStar 函数两次,用来输出两行星号。另外注意,该函数在定义时没有参数,所以调用时小括号内也没有参数。

从上述例子可以看出,函数被定义后,可以被多次调用。如果函数定义在调用之前,也可以不用函数声明,如下:

```
#include <stdio.h>
void printStar (void)
{
    printf ("********************\n");
}
int main(void)
{
    printStar();
    printStar();
    return 0;
```

```
    }
```

7.2.3 函数调用时的数据传送

如果定义函数时有形式参数,则要求在调用该函数时必须向形式参数传送数据,传送的方法是在调用函数时提供实际参数,也就是说把要传送的数据放在函数名后的小括号内。

例 7.4 编写一程序,通过调用例 7.2 中的函数计算两个数的最大公约数。

```c
#include <stdio.h>
void gcd(int x,int y)
{
    int  u,v,remainder;
    u=x;v=y;
    while ( v ! =0 )
    {
        remainder=u % v;
        u=v;
        v=remainder;
    }
    printf("%d 和 %d 的最大公约数是：%d\n",x,y,u);
}
int main()
{
    int m,n;
    printf("请输入两个正整数:\n");
    scanf("%d%d",&m,&n);
    gcd(m,n);
    return 0;
}
```

运行结果(图 7-2):

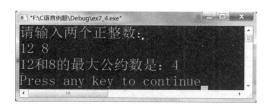

图 7-2

程序说明: 在该程序的 main 函数中,首先调用 printf 函数输出了一行提示信息,然后调用 scanf 函数从键盘输入两个整数给变量 m,n。接着调用 gcd 函数来计算 m,n 的最大公约数,其中 m,n 是实际参数,根据数据传送规则,计算机把 m 的值传送给 x,把 n 的值传送给 y。然后计算机执行 gcd 的函数体语句,计算出 x,y 的最大公约数,最后调用了 printf 函数输出 m 和 n 的最大公约数。

注 1   实际参数有多个时,尽量不要用表达式,因为不同的编译系统对于实际参数中表达式的计算顺序没有统一规定,如在 VC 6.0 中 i=3,则 printf("%d,%d\n",i,i++);语句的输出结果是 3,3。而在有的编译系统中输出的结果可能是 4,3。

注 2   实际参数向形式参数的数据传送是一种单向的值的传送,换句话说,形式参数的值不会传送给实际参数的变量。

例 7.5   实参与形参之间数据值的传送。

```
# include <stdio.h>
void swap(int x,int y)
{
    int temp;
    printf("调用 swap 函数过程中:x,y 交换之前的值为:%d,%d\n",x,y);
    if(x<y)
    {
        temp=x;x=y;y=temp;
    }
    printf("调用 swap 函数过程中:x,y 交换之后的值为:%d,%d\n",x,y);
}
int main()
{
    int a,b;
    printf("请输入两个整数:\n");
    scanf("%d,%d",&a,&b);
    printf("调用 swap 函数之前 a,b 的值为:%d,%d\n",a,b);
    swap(a,b);
    printf("调用 swap 函数之后 a,b 的值为:%d,%d\n",a,b);
    return 0;
}
```

运行结果(图 7-3)：

图 7-3

程序说明：从运行结果可以看出，在调用 swap 函数时，变量 a,b 的值传送给了形式参数 x,y,在 swap 函数中对 x,y 的值进行了交换,但当 swap 调用结束返回到 main 函数后,变量 a,b 的值并没有改变。

注 3 向被调用函数传送变量的地址可以通过指针变量访问主调用函数中的变量。

例 7.6 实参与形参之间的地址传送。

```c
#include <stdio.h>
void swap(int *x,int *y)
{
    int temp;
    printf("调用 swap 函数过程中:x,y 交换之前的值为:%d,%d\n",*x,*y);
    if(*x<*y)
    {
        temp=*x;*x=*y;*y=temp;
    }
    printf("调用 swap 函数过程中:x,y 交换之后的值为:%d,%d\n",*x,*y);
}
int main()
{
    int a,b;
    printf("请输入两个整数:\n");
    scanf("%d,%d",&a,&b);
    printf("调用 swap 函数之前 a,b 的值为:%d,%d\n",a,b);
    swap(&a,&b);
    printf("调用 swap 函数之后 a,b 的值为:%d,%d\n",a,b);
    return 0;
}
```

运行结果(图7-4)：

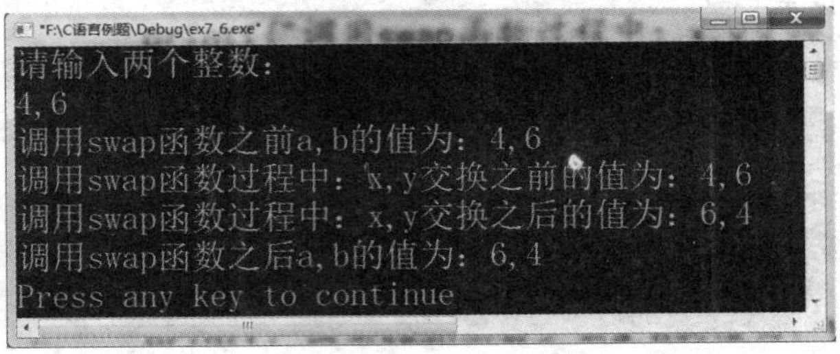

图 7-4

程序说明：在该程序的 main 函数中，调用 swap 函数时，实参传送给形参的是变量 a、b 的地址，因此，形参 x,y 分别指向了变量 a,b。那么 * x 就代表变量 a,* y 就代表变量 b,所以，* x,* y 值的交换就是变量 a,b 值的交换。

7.2.4 函数的返回值

在例 7.4 中，计算出来的最大公约数直接在 gcd 函数中输出了，但有时我们并不希望在 gcd 函数中输出最大公约数，而是把计算结果传回 main 函数中。C 语言提供了一个 return 语句来完成这一功能。其基本格式如下：

return expression;

return 语句的作用是结束函数的执行，程序跳转到调用该函数的那个语句继续执行，同时把 expression 的值带回到主调用函数。

例 7.7 编写一程序，计算两个数的最大公约数，要求在主函数中输出最大公约数。

```c
#include <stdio.h>
int gcd(int u,int v)
{
    int  remainder;
    while( v ! =0 )
    {
        remainder=u % v;
        u=v;
        v=remainder;
    }
    return u;
}
int main()
```

190

```
{
    int m,n,g;
    printf("请输入两个正整数:\n");
    scanf("%d%d",&m,&n);
    g=gcd(m,n);
    printf("%d和%d的最大公约数是:%d\n",m,n,g);
    return 0;
}
```

运行结果(图7-5):

图7-5

程序说明: 在 main 函数中从键盘输入两个整数后,调用 gcd 函数,注意该函数的调用位置是在赋值语句中,所以 gcd 函数最后通过 return 语句将最大公约数 u 返回 main 函数中,并赋给变量 g,然后调用 printf 函数输出。

注1 函数定义首行中的数据类型决定了函数返回值的数据类型,所以 return 语句中的 expression 的数据类型要与函数定义首行中的数据类型一致,否则返回值有可能是错误的。

```
#include <stdio.h>
int max(float  x,float  y)
{   float  z;
    z=x>y? x:y;
    return(z);
}
int main()
{
    float  a,b;
    scanf("%f,%f",&a,&b);
    printf("Max is %d",max(a,b));
    return 0;
}
```

运行结果(图 7-6):

图 7-6

注 2 如果一个函数中有多个 return 语句,只要执行其中之一即结束函数。

注 3 return 语句只返回一个值。

7.3 变量的种类及作用范围

根据变量在 C 程序中定义的位置,变量可分为局部变量(local variable)和全局变量
(globle variable),在函数体内定义的变量称为局部变量,而在函数体外定义的变量称为全
局变量。根据变量在内存中所分配的内存空间的位置,变量又可分为自动型(auto)、静态型
(static)、寄存器型(register)和外部型(extern)。不同类型变量的有效使用范围和生存周期
是不同的。

7.3.1 自动型局部变量

自动型局部变量是定义在函数体内部(包括形式参数),且调用该函数时才为其分配内
存空间的变量,该变量在该函数调用结束时所占用的内存空间会释放,它所存储的数据也随
之丢失。自动型局部变量的值只能在定义该变量的函数内进行存取,其他函数是不允许使
用的。可以说我们前面所讲的例题中定义的变量都属于自动型局部变量。如例 7.7 中的
m,n,g 是在 main 函数中定义的自动型局部变量,它们的作用范围只能在 main 函数中使用,
u,v,remainder 是在 gcd 中定义的自动型局部变量,它们的作用范围只能在 gcd 函数中
使用。

定义自动型局部变量可以在数据类型前加上关键字 auto,也可以省略不写。如例 7.7
中 int m,n,g;也可以写成:

auto int m,n,g;*

注 1 在复合语句内定义的自动型局部变量,只能在复合语句内使用。

注 2 在不同函数内定义的局部变量允许同名,但代表不同的变量。

7.3.2 静态的局部变量

在定义局部变量时,前面加上关键字 static,称这种变量为静态型局部变量。静态型局部变量与自动型局部变量不同的是:它所占用的内存空间不是在调用函数时分配的,而是在编译程序时就已经分配了,当函数调用结束时,该变量所占用的内存空间也不释放,因此它所存储的数据也不会丢失。如果该变量没有进行初始化则系统自动赋值为 0。

例 7.8 静态型局部变量与自动型局部变量的生存期与作用范围。

```c
#include <stdio.h>
int f(int a)
{
    auto int b=0;
    static c=3;
    b=b+1;
    c=c+1;
    return(a+b+c);
}
int main()
{
    int a=2,i,x;
    for(i=1;i<=3;i++)
    {
        x=f(a);
        printf("第%d次调用结果为%d\n",i,x);
    }
    return 0;
}
```

运行结果(图 7-7):

图 7-7

程序说明:在上述程序中,变量 a,i,x 是在 main 函数中定义的自动型局部变量,它们生存期直到 main 函数调用结束,也就是程序运行结束,其作用范围只能在 main 函数中使用,f 函数中不能使用。在 f 函数中定义了 3 个变量 a,b,c,其中 a,b 属于自动型局部变量,它们的生存期是从调用函数开始直到函数调用结束,而变量 c 属于静态型局部变量,它的生存期从程序运行开始到程序运行结束,这 3 个变量的作用范围都是在 f 函数体内。所以第 1 次调用 f 函数时,传送给变量 a 的值为 2,变量 b 的初值为 0,变量 c 的初值为 3,执行两个赋值语句后,变量 b 的值为 1,c 的值为 4,返回值为 2+1+4=7;第 2 次调用 f 函数时,传送给变量 a 的值仍然是 2,变量 b 又重新分配内存并初始化为 0,变量 c 在第 1 次调用结束后所占用内存并没有释放掉,所以其值 4 仍然保留在内存中,这样变量 b、c 各加 1 后,函数的返回值为 2+1+5=8,同理,第 3 次调用的返回值为 2+1+6=9。

从上述程序还可以看出,每次调用函数 f 自动型局部变量 b 都被初始化为 0,而静态型局部变量 c 只初始化一次。

7.3.3　寄存器型的变量

如果在程序中,一个变量使用得很频繁,为了提高程序的效率,可以要求系统将该变量存储在 CPU 的寄存器中。在 C 语言中,只要在定义变量时加上 register 关键字就可以了,如:register int i;。

需要注意的是,虽然 C 语言允许你声明一个变量为寄存器型变量,但并不能保证该变量一定存储在寄存器中,如果寄存器没有空间存储该变量时,系统会把该变量当做自动型变量。

7.3.4　全局变量

全局变量是指在函数体外面定义的变量,它不隶属于任何一个函数,它的生存期是从程序运行开始到程序运行结束,程序中的任何函数都可以对它进行存取,因此我们调用函数时也可以利用全局变量进行数据的传递。

例 7.9　将一个十进制的整数转换为其他进制的数。

算法分析:把一个十进制的整数转换为其他进制的数的方法是用其他进制的基数去除这个十进制数,取余数,然后再用基数去除其商,直到其余数为 0,把余数从后向前排列即可。

```
#include <stdio.h>
int convertedNumber[64];
long int number;
int base;
int digit=0;
void getNumberandBase (void)
```

```c
{
    printf ("输入一个十进制的整数:");
    scanf (" %ld",&number);
    printf ("转换为几进制(2-16)?");
    while(1)
    {
        scanf (" %i",&base);
        if ( base < 2 || base > 16 )
            printf ("只能输入 2-16 进制,请重新输入:\n");
        else
        break;
    }
}
void convertNumber (void)
{
    do {
        convertedNumber[digit]=number % base;
        ++digit;
        number /=base;
        }
    while ( number ! =0 );
}
void displayNumber (void)
{
    const char baseDigits[16]={ '0','1','2','3','4','5','6','7','8','9','A','B','C','D','E','F' };
    int nextDigit;
    printf ("转换后的数=");
    for (--digit;digit >=0;--digit )
    {
        nextDigit=convertedNumber[digit];
        printf (" %c",baseDigits[nextDigit]);
    }
printf ("\n");
}
```

```
int main（void）
{
    getNumberandBase();
    convertNumber（）;
    displayNumber（）;
    return 0;
}
```

运行结果(图7-8)：

图 7-8

程序说明：该程序根据功能的不同,编写了 4 个函数,getNumberandBase 的作用是输入要转换的十进制数和要转换进制的基数,convertNumber 的作用是进行十进制与其他进制的转换,displayNumber 是作用是显示转换以后的数据,main 中按照先后顺序调用其他 3 个函数。程序中定义的 convertedNumber［64］、number、base 和 digit 都属于全局变量,所以在 getNumberandBase 函数中输入到 number 和 base 变量中的值,在 convertNumber 函数也可以使用。同理,在 convertNumber 函数中转换后的数据保存在 convertedNumber 数组中,然后在 displayNumber 函数中输出。

全局变量的优点：可以减少变量的个数,减少由于实际参数和形式参数的数据传递带来的时间消耗。

全局变量的缺点：

(1)全局变量分配在内存的静态存储区,只有当程序结束时才会释放所占内存空间。与局部变量的动态分配、释放相比,生存期较长,因此过多的全局变量会占用较多的内存单元。

(2)全局变量破坏了函数的封装性。函数像一个黑匣子,数据通过函数形参和返回值进行输入输出,函数内部实现相对独立。但函数中如果使用了全局变量,那么函数体内的语句就可以绕过函数形参和返回值进行存取,这种情况破坏了函数的独立性,使函数对全局变量产生依赖。同时,也降低了该函数的可移植性。

(3)全局变量使函数的代码可读性降低。由于多个函数都可以使用全局变量,函数执行时全局变量的值可能随时发生变化,对于程序的查错和调试都非常不利。

因此,如果不是万不得已,最好不要使用全局变量。

196

在程序开发过程中,如果一个 C 程序由多个源文件组成,C 语言允许在一个源文件中使用在另一个源文件中定义的全局变量,要实现这一要求,只需要用关键字 extern 在使用全局变量的源文件中进行一下声明。

例 7.10 在不同的源文件中使用同一个全局变量。

第 1 个源文件名为 souce1.c,内容如下:

```c
#include <stdio.h>
int x;
void sub2(void);
void sub3(void);
void sub1(void)
{
    x=100;
    printf("在 sub1 函数中,x= %d\n",x);
    return;
}
int main (void)
{
    sub1();
    sub2();
    sub3();
    printf("在 main 函数中,x= %d\n",x);
    return 0;
}
```

第 2 个源文件名为 souce2.c,内容如下:

```c
extern int x;
void sub2(void)
{
    x=200;
    printf("在 sub2 函数中,x= %d\n",x);
    return;
}
void sub3(void)
{
    printf("在 sub3 函数中,x= %d\n",x);
```

```
    return;
}
```

运行结果(图7-9):

图 7-9

程序说明: 该程序需要建立两个源文件,在第1个源文件中定义了一个全局变量 x,调用 sub1 函数时给它赋值为 100,在第2个源文件中的 sub2 和 sub3 函数中也使用该变量时,只需要用 extern 进行一个声明,从运行结果可以看出,这两个不同的源文件中的变量 x 是同一个变量。一个程序建立多个源文件上机操作的方法见附录 E。

7.3.5 静态的全局变量

如果在同一个 C 程序的两个不同的源文件中,各自定义的全局变量同名了,在编译时系统会报错,为避免这个情况,可以通过关键字 static 把全局变量的作用范围限制在定义该变量的本文件内。

例 7.11 静态的全局变量。

第 1 个源文件名为 mode1.c,内容如下:

```
#include <stdio.h>
static int x;
void sub2(void);
void sub3(void);
void sub1 (void)
{
    x=100;
    printf("在 sub1 函数中,x= %d\n",x);
    return;
}
int main (void)
{
    sub1();
```

```
    sub2();
    sub3();
    printf("在 main 函数中,x= %d\n",x);
    return 0;
}
```

第 2 个源文件名为 mode2.c,内容如下:

```
static int x;
void sub2(void)
{
    x=200;
    printf("在 sub2 函数中,x= %d\n",x);
    return;
}
void sub3(void)
{
    printf("在 sub3 函数中,x= %d\n",x);
    return;
}
```

运行结果(图 7-10):

图 7-10

程序说明:从运行结果可以看出,在 mode1.c 中定义的静态全局变量 x 与 mode2.c 中定义的静态全局变量 x 虽然同名,但两个变量毫无关系,互不影响。但在程序开发时应尽量避免这种情况,以免出现不必要的麻烦。

 7.4 函数的嵌套调用

在 C 程序中,定义的所有函数之间的关系都是平等的,main 函数可以调用其他函数,其他函数之间也可以互相调用,如果 main 函数调用了函数 A,在函数 A 中又调用了函数 B,以此类推,这种调用关系称为嵌套调用。嵌套调用实现了程序设计的模块化设计思想。

例 7.12 用弦截法求方程 $x^3-5x^2+16x-80=0$ 根。

算法分析:首先要确定根的区间,具体方法如下:任取两个数,判断这两个数的函数值,如果函数值是同号,换两个数再试,直到两个数 x1,x2 对应的函数值为异号时为止,这时方程的解肯定在这两个数 x1,x2 之间。然后利用弦截法求根,具体方法是:连接 x1,x2 所对应的函数上的两个点,连线与 x 轴的交点为新的 x,若 f(x) 与 f(x1) 同号,则把 x 当作新的 x1,将新的 x1 与 x2 连接,如果 f(x) 与 f(x1) 异号,则把 x 当作新的 x2,将 x1 与新的 x2 连接,计算新的交点,直到近似解满足我们的要求为止。

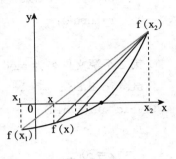

图 7-11

根据上述思想,可以推导出计算公式如下:

$$x=\frac{x_1 \cdot f(x_2)-x_2 \cdot f(x_1)}{f(x_2)-f(x_1)}$$ 程序代码:

```
#include  <stdio.h>
#include  <math.h>
float f(float x)
{
    float y;
    y=((x-5.0)*x+16.0)*x-80.0;
    return(y);
}
float xpoint(float x1,float x2)
{
    float x;
    x=(x1*f(x2)-x2*f(x1))/(f(x2)-f(x1));
    return(x);
}
float root(float x1,float x2)
{
    float x,y,y1;
    y1=f(x1);
    do
    {
```

200

```
            x=xpoint(x1,x2);
            y=f(x);
            if(y*y1>0)
        {
                y1=y;
                x1=x;
            }
            else
                x2=x;
        } while(fabs(y)>=0.0001);
        return(x);
    }

int main()
{
    float x1,x2,f1,f2,x;
    do
    {
            printf("input x1,x2:\n");
            scanf("%f,%f",&x1,&x2);
            f1=f(x1);
            f2=f(x2);
        }while(f1*f2>=0);
        x=root(x1,x2);
        printf("a root of equation is %8.4f\n",x);
        return 0;
    }
```

运行结果(图 7-12):

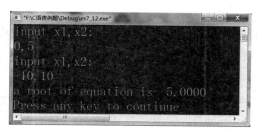

图 7-12

程序说明：该程序由 4 个函数组成，其中函数 f 的功能是计算 $f(x) = x^3 - 5x^2 + 16x - 80$ 的函数值，函数 xpoint 的功能是计算两点的连线与 x 轴的交点，函数 root 的功能是求方程的根，主函数 main 完成数据的输入输出。在 main 函数中，利用 do 语句确定根的区间 [x1，x2]，循环体中调用 scanf 函数输入两个实数，调用 f 函数计算出它们的函数值 f1，f2，然后判断 f1，f2 是否异号，同号则返回去重新输入两个数，否则说明 x1，x2 之间至少有一个根，退出 do 语句，调用 root 函数求根。在 root 函数中又调用了 f 函数和 xpoint 函数，xpint 函数又调用了 f 函数。

注：在上述程序中，main 函数调用了 root 函数，root 函数调用了 xpoint 函数，xpoint 函数调用了 f 函数，当函数调用结束时，也是逐级返回的，用图来表示这种调用关系如图 7-13：

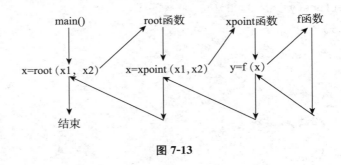

图 7-13

 ## 7.5 函数的递归调用

在函数的嵌套调用过程中，如果函数 A 调用了函数 B，反过来，函数 B 又调用了函数 A，或者函数 A 调用了函数 A 自身，我们称这种调用为函数的递归调用。

递归算法对解决一大类问题是十分有效的，它往往使算法的描述简洁而且易于理解。

递归算法解决问题的特点：

（1）要解决一个规模为 n 的问题，必须先解决规模小于 n 的同类问题。因此，在使用递归算法时，每次调用在规模上都要有所减少，且有一个明确的递归结束条件，称为递归出口。

（2）递归就是在函数里调用自身。

（3）递归算法解题通常显得很简洁，但递归算法解题的运行效率较低。

（4）在递归调用的过程当中系统为每一层的返回点、局部变量等开辟了栈来存储。递归次数过多容易造成栈溢出等。

因此，在设计程序时，能用一般方法解决的问题就不要用递归算法。

例 7.13   计算一个数的阶乘。

算法分析：在例 5.2 中，我们用循环的方法实现了阶乘的计算。根据数学公式：

$$n! = \begin{cases} 1 & (n=0,1) \\ n \cdot (n-1)! & (n>1) \end{cases}$$

要计算 n 的阶乘,只要计算出 n-1 的阶乘,再乘上 n 就可以了,当 n=1 时,1! =1,这是递归出口。由此可以看出,该问题也可以用递归算法来解决。为了使用递归算法,我们必须定义一个函数 fac,其功能是计算 n 的阶乘,在 fac 函数中,通过调用 fac 自身,计算 n-1 的阶乘,具体程序如下:

```c
#include <stdio.h>
double   fac(int n)
{
    double f;
    if(n<0){printf("n<0,dataerror!");}
    else if(n==0||n==1)f=1;
    else   f=n*fac(n-1);
    return(f);
}
int   main()
{
    int n;
    double y;
    printf("input an integer number:");
    scanf("%d",&n);
    y=fac(n);
    printf("%d! =%.0lf\n",n,y);
    return 0;
}
```

运行结果(图 7-14):

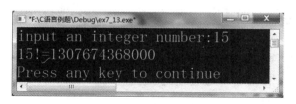

图 7-14

程序说明:在 main 函数中,输入一个数给变量 n,然后调用 fac 函数计算 n!。在 fac 函

203

数中利用 if 语句判断 n 的值是否合法,若合法,则还要用 if 语句判断 n 是否满足递归出口的条件,若满足,则直接给变量 f 赋值为 1,否则递归调用 fac 函数计算 n—1 的阶乘。

递归算法程序设计比较简洁,但执行过程较复杂,为了更好地理解递归算法,下面以计算 5! 为例,介绍一下递归程序的执行过程。

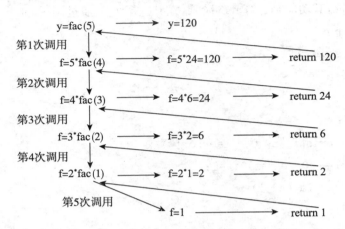

注 1 从上图可以看出,递归调用的执行过程分为两个阶段,第一个阶段是不断地调用,且实参的值在不断减小,直到达到递归出口的条件。然后开始不断结束调用并返回函数值。

注 2 每次调用 fac,系统都要为形参 n 分配内存,所以虽然 fac 函数的形参名都是 n,但不同的调用中的变量 n 是不同的变量,第 1 次调用时形参 n 的值为 5,第 2 次调用时形参 n 的值为 4,…,第 5 次调用时形参 n 的值为 1。

例 7.14 hanoi(汉诺、河内)塔问题。这是根据一个传说形成的一个问题:在一座庙里有三根柱子 A,B,C。A 柱上有 64 个穿孔圆盘,盘的尺寸由下到上依次变小。要求按下列规则将所有圆盘移至 C 柱:在移动过程中每次只能移动一个圆盘,且必须保持小盘在上大盘在下,允许从一个柱子移动到任何一个柱子。问:如何移? 最少要移动多少次?

算法分析:假设有 n 片,移动次数是 f(n),显然 f(1)=1,f(2)=3,f(3)=7,且 f(k+1)=2 * f(k)+1。此后不难证明 f(n)=2^n−1。n=64 时,f(64)=2^64−1=18446744073709551615。假如每秒移动一次,一年 365 天有 31536000 秒,则大约需要 585 亿年左右。由此可以看出,64 个圆盘的移动是相当复杂的,我们不妨先移动少量的圆盘,以便找出解决问题的方法。

假设 n=3,则从 A 柱子移动到 C 柱子步骤如下:
如果我们只看(1)、(4)、(5)、(8)四个图(图 7-15),可以归纳出下面的解决方案:

① 将 2 个盘子从 A 柱借助 C 柱移动到 B 柱;
② 将 1 个盘子从 A 柱移动到 C 柱;
③ 将 2 个盘子从 B 柱借助 A 柱移动到 C 柱。

其中①和③可采用同样的方法,显然这个问题可以用递归算法来解决。我们将上述算法推广到 n 个盘子的 hanoi 塔问题如下:

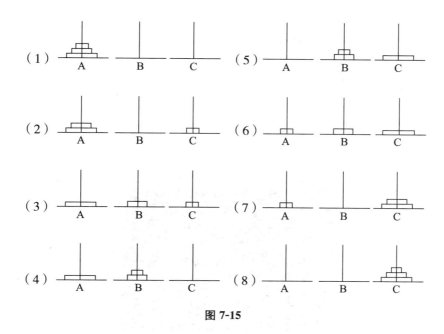

图 7-15

① 将 n−1 个盘子从 A 柱借助 C 柱移动到 B 柱;

② 将 1 个盘子从 A 柱移动到 C 柱;

③ 将 n−1 个盘子从 B 柱借助 A 柱移动到 C 柱。

为实现上述递归算法,我们需要定义一个递归函数 hanoi 来解决 n 个盘子的移动问题,那么①和③中 n−1 个盘子的 hanoi 塔问题可以递归调用 hanoi 来解决。

```c
#include <stdio.h>
void hanoi(int n,char a,char b,char c)
{
    if(n==1)
        printf("%c===>> %c\n",a,c);
    else
    {
        hanoi(n-1,a,c,b);
        printf("%c===>> %c\n",a,c);
        hanoi(n-1,b,a,c);
    }
}
int main()
{
```

```
    int n;
    printf("请输入圆盘的个数:");
    scanf(" % d",&n);
    hanoi(n,'A','B','C');
    return 0;
}
```

运行结果(图7-16):

图 7-16

程序说明:该程序在 main 输入函数中输入圆盘的个数给变量 n,然后调用递归函数 hanoi,A,B,C 分别表示三根柱子。递归出口条件是 n=1,这时 A 柱上只有一个盘子,调用 printf 函数打印信息 A===>>C,表示盘子从 A 柱移动到 C 柱,否则,递归调用函数 hanoi。

 ## 7.6   向函数传送数组中的数据

在 7.2.3 中我们介绍了如何将常量、变量或表达式的值传送到函数中,同样我们也可以把数组中的数据传送到函数中。如果我们把数组中的数据逐个传送,这与 7.2.3 中的方法没有区别,只要把数组元素看作是一个普通变量就可以了。

例 7.15   在一个数组中存放了 10 个学生的某门课的成绩,要求输出最高分。

算法分析:要从 10 个数中找出最大值,最简单的方法就是逐个比较,就像古代打擂台一样,参加比赛的人一个一个上台比武,胜者留在台上,所有人比赛完后最后留在台上人就是冠军。我们可以定义一个变量 m 来存放最大值,然后用 m 和数组中的每个数进行比较。

```
# include <stdio.h>
int max(int a,int b)
{
```

206

```
        if(a>b)
            return a;
        else
            return b;
}
int main()
{
        int score[10],m,i;
        printf("请输入 10 个整数:\n");
        for(i=0;i<10;i++)
            scanf("%d",&score[i]);
        for(m=score[0],i=1;i<10;i++)
            m=max(m,score[i]);
        printf("最高分是:%d\n",m);
        return 0;
}
```

运行结果(图 7-17):

图 7-17

程序说明:本程序输入 10 个数存入数组 score 中,变量 m 最初的值为 score[0],在循环体中,调用 max 函数求 m 和 score[i]的最大值并赋值给 m,显然,每次调用 max 只传送了数组中的一个元素,最后在 m 中保存的就是数组中的最大值。

我们也可以把整个数组一次传送到函数中,要达到这个目的,必须用数组名作为实参。我们知道,数组名代表数组的首地址,因此,这种传送方式实际上传送的不是数组中的数据,而传送的是数组的首地址,这样我们就可以在被调用函数中对数组中的数据进行操作,它相当于把整个数组传送给被调用函数了。

例 7.16 用选择法对 10 个数据按由大到小排序。

算法分析:选择法排序的基本思想是先将数据保存到一个数组中,然后从 n 个数据中找出最大值,存入数组中的第 1 个元素中,再在余下的 n-1 个数中找出最大值,将其存入数组中的第 2 个元素中,…,直到数组只余下 1 个数为止。

207

```
# include <stdio.h>
void sort(int array[10],int   n)
{
    int i,j,temp;
    for(i=0;i<n-1;i++)
    {
        for(j=i+1;j<n;j++)
        if(array[i]<array[j])
        {
            temp=array[i];
            array[i]=array[j];
            array[j]=temp;
        }
    }
}
int main()
{
    int data[10],i;
    printf("请输入 10 个整数:\n");
    for(i=0;i<10;i++)
        scanf(" % d",&data[i]);
    sort(data,10);
    printf("排序的结果:\n");
    for(i=0;i<10;i++)
        printf(" % d ",data[i]);
printf("\n");
    return 0;
}
```

运行结果(图 7-18):

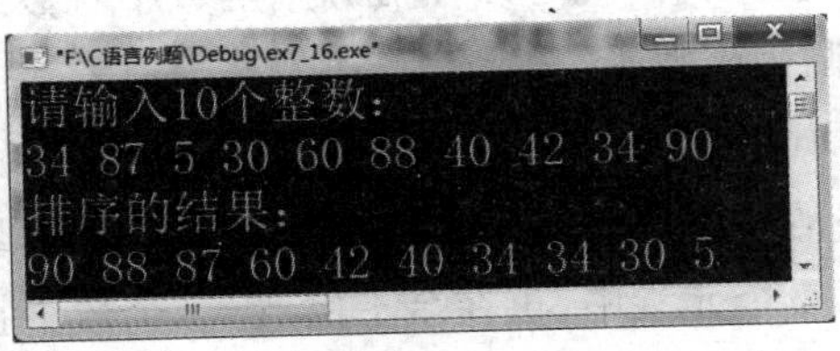

图 7-18

208

程序说明:在本程序中,输入 10 个整数存入 data 数组后,调用 sort 函数进行排序,其中第 1 个实参 data 是数组名,传送给形参 array 的是 data 数组的首地址,也就是数组的指针。因此在 sort 函数中 array[0]就是 data[0],array[i]就是 data[i],对数组 array 的排序就是对数 data 的排序。返回 main 函数后输出 data 数组的值就是已经排序后的数据了。

注:在 sort 函数中的定义中,形参 array 实际上是一个指针变量,在定义形参 array 时指定其数组的大小是没有意义的,因此 sort 定义的首行可改写如下:

void　sort(int array[],int n)

或

void　sort(int ∗ array,int n)

如果传送的数组是一个二维数组,其方法与一维数组类似,只是要注意形参的定义方式,第一维的大小可以定义也可以省略,但第二维的大小是不能省略的。

例 7.17　输入一个 3×4 的矩阵,求其转置矩阵。

算法分析:对一个矩阵进行转置运算,就是将这个矩阵的行变成列,而列变成行,假设原来的矩阵存储在 a 数组中,转置后的矩阵存储在 b 数组中,只要将 a[i][j]的值赋值给 b[j][i]即可。

```
#include <stdio.h>
void Matrix_tran(int  x[][4],int y[][3])
{
    int i,j;
    for(j=0;j<4;j++)
        for(i=0;i<3;i++)
            y[j][i]=x[i][j];
}
int  main()
{
    int a[3][4]={1,2,3,4,5,6,7,8,9,10,11,12},b[4][3];
    int i,j;
    printf("A=\n");
    for(i=0;i<3;i++)
    {
        for(j=0;j<4;j++)
            printf(" % d ",a[i][j]);
        printf("\n");
```

```
    }
    Matrix_tran(a,b);
    printf("A'=\n");
    for(i=0;i<4;i++)
    {
        for(j=0;j<3;j++)
            printf(" %d ",b[i][j]);
        printf("\n");
    }
    return 0;
}
```

运行结果(图 7-19):

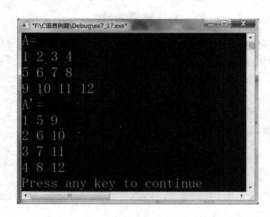

图 7-19

程序说明:main 函数中的第一个双重循环是按照矩阵的格式输出矩阵 A,然后调用函数 Matrix_tran 进行矩阵的转置运算,实参 a 是原来的矩阵,实参 b 是转置以后的矩阵,分别传送给形参 x,y,因此 x[i][j]就是 a[i][j],y[i][j]就是 b[i][j]。在 Matrix_tran 中将 x[i][j]的值赋值 给 y[j][i],实际上就是将 a[i][j]的值赋值给 b[j][i],从而实现了行列互换。

注 1 实参是二维数组名时,形参的第二个下标的大小必须和实参的第二的下标的大小一样。

注 2 实参是二维数组名时,形参也可以定义成下面形式:
void Matrix_tran(int(* x)[4],int (* y)[3])

7.7 函数与指针

7.7.1 函数指针

在一个程序中定义的函数,编译该程序时,系统会为函数代码分配一段内存空间,用于存储函数的程序代码。这段内存空间的起始地址(又称为入口地址)称为这个函数的指针。除了通过函数名调用函数外,我们也可以通过这个函数的指针来调用该函数。

7.7.2 指向函数的指针变量

和普通变量一样,我们可以定义一个指针变量来存储函数的指针,指向函数的指针变量不仅仅存储函数的指针,而且要告诉编译系统它指向的是一个什么样的函数,如函数的形式参数有几个、它们的数据类型是什么、函数的返回值是什么类型的数据等信息。例如定义一个指向"函数返回值为 int 型,没有形式参数"的函数的指针变量 fnPtr 如下:

```
int  (*fnPtr)(void);
```

特别注意的是上述定义格式中,包括 * fnPtr 的小括号不能缺少。

同理我们定义一个指向例 7.11 中 max 函数的指针变量 pMax 如下:

```
int (*pMax)(int a,int b);
```

7.7.3 通过指向函数的指针变量调用函数

要通过指向函数的指针变量来调用函数,首先要让指针变量指向该函数,也就是把函数的指针赋值给指针变量。要做到这一点很简单,只要将函数名赋值给指针变量即可。然后就可以用指针变量调用该函数了。

例 7.18 在一个数组中存放了 10 个学生某门课的成绩,要求输出最高分(例 7.15)。

```
#include <stdio.h>
int max(int a,int b)
{
    if(a>b)
        return a;
    else
        return b;
}
int main()
```

211

```
{
    int score[10],m,i;
    int ( * pMax)(int a,int b);
    printf("请输入 10 个整数:\n");
    for(i=0;i<10;i++)
        scanf("%d",&score[i]);
    pMax=max;
    for(m=score[0],i=1;i<10;i++)
        m=( * pMax)(m,score[i]);
    printf("最高分是：%d\n",m);
    return 0;
}
```

程序说明：在 main 函数中首先定义了一个指向函数的指针变量 pMax,赋值语句 pMax=max 的作用是让 pMax 指向 max 函数,(* pMax)(m,score[i])是通过指针变量调用 max 函数。

 ## 7.8 上机实训项目

实验 1 下面程序的功能是输入两个实数,输出其最大值,试找出其中的错误并改正之。

```
#include <stdio.h>
int main()
{
    float x,y,z;
    printf("Input two float number");
    scanf("%f,%f",&x,&y);
    z=max(x,y);
    printf("z=%f\n",z);
    return 0;
}
float max(float a,b);
{
    return(a>b? a:b);
}
```

212

实验 2 编写一个判断一个整数是否是素数的函数,在 main 函数中调用并输出是否是素数的信息。

实验 3 计算 n 阶勒让德多项式的值。

$$P_n(x) = \begin{cases} 1 & n=0 \\ x & n=1 \\ ((2n-1)xP_{n-1}(x)-(n-1)P_{n-2}(x))/n & n>1 \end{cases}$$

实验 4 编写一个函数,在二维数组中找出每一行的最大值。

 ## 7.9 课后实训项目

一、选择题

1.建立函数的目的之一是( )。

A)提高程序的执行效率　　　　　　　B)提高程序的可读性

C)减少程序的篇幅　　　　　　　　　D)减少程序文件所占内存

2.以下正确的函数定义形式是( )。

A)double fun(int x,int y)　　　　　　B)double fun(int x;y)

C)double fun(int x;int y)　　　　　　D)double fun(int x,y)

3.C 语言规定,简单变量做实参时,它相对应形参之间的数据传递方式是( )。

A)地址传递　　　　　　　　　　　　B)单向值传递

C)由实参传给形参,再由形参传回给实参　　D)由用户指定传递方式

4.C 语言规定,函数返回值的类型由( )。

A)return 语句中的表达式类型所决定

B)调用该函数时的主调函数类型所决定

C)调用该函数时系统临时决定

D)在定义该函数时所指定的函数类型所决定

5.在 C 语言程序中,以下正确的描述是( )。

A)函数的定义可以嵌套,但函数的调用不可以嵌套

B)函数的定义不可以嵌套,但函数的调用可以嵌套

C)函数的定义和函数的调用均不可以嵌套

D)函数的定义和函数的调用均可以嵌套

6.若用数组名作为函数调用的实参,传递给形参的是( )。

A)数组的首地址　　　　　　　　　　B)数组第一个元素的值

C)数组中全部元素的值   D)数组元素的个数

7. 凡是函数中未指定存储类别的局部变量,其隐含的存储类别为(   )。

    A)自动(auto)   B)静态(static)

    C)外部(extern)   D)寄存器(register)

8. 在一个 C 源程序文件中,若要定义一个只允许本源文件中所有函数使用的全局变量,则该变量需要使用的存储类别是(   )。

    A)extern   B)register   C)auto   D)static

9. 以下不正确的说法为(   )。

    A)在不同函数中可以使用相同名字的变量

    B)形式参数是局部变量

    C)在函数内定义的变量只在本函数范围内有效

    D)在函数内的复合语句中定义的变量在本函数范围内有效

二、填空题

1. 下面 add 函数的功能是求两个参数的和,并将和值返回调用函数。函数中错误的部分是_____;改正后为_____。

```
void add(float a,float b)
{    float c;
     c=a+b;
     return c;
}
```

2. 函数 del 的作用是删除有序数组 a 中的指定元素 x。已有调用语句 n＝del(a,n,x);其中实参 n 为删除前数组元素的个数,赋值号左边的 n 为删除后数组元素的个数。请填空。

```
del(int a[],int n,int x)
{    int p,i;
     p=0;
     while(x! =a[p]&&p<n)
         _____;
         for(i=p;i<n-1;i++)
         _____;
     n=n-1;
     return;
}
```

3. 以下程序的功能是调用函数 fun 计算 m＝1－2＋3－4＋…＋9－10,并输出结果,请填空。

```
int fun(int n)
{
    int m=0,f=1,i;
    for(i=1;i<=n;i++)
    {
        m+=i*f;
        f=_____;
    }
    return m;
int main()
{
    printf("m=%d\n",_____);
    return 0;

}
```

4.下面程序是用二分法在一组数据中查找是否存在某个数。采用二分法查找时,数据需是排好序的。基本思想:假设数据是按升序排序的,对于给定值 x,从序列的中间位置开始比较,如果当前位置值等于 x,则查找成功,返回其所在元素下标;若 x 小于当前位置值,则在数据的前半段中查找;若 x 大于当前位置值则在数据的后半段中继续查找,若数列中不存在该数则返回-1。

```
int binsearch(int a[],int key,int n)
//a 是存储数据的数组,key 是要查找的数据,n 是数据的个数
{
    int mid,low=0,high=n-1;
    while(low<=high)
    {
        mid=(low+high)/2;
        if(a[mid]==key)return mid;
            else if(key<a[mid])
                        _____;
                else  _____;
    }
    return-1;
}
```

三、程序阅读题

1. 以下程序的运行结果是_____:
```c
# include <stdio.h>
void increment()
{   int x=0;
    x+=1;
    printf(" % d",x);
}
int main()
{   increment();
    increment();
    increment();
    return 0;
}
```

2. 以下程序的运行结果是_____:
```c
# include <stdio.h>
void increment()
{   static int x=0;
    x+=1;
    printf(" % d",x);
}
int main()
{   increment();
    increment();
    increment();
    return 0;
}
```

3. 以下程序的运行结果是_____:
```c
# include <stdio.h>
int x1=30,x2=40;
void sub(int x,int y)
{   x1=x;
    x=y;
```

```
        y＝x1;
}
int main()
{    int x3＝10,x4＝20;
     sub(x3,x4);
     sub(x2,x1);
     printf("％d,％d,％d,％d\n",x3,x4,x1,x2);
     return 0;
}
```

4. 以下程序的运行结果是_____:

```
＃include ＜stdio.h＞
int a＝5;int b＝7;
int plus(int x,int y)
{ int z;
     z＝x＋y;
     return(z);
}
int main()
{    int a＝4,b＝5,c;
     c＝plus(a,b);
     printf("a＋b＝％d\n",c);
     return 0;
}
```

5. 以下程序的运行结果是_____:

```
＃include ＜stdio.h＞
int a＝3,b＝5;
int max(a,b)
{    int c;
     c＝a＞b? a:b;
     return (c);
}
int main()
{    int a＝8;
     printf("％d",max(a,b));
```

```
    return 0;
}
```

6. 以下程序的运行结果是_____:

```
#include <stdio.h>
int x;
void cude()
{    x=x*x*x;
}
int main()
{    x=5;
     cude();
     printf("%d\n",x);
     return 0;
}
```

四、改错题

1. 下面程序是求两个数的最大值,编译时出现错误信息"Cppl. cpp(5):error C2065: 'max':undeclared identifier"

```
#include <stdio.h>
int main()
{float  a,b,c;
scanf("%f,%f",&a,&b);
c=max(a,b);
printf("max=%f",c);
return 0;
}
float  max(float x,float y)
{float  z;
if(x>=y)z=x;
else z=y;
return(z);
}
```

2. 下面的程序是调用函数找二维数组中的最大元素下标和最小元素下标,试找出程序中的错误。

218

```
# include <stdio.h>
# define M 3
# define N 4
void maxmin(int a[][])
{ int maxi,maxj,mini,minj,i,j,max,min;
max=a[0][0];min=a[0][0];
for(i=0;i<M;i++)
for(j=0;j<N;j++)
{    if(a[i][j]>max)
    {   max=a[i][j];
    maxi=i;maxj=j;
    }
    if(a[i][j]<min)
    {   min=a[i][j];
    mini=i;minj=j;
    }
}
printf("maxi=%d,maxj=%d\n",maxi,maxj);
printf("mini=%d,minj=%d\n",mini,minj);
}
void main()
{ int i,j,a[M][N];
printf("please input a:");
for(i=0;i<M;i++)
for(j=0;j<N;j++)
    scanf("%d",&a[i][j]);
maxmin(a);
}
```

五、程序设计题

1. 根据公式 $C_n^m = \dfrac{n!}{m!(n-m)!}$ 求 C_n^m,要求在主函数中输入 m,n 的值,通过调用一函数计算 m!、n! 和(n-m)!,然后在主函数中输出 C_n^m 的值。

2. 编写一函数求 a 的算术平方根,求平方根的迭代公式为 $x_{n+1} = \dfrac{1}{2}\left(x_n + \dfrac{a}{x_n}\right)$,要求在主

函数中输入 a 的值,调用该函数后,在主函数中输出 a 的平方根。

3.编写一函数,判断一个三位整数是否是"水仙花数",若是则返回 1,否则返回 0,要求在主函数中输入一个三位整数,通过调用该函数,在主函数中输出是否是水仙花数的信息。

4.求 m 和 n 的最大公约数,要求在主函数中输入 m、n 的值,然后递归调用函数进行计算,最后在主函数中输出其最大公约数。

第8章 自定义数据类型

在前面的章节中,我们学习了如何声明和定义变量,这些变量的类型可以是整型、浮点型和字符型等,学习了如何创建这些类型的数组和指针数组。这些知识为我们编写程序打下了良好的基础,但是对于许多应用程序来讲,还需要一些更为灵活的功能。

例如,要编写一个处理学生信息的程序,就需要每个学生的姓名、学号、年龄、性别及成绩等。在这些数据中,一些项是字符串,一些项是数值。当然,我们可以为每个项各自定义变量来表示,比如:

char name[8];

char id[11];

int age;

char sex;

float score;

但这样一来各个项之间失去了联系,因为姓名、学号、年龄、性别及成绩是一个学生信息的若干组成部分。另外,由于各个项所使用的类型并不相同,因此使用数组表示也是不现实的。这时候就需要为其自定义一种新的数据类型。

这种自定义数据类型可以是一个或多个数据域的集合,这些数据域可以是不同的类型,为了处理的方便而将这些数据域组织在一个名字下。由于可以将一组相关的数据看作一个单元而不是各自独立的对象,因此自定义数据类型将有助于组织复杂的数据。在本章中,我们将重点介绍两种主要的自定义数据类型——结构体和共用体,另外还将介绍用于类型定义的 typedef 语句。

 ## 8.1 结构体类型

8.1.1 什么是结构体类型

结构体又称为结构(structure),是一种构造数据类型,相当于其他高级语言(如 Pascal)中的记录(record)。它是由若干“成员”组成的,每一个成员可以是一个基本数据类型或者又是一个构造类型。既然结构体是一种"构造"而成的数据类型,那么在使用之前必须先定义它。

定义结构体需要使用关键词 struct,其一般方式为:

struct 结构体名

{

成员列表

};

成员列表由若干个成员组成,每个成员都是该结构体的一个组成部分。对每个成员也必须作类型说明,其形式和定义变量一样:

数据类型 成员名;

比如对于上面所提到的学生信息,可以定义下面的结构体:

```
struct Student
{
    char name[8];
    char id[11];
    int age;
    char sex;
    float score;
};
```

上面的代码为我们定义了一个结构体类型 struct Student。结构体类型中的成员名 name、id、age 等为该结构体的成员。有了这个类型 struct Student,就可以定义该类型的变量并使用之(注意:在定义和使用结构体类型时关键字 struct 都不能省略)。

对于结构体类型还需要说明以下几点:

(1)结构体名可以和结构体中的变量名相同,但最好不要这样做,因为这会产生混淆并使代码难以理解。

(2)在定义结构体类型时,其成员还可以是另外一个结构体类型,也就是说结构体可以嵌套。比如:

```
struct Contact
{
    char tel[11];
    char email[50];
    char address[100];
};
struct Student
{
```

```
        char name[8];
        char id[11];
        int age;
        char sex;
        float score;
        struct Contact cont;
};
```

先声明一个 struct Contact 类型,用以代表"联系方式",包括 3 个成员:tel(电话号码)、email(邮箱地址)、address(联系地址)。然后再声明一个 struct Student 类型,而其成员 cont 的类型为 struct Contact。struct Student 的结构如下图所示:

name	id	age	sex	score	cont		
					tel	email	address

可见,已声明的结构体类型 struct Contact 可以和其他类型(如 int、char)一样可以用来声明成员的类型。

8.1.2　结构体变量

结构体类型的定义只是对数据的一个抽象描述,系统并不为其分配存储空间,也不能存储具体的数据。为了在程序中存储结构体类型的数据,需要定义该结构体类型的变量,并在其中存放具体的数据。通常,我们可以采用下面的三种方式定义结构体变量。

1. 先声明结构体类型,再定义对应的结构体变量

比如:

```
struct Student
{
        char name[8];
        char id[11];
        int age;
        char sex;
        float score;
};
struct Student stu1,stu2;
```

在这里,我们先定义了结构体类型 struct Student,然后使用它来定义相应的变量 stu1 和 stu2。可见,在定义了结构体类型后,其对应变量的定义和普通变量的定义是相似的。定义了结构体变量后,系统得为其分配存储空间,分配的内存空间大小是每个成员所占的存储空间的总和(如 VC 6.0 中分配了 8+11+4+1+4=28 字节)。

2. 在声明结构体类型的同时定义结构体变量

例如：

```
struct Student
{
    char name[8];
    char id[11];
    int age;
    char sex;
    float score;
} stu1,stu2;
```

这样做的好处是：将结构体类型的声明与其变量的定义放在一起，可以很直观地看到该变量对应的结构体的成员和结构，对于一些小程序来说比较方便。

3. 不指定结构体类型名而直接定义结构体变量

例如：

```
struct
{
    char name[8];
    char id[11];
    int age;
    char sex;
    float score;
} stu1,stu2;
```

上面的代码为我们定义了一个无名的结构体，并定义了该结构体对应的变量。如果该结构体仅在这两个变量(stu1 和 stu2)中使用，则可以选用这种方式，因为我们无法再使用该结构体来定义其他变量。

在定义结构体变量时，可以对其进行初始化，即赋初值。比如：

```
struct Student
{
    char name[8];
    char id[11];
    int age;
    char sex;
    float score;
};
```

struct Student stu1＝｛"李明","2014008201",18,'M',80.5｝,stu2＝｛"张小雨",
"2014008202",17,'F',93｝;

在这里,使用被大括号括起来的一组值来对结构体变量进行初始化,比如对于 stu1,分别使用"李明","2014008201",18,'M',80.5 来对 stu1 的 name、id、age、sex、score 进行初始化。另外,还可以只对部分成员进行初始化,如:

struct Student stu1＝｛.id＝"2014008201"｝;

这里的".id"表示结构体变量 stu1 的成员 stu1.id。其他未被初始化的数值型成员将会被默认初始化为 0,字符型成员被初始化为'\0',指针型成员被初始化为 NULL。

需要注意的是,必须在结构体变量定义的同时对其进行初始化,而不能先定义结构体变量再对其整体赋值。如下面的代码则会引发错误:

```
struct Student
{
    char name[8];
    char id[11];
    int age;
    char sex;
    float score;
};
struct Student stu1,stu2;
stu1＝{"李明","2014008201",18,'M',80.5};
stu2＝{"张小雨","2014008202",17,'F',93};
```

要引用结构体成员,需要在结构体变量名称的后面加上一个句点,再加上成员变量的名称。比如,发现李明的年龄其实是 19 岁,就可以将该值修正如下:

stu1.age＝19;

结构体变量名称和成员名称之间的句点是一个运算符,称为成员运算符。这行语句将结构体变量 stu1 的 age 成员设定为 19。结构体成员和相同类型的变量一样,可以给它们设定值,也可以在表达式中像使用普通变量一样使用它们。

例 8.1 把两个学生的信息(姓名、性别、年龄、性别、成绩)放到一个结构体变量中,并输出学生信息。

```
#include <stdio.h>
void main()
{
    struct Student
    {
```

```
        char name[8];
        char id[11];
        int age;
        char sex;
        float score;
    };
    struct Student stu1={"李明","2014008201",18,'M',80.5},stu2={"张小雨","
2014008202",17,'F',93};
    printf("Name：%8s,ID：%s,Age：%d,Sex：%c,Score：%6f\n",stu1.name,stu1.
id,stu1.age,stu1.sex,stu1.score);
    printf("Name：%8s,ID：%s,Age：%d,Sex：%c,Score：%6f\n",stu2.name,stu2.
id,stu2.age,stu2.sex,stu2.score);
}
```

运行结果(图 8-1)：

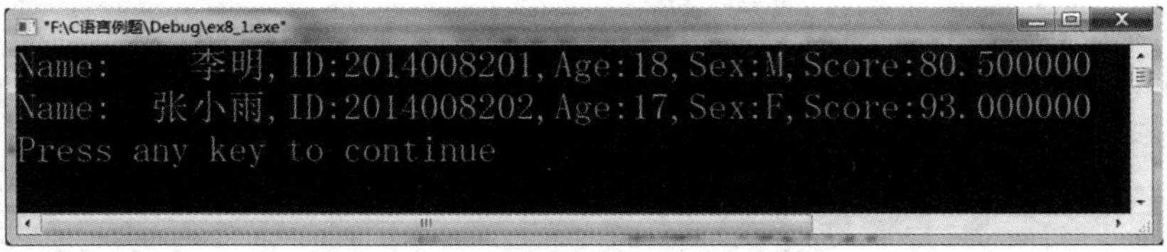

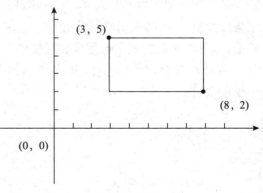

图 8-1

程序说明：程序中声明了一个名为 Student 的结构体类型，有 5 个成员。然后定义了结构体变量 stu1 和 stu2，并同时对其进行初始化。比如 stu1，其后面大括号中提供了个成员的值，将"李明","2014008201",18,'M',80.5 按顺序分别赋给 stu1 的成员 name、id、age、sex、score。最后使用 printf 函数输出两个学生的信息，stu1.name 表示变量 stu1 中 name 成员，stu2.id 表示变量 stu2 中 id 成员，以此类推。

例 8.2 定义一个矩阵结构体，输入一个矩阵对角线上两个顶点的坐标，并输出该矩阵的面积。

解题思路：我们知道，通过矩阵两个对角线上两个顶点可以唯一地确定一个矩阵，而一个顶点又可以通过它的横、纵坐标来确定（图 8-2）。因此，可以先定义一个用来表示点的结构体类型 Point，然后在此基础上定义表示矩阵的结构体类型 Rectangle，Rectangle 的

图 8-2

226

两个成员为 Point 类型的变量。

```
#include <stdio.h>
#include <math.h>
void main()
{
    struct Point
    {
        int x;
        int y;
    };
    struct Rectangle
    {
        struct Point pt1;
        struct Point pt2;
    } rect;
    double area;
    printf("Please input the X and Y coordinates of the first point:\n");
    scanf("%d,%d",&rect.pt1.x,&rect.pt1.y);
    printf("Please input the X and Y coordinates of the second point:\n");
    scanf("%d,%d",&rect.pt2.x,&rect.pt2.y);
    area=abs((rect.pt1.x-rect.pt2.x)*(rect.pt1.y-rect.pt2.y));
    printf("The area of this rectangle is:%lf\n",area);
}
```

运行结果(图 8-3):

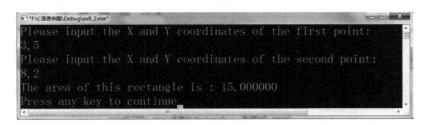

图 8-3

程序说明:在本程序中,首先定义表示点的结构体类型 Point,其中包含两个成员 x 和 y,分别表示一个点的横、纵坐标。然后,利用已定义的结构体 Point,定义表示矩形的结构体类型 Rectangle,其中包含两个成员 pt1 和 pt2,分别表示矩形对角线上的两个点。在定义结构

227

体 Point 的同时,声明该结构体的变量 rect。然后,使用下面的语句读入矩形对角线上一个点的坐标:

scanf("%d,%d",&rect.pt1.x,&rect.pt1.y);

由于结构体 Point 中嵌套了另一个结构体 Point,所以在引用第一个点的 x 坐标时,需要使用"rect.pt1.x"。同时,在使用 scanf 函数接收键盘输入时,需要使用寻址运算符 & 来传递该成员的地址。需要注意的是,对 struct 对象的成员使用寻址运算符时,需要将 & 放在成员的引用之前,而不是放在该成员名称之前。另外,使用 scanf 函数输入结构体变量时,必须分别输入它们的成员的值,而不能在 scanf 函数中使用结构体变量名一下输入全部成员的值,如下面的代码是不对的:

scanf("%d,%d",&rect.pt1);

或

scanf("%d,%d,%d,%d ",&rect);

输入完成后,使用下面的语句计算该矩阵的面积:

area=abs((rect.pt1.x—rect.pt2.x)*(rect.pt1.y—rect.pt2.y));

由于这里使用了数学函数 abs(取绝对值),因此在 main 函数之前需要增加代码:

#include <math.h>

最后输出该矩阵的面积。

8.1.3 结构体数组

处理单个学生信息可以使用前面所用的方法,但在处理多个学生信息时会比较麻烦,此时需要一个更可靠的方法去处理大量的结构数据。此时的解决方法就是使用数组,结构体数组的每一个元素都是具有相同结构体类型的下标结构变量。在实际应用中,经常用结构数组来表示具有相同数据结构的一个群体。比如一个班的学生档案,一个赛马场的马匹信息表等。

例8.3 计算学生的平均成绩和不及格的人数。

```
#include <stdio.h>
void main()
{
    struct Student
    {
        char name[8];
        char id[11];
        int age;
        char sex;
```

```
        float score;
    }stus[5]={{"李明","2014008201",18,'M',80.5},{"张小雨","2014008202",17,
'F',93},{"王方正","2014008203",19,'M',59},{"周丁","2014008204",17,'F',43},{"赵合
计","2014008205",20,'M',78}};
    int i,count=0;
    float ave,sum=0;
    for(i=0;i<5;i++)
    {
        sum+=stus[i].score;
        if(stus[i].score<60)
            count++;
    }
    printf("sum=%f\n",sum);
    ave=sum/5;
    printf("average=%f\ncount=%d\n",ave,count);
}
```

运行结果(图 8-4)：

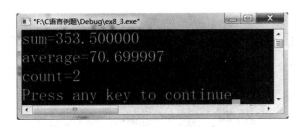

图 8-4

程序说明：本程序中定义了一个结构体数组 stus，共 5 个元素，并作了初始化赋值。接着用 for 语句逐个累加数组各元素的 score 成员值存于 sum 之中，如 score 的值小于 60（不及格）则计数器 count 加 1，循环完毕后计算平均成绩，并输出全班总分，平均分及不及格人数。

例 8.4 有 4 个候选人，10 个选民，每个选民只能投票选一人。要求编写一个统计选票的程序，根据选民输入的被选人名字，统计各位候选人的得票数目。

```
# include <stdio.h>
# include<string.h>
struct Vote
{
```

```
        char person[10];
        int count;
} votes[4]={"Zhao",0,"Qian",0,"Sun",0,"Li",0};
void main()
{
    int i,j;
    char person_name[10];
    for(i=0;i<10;i++)
    {
        scanf("%s",person_name);
        for(j=0;j<4;j++)
            if (strcmp(person_name,votes[j].person)==0)
                votes[j].count++;
    }
    printf("Vote Result:\n");
    for(j=0;j<4;j++)
        printf("%5s:%d\n",votes[j].person,votes[j].count);
}
```

运行结果(图 8-5):

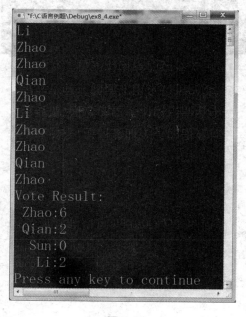

图 8-5

230

程序说明：在本例中,首先定义了一个全局的结构体数组 votes,共有 4 个元素,其成员为 person(候选人)和得票数(count)。在定义结构体数组时对其进行初始化,使用 4 位候选人信息进行填充,4 位候选人的得票数最初为 0.

在 main 函数中定义字符数组 person_name,用以接收键盘输入的被选人姓名。接着,使用外层 for 循环依次读取被选人姓名,然后使用内层 for 循环将该姓名与结构体数组中 4 位候选人姓名对比,如果与某位候选人姓名一致,则执行语句"votes[j].count++",将该候选人的票数加一。这里,由于成员运算符"."优于自增运算符"++",因此该语句相当于"(votes[j].count)++"。最后,在输入和统计结束后,将 4 位候选人的姓名和得票数输出。

由于程序中使用了字符串函数 strcmp,所以要在程序开始的部分加入语句:

♯ include<string.h>

8.1.4 结构体指针

所谓结构体指针就是指向结构体变量的指针,一个结构体变量的起始地址就是这个结构体变量的指针。如果把一个结构体变量的起始地址保存在一个指针变量里,那么这个指针变量就指向该结构体变量,从而可以使用间接的方式来访问结构体变量。

结构体指针的声明方式与其他类型的指针变量相同,比如:

struct Student * ptr;

这条语句声明了一个名为 ptr 的指针变量,它可以存储 Student 类型的结构体变量地址。使用的方法和其他类型的指针完全相同。假定有如例 8.1 所定义的结构体变量 stu1,则可对结构体指针 ptr 进行赋值:

ptr=&stu1;

现在 ptr 指向结构体变量 stu1,可以通过结构体指针 ptr 引用这个结构体的成员。如,要显示该同学的姓名,则可以通过以下的语句:

printf("This student's name is %s.\n",(* ptr).name);

这里间接运算符 * 的括号是十分必要的,因为成员运算符(句点)的优先级高于间接运算符 * 。为了使用方便和直观,C 语言允许把(* ptr). name 用 ptr—>name 来代替,这里的"—>"代表一个箭头,ptr—>name 表示 ptr 所指向的结构体变量中的 name 成员。"—>"称为指向运算符。

如果 ptr 是指向一个结构体变量 stu 的指针,则可以通过以下三种方式来访问结构体成员 name:

(1)stu. name

(2)(* ptr). name

(3)ptr—>name

三种用法等价。

例 8.5 通过结构体指针访问结构体变量的成员。

```
#include <stdio.h>
#include <string.h>
void main()
{
    struct Student
    {
        char name[8];
        char id[11];
        int age;
        char sex;
        float score;
    };
    struct Student stu;
    struct Student * ptr;
    sptr=&stu;
    sstrcpy(stu.name,"Li Ming");
    strcpy(stu.id,"2014008201");
    ( * ptr).age=18;
    ( * ptr).sex='M';
    ( * ptr).score=80.5;
        printf("Name:%s\nID:%s\nAge:%d\nSex:%c\nScore:%f\n",ptr->
name,ptr->id,ptr->age,ptr->sex,stu.score);
}
```

运行结果(图 8-6):

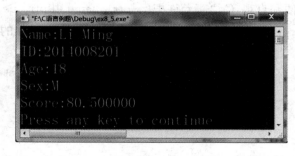

图 8-6

232

程序说明：在 main 函数中定义了结构体类型 struct Student，然后定义了一个 struct Student 类型的变量 stu，再定义一个该类型的结构体指针 ptr，并将结构体变量 stu 的地址赋给指针变量 ptr（即让指针 ptr 指向变量 stu），如图 8-7 所示。

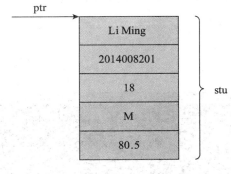

图 8-7

接着，对结构体变量的各成员进行赋值，这里使用了两种方式来访问结构体变量成员。对于 name 和 id 两个成员采用了"结构体变量名.成员名"的方式，而对于 age、sex 和 score 则采用了"（＊结构体指针）.成员名"的方式。最后，在输出该结构体信息时，又采用了"结构体指针－＞成员名"的方式。从运行结果看，这些方式可以达到相同的效果。

例 8.6 使用指针变量输出结构体数组。

```
#include <stdio.h>
#include <string.h>
void main()
{
    struct Student
    {
        char name[8];
        char id[11];
        int age;
        char sex;
        float score;
    }stus[5]={{"李明","2014008201",18,'M',80.5},{"张小雨","2014008202",
17,'F',93},
    {"王方正","2014008203",19,'M',59},{"周丁","2014008204",17,'F',43},
    {"赵合计","2014008205",20,'M',78}};
```

233

```
    struct Student *ptr;
    printf("Name\tID\t\t\tAge\tSex\tScore\t\n");
    for(ptr=stus;ptr<stus+5;ptr++)
        printf("%s\t%s\t\t%c\t%f\t\n",ptr->name,ptr->id,ptr->age,
ptr->sex,ptr->score);
    }
```

运行结果(图 8-8):

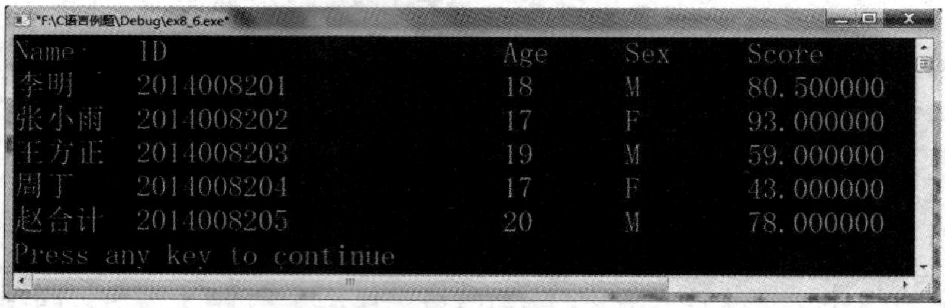

图 8-8

程序说明: 在 main 中定义了 struct Student 类型的结构体数组 stus 并作了初始化赋值,然后定义了一个指向结构体变量的指针 ptr。在循环语句 for 的表达式 1 中,ptr 被赋予 stus 的首地址,然后循环 5 次,输出 stus 数组中各成员值。

应该注意的是,一个结构指针变量虽然可以用来访问结构变量或结构数组元素的成员,但是,不能使它指向一个成员。也就是说不允许取一个成员的地址来赋予它。因此,下面的赋值是错误的。

ptr=&stus[1].sex;

而只能是:

ptr=stus;(赋予数组首地址)

或者是:

ptr=&stus[0];(赋予 0 号元素首地址)

通过这个例子可以看到,指针变量也可以指向一个结构体数组,这时结构体指针变量的值是整个结构数组的首地址。结构体指针变量也可指向结构数组的一个元素,这时结构体指针变量的值是该结构体数组元素的首地址。

设 ptr 为指向结构体数组 stu 的指针变量,则 ptr 也指向该结构数组的 0 号元素,ptr+1 指向 1 号元素,ptr+i 则指向 i 号元素。这与普通数组的情况是一致的。如图 8-9 所示:

234

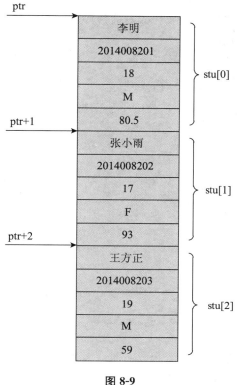

图 8-9

8.1.5 结构体与函数

可以使用结构体变量和结构体指针作为函数的参数,这里有三种形式:

(1)用结构体变量的成员作为函数参数

例如,可以使用 stu. name 作为函数的实参,将实参值传给形参。这种用法和普通变量是一样的,属于"值传递"的方式。主要注意的是实参和形参的一致。

(2)用结构体变量本身作为函数参数

这种用法也属于"传值"的方式,将结构体变量本身所占的内存空间的内容作为一个整体全部传递给形参,当然形参也必须是同类型的结构体变量。由于在函数调用期间形参也要占用内存空间,因此这种方式在时间和空间上的开销比较大,特别是在结构体规模很大时,会严重地降低程序的效率。

(3)用结构体指针作为函数参数

为了解决第(2)种方法的不足,可以用结构体指针作为实参,将结构体变量的地址传给形参,这种"传址"的方式可以大大减少程序的时间和空间开销。

例8.7 有3个结构体变量,内含学生学号、姓名和3门功课成绩。要求输出总成绩最高的学生信息(包括学号、姓名、3 门功课成绩以及总成绩)。

算法分析:可以将 3 个学生的信息表示为结构体数组,按照模块化设计的思想,分别使用 3 个函数来实现不同的功能:

(1)函数 input,用以输入 3 位学生的信息并统计各自总成绩。

(2)函数 max,用以找出总成绩最高的学生。

(3)函数 output,用以输出总成绩最高的学生信息。

```c
#include <stdio.h>
struct Student
{
    int id;
    char name[20];
    float scores[3];
    float sum_score;
};
void main()
{
    void input(struct Student stus[]);
    int max(struct Student stus[]);
    void output(struct Student stu);
    struct Student stus[3];
    struct Student * ptr=stus;
    input(ptr);
    output(stus[max(ptr)]);
}
void input(struct Student stus[])
{
    int i;
    printf("Please input each student information:(id,name,scores)\n");
    for (i=0;i<3;i++)
    {
        scanf("%d %s %f %f %f",&stus[i].id,&stus[i].name,&stus[i].
scores[0],&stus[i].scores[1],&stus[i].scores[2]);
        stus[i].sum_score=stus[i].scores[0]+stus[i].scores[1]+stus[i].
scores[2];
```

```
        }
    }
    int max(struct Student stus[])
    {
        int i,m=0;
        for(i=1;i<3;i++)
            if (stus[i].sum_score>stus[m].sum_score)
                m=i;
        return m;
    }
    void output(struct Student stu)
    {
        printf("\nThe student whose overall score is highest is:\n");
        printf("ID:%d\nName:%s\nScores:%5.1f,%5.1f,%5.1f\nSum_Score:%5.1f
\n",stu.id,stu.name,stu.scores[0],stu.scores[1],stu.scores[2],stu.sum_score);
    }
```

运行结果(图 8-10):

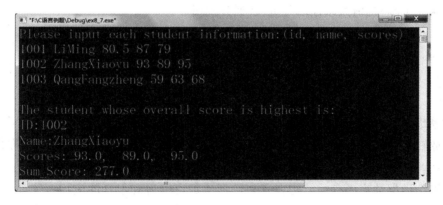

图 8-10

程序说明:

(1)结构体类型 struct Student 中包含 id(学号)、name(姓名)、数组 scores(三门功课成绩)和 sum_score(总成绩)。在输入数据时只输入学号、姓名及三门功课成绩,总成绩在 input函数中求得。

(2)main 函数中定义结构体 struct Student 类型的数组 stus 和指向 struct Student 类型数据的指针变量 ptr,并使指针 ptr 指向 stus 的首元素 stus[0]。在调用 input 函数时,用指针变量 ptr 作为函数实参，input 函数的形参是 struct Student 类型数组，实参与形参在类型上是一致的。在调用 input 函数时，将主函数中的 stus 数组的首元素地址（即 ptr）传给形参数组 stus，使得形参数组 stus 与主函数中的数组 stus 具有相同的地址。

input 函数无返回值，它的作用是给 stus 数组的元素赋值。由于采用了"传址"的方式（指针作为实参），在 input 函数调用过程中所做的赋值将在 main 函数里的 stus 中体现出来。

（3）在 main 函数中调用 output 函数，实参是 stus[max(ptr)]。其调用过程是先调用 max 函数（以指针变量 ptr 为实参），得到 max(ptr) 的值（此值为总成绩最高的学生信息在数组 stus 中的下标），然后通过 stus[max(ptr)] 得到该学生的信息（此值是一个 struct Student 类型的数据）。最后，用 stus[max(ptr)] 作为参数调用 output 函数。

（4）以上 3 个函数的调用，情况各不相同：

调用函数 input 时，实参是指针变量 ptr，形参是结构体数组，传递的是结构体元素的地址，函数无返回值。

调用函数 max 时，实参是指针变量 ptr，形参是结构体数组，传递的是结构体元素的地址，函数的返回值是总分最高的学生信息在数组 stus 中的下标（int 型）。

调用函数 output 时，实参是结构体变量（结构体数组元素），形参是结构体变量，传递的是结构体变量中各成员的值，函数无返回值。

对于这 3 个函数，请大家仔细分析，掌握各种用法。

 ## 8.2　共用体类型

在计算机系统中，内存是最为宝贵的资源之一。为了节省内存，C 语言允许将多个不同的数据存放在相同的内存区内。这种使多个不同的数据共享同一段内存的结构称为共用体类型的结构。

这种多个数据共享内存的结构在很多情形中都可以得到很好的应用。比如，程序需要处理多个不同类型的数据，但一次只能处理一种，要处理的类型在执行期间确定。再比如，要在不同的时间访问相同的数据，但在不同的情况下该数据的类型是不同的。

共用体类型的声明语法类似于结构体，定义共用体需要使用关键字 union，例如：

```
union Data
{
    int i;
    float f;
    char c;
```

238

}a,b,c;

上述语句定义了一个共用体 Data,它由整型变量 i、浮点型变量 f 和字符型变量 c 共享。同时定义了共用体类型变量 a、b、c。当然,也可以将类型定义和变量定义分开,如:

```
union Data
{
    int i;
    float f;
    char c;
};
union Data a,b,c;
```

共用体变量所占用的内存空间的大小是所有成员中占用内存空间的最大值。如系统为变量 a 分配了 4 个字节。

共用体成员的访问方式和结构体成员完全相同。例如,要给 a、b 成员赋值,可以编写如下代码:

```
a.i=10;
b.f=a.f * 3.5;
```

例 8.8 共用体的结构和基本操作。

```
#include <stdio.h>
void main()
{
union Data
    {
        int i;
        float f;
        char c;
    } U1;
U1.i=10;
U1.f=3.5;
U1.c='a';
    printf("i=%d,f=%f,c=%c\n",U1.i,U1.f,U1.c);
    printf("U1 size=%d\ni size=%d,f size=%d,c size=%d\n",sizeof(U1),
sizeof(U1.i),sizeof(U1.f),sizeof(U1.c));
}
```

运行结果(图 8-11):

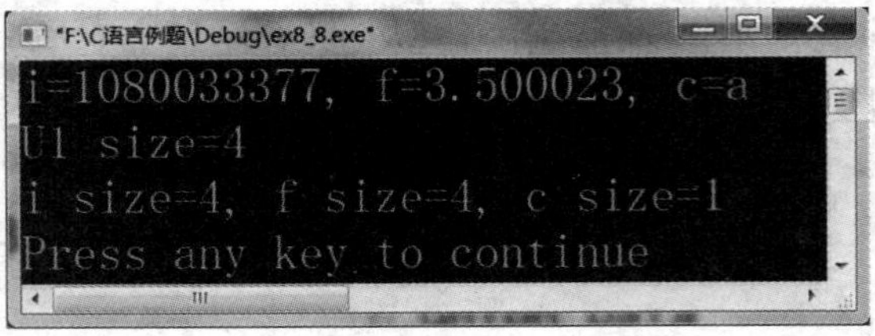

图 8-11

程序说明:这个例子主要示范了共用体的结构和基本操作。本例首先定义了一个共用体类型 Data,同时定义了共用体变量 U1。在共用体类型 Data 中,三个成员的类型是不同的,它们需要的存储空间的大小也不同。接着,通过赋值语句给共用体变量 U1 的每个成员赋值,这和结构体成员的操作方法相同。最后两个 printf 语句用于输出这三个成员的值,以及共用体变量 U1 占用的字节数和每个成员占用的字节数,输出情况参见运行结果图。

对于输出的三个成员的值,仅有最后一个成员的值是正确的,而其他两个都是错的。这是因为共用体各成员共享一块内存,后一个被赋值的数据将覆盖前一个数据。因此,在某一时刻,共用体变量的存储单元中只能有唯一的内容,共用体变量中起作用的成员是最后一次被赋值的成员。这是共用体的一个重要特点。

最后输出共用体变量 U1 占用的字节数和每个成员占用的字节数。由于编者使用的是 VC 6.0 编译环境,这里 int 型和 float 型变量各占 4 个字节,而 char 型变量占 1 个字节。由运行结果可知,共用体所占的字节数是其最大的成员所占的字节数。

对于共用体,还需要说明以下几个问题:

(1)共用体变量的初始化

定义共用体变量时,如果需要对其进行初始化,则初始化列表中只能有一个常量,这个常量只能对共用体中的第一个成员进行初始化,当然二者类型要一致。不要试图对所有成员进行初始化,例如下面的语句则不对:

```
union Data
{
    int i;
    float f;
    char c;
} U1={10,3.5,'a'};
```

下面的语句是正确的,如:

```
union Data U1={10};
```

(2)共用体指针

类似于结构体指针,也可以使用下面的语句定义共用体指针:

```
union Data *ptr;
```

有了共用体指针后,就可以访问共用体成员了。如下面的语句:

ptr＝&U1;

ptr—＞i＝97;

第二行赋值语句中,等号左边的表达式 ptr—＞i 等价于 U1.i。

例8.9 有若干个人员的数据,其中有教师和学生。教师的信息包括:工号、姓名、性别、职业、职务,而学生的信息包括:学号、姓名、性别、职业、班级。要求使用同一个表格来处理这些信息。

问题分析:观察教师和学生的信息,可以看到大多数的信息类型是相同的或相容的,只有一项不同(即教师的职务和学生的班级)。现在要把它们放在同一个表格中,如表 8-1。对于编号(id)为 1001 的人员,由于 job 项为 T(教师),则第 5 项为 position(职务)。而对于编号(id)为 2001 的人员,由于 job 项为 S(学生),则第 5 项为 class(班级)。对于人员信息可以使用结构体来处理,而对于其中的第 5 项,可以采用共用体来处理(即将 position 和 class 放在同一内存空间中)。

表 8-1

id	name	sex	job	position / class
1001	Zhao	M	T	professor
1002	Qian	F	T	lecturer
2001	Sun	M	S	2

```
# include <stdio.h>
void main()
{
    struct Person
    {
        int id;
        char name[20];
        char sex;
        char job;
        union
        {
            char position[20];
            int myclass;
        } type;
    } persons[3];
    int i;
```

```
    for(i=0;i<3;i++)
    {
        printf("Please input the information of a person:\n");
        scanf("%d %s %c %c",persons[i].id,persons[i].name,&persons[i].
sex,&persons[i].job);
        if (persons[i].job=='T')
            scanf("%s",persons[i].type.position);
        else if (persons[i].job=='S')
            scanf("%d",&persons[i].type.myclass);
        else printf("Input error! \n");
    }
    printf("\nID\tName\tSex\tJob\tPosition/Class\n");
    for(i=0;i<3;i++)
    {
        if (persons[i].job=='T')
            printf("%d\t%s\t%c\t%c\t%s\n",persons[i].id,persons[i].
name,persons[i].sex,persons[i].job,persons[i].type.position);
        else if (persons[i].job=='S')
            printf("%d\t%s\t%c\t%c\t%d\n",persons[i].id,persons[i].
name,persons[i].sex,persons[i].job,persons[i].type.myclass);
    }
}
```

运行结果(图 8-12)：

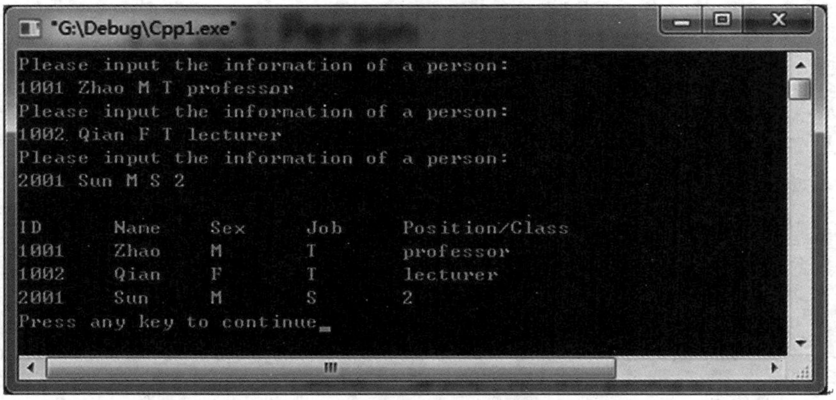

图 8-12

程序说明: 在本例中,首先定义了结构体类型 Person 及其数组 persons,在结构体 Person 中包含了一个共用体类型成员(type),这个共用体成员中又包含了两个成员:position(职称)和 myclass(班级),由于在 Visual C++6.0 中 class 是 C++的关键字,因此尽量不要使用 class 作为成员名。当然,也可以将结构体和共用体分开定义,如:

```
union Category
{
    char position[20];
    int myclass;
};
struct Person
{
    int id;
    char name[20];
    char sex;
    char job;
    union Category type;
} persons[3];
```

在程序的运行过程中需要输入人员信息,在输入前 4 项数据时,对于教师和学生来讲,输入数据的类型是一致的。但在输入第 5 项数据时,对于教师则输入职位(position),使用输入格式符%s,而对于学生则输入班级(myclass),使用输入格式符%d。程序会根据前面输入的职业(job)来判断输入的人员是教师还是学生。根据运行结果的实际输入信息,结构体数组元素 persons[0]中的共用体成员 type 的存储空间中存放的是字符串,而 persons[2]中的共用体成员 type 的存储空间中存放的是整数。

同样,在输出数据时也采用相同的处理方法。如果是教师,则其第 5 项使用字符串形式输出职称,如果是学生,则其第 5 项使用整数形式输出班级。

在数据处理的过程中,用同一栏目表示不同内容的情况并不少见。本例虽然比较简单,但通过本例可以看到,善于使用共用体,将会使程序的功能更加丰富和灵活。

 ## 8.3 typedef 语句

在 C 语言中,除了可以使用 C 提供的标准类型(如 int、float、double、char 等)和用户自己声明的构造数据类型(如结构体、共用体)外,还可以使用 typedef 来指定新的类型名来代替已有的类型名。有以下两种情况:

243

1.简单地用一个新的类型名代替原有的类型名

比如：

typedef int Integer;

这里将 Integer 定义为与 int 具有同等意义的名字。类型 Integer 可用于变量声明、类型转换等，可以起到和类型 int 相同的效果。例如：

Integer i,j;

Integer ＊ptr;

Integer arr[10];

我们知道在 C 语言中没有字符串类型，而字符串与字符指针具有等价的意义，因此可以使用 typedef 来声明一个新的字符串类型名，如：

typedef char ＊String;

这里将 String 定义为与 char ＊ 或字符指针同义，以后，便可以在变量声明和类型转换中使用 String 类型，例如：

String str1,str2＝"abcdefg";

strcpy(str1,str2);

2.命名一个简单的类型名代替复杂的类型

除了一些简单的数据类型(如 int、float、char 等)以外，C 程序中还会用到一些看起来比较复杂的类型，这里包括数组类型、指针类型、结构体类型、共用体类型等，比如：

int ＊[]; //整型指针数组

int (＊)[5] //指向具有 5 个元素的数组的指针

float (＊)() //指向函数的指针，该函数返回值类型为 float

double ＊(＊(＊)[5])(void) //指向包含 5 个元素的一维数组的指针，数组元素的类型为函数指针，该函数没有参数，返回值类型为 double

这些类型形式复杂，难以理解并容易写错，为这些具有复杂形式的类型起一个简单的名字是 typedef 主要的用途。还有其他一些类型，也有必要为其命名一个新的类型名，例如：

(1)为数组类型声明新的类型名

typedef float Num[100];

Num number;

这里将由 100 个浮点型元素组成的数组类型使用新的类型名 Num 代替，接着声明该类型的变量，此时 number 即为一个由 100 个浮点型元素组成的数组变量。

(2)为结构体类型声明新的类型名

typedef struct

{

    int year;

```
    int month;
    int day;
} Date;
```

这里声明了一个新的类型名 Date，代表上面的结构体类型。然后就可以使用新的类型名 Date 来定义变量了，比如：

```
Date mybirthday;
Date * ptr;
```

（3）为指向函数的指针类型声明新的类型名

```
typedef float( * Ptr)();
Ptr p1,p2;
```

这里将 Ptr 声明为指向函数的指针类型，该函数的返回值类型为浮点型。然后，声明两个变量 p1 和 p2，皆为 Ptr 类型的指针变量。

在使用 typedef 声明新的类型名时，通常习惯于把新的类型名的首字母大写，以便与系统提供的标准类型相区别。

关于 typedef 语句，还需要说明以下几点：

（1）使用 typedef 语句只是给已经存在的类型起了一个新的类型名（可以称为别名），但并没有创造新的类型，新的类型名只是和原来的类型名起到相同的效果而已。

（2）typedef 与 ♯define 从表面上看非常相似，比如：

```
typedef int Integer;
```

和

```
♯define Integer int;
```

这两条语句的作用都是用 Integer 代替 int，只是 int 和 Integer 的顺序不一样。但实际上，它们二者有实质性的不同。♯define 是在预编译时处理的，它只能进行简单的字符串替换；而 typedef 是在编译阶段处理的，并不是作简单的字符串替换，比如：

```
typedef float Num[100];
Num number;
```

这里并不是用"Num[100]"来替换"float"，而是采用如同定义变量的方法那样先生成一个类型名（表示由 100 个浮点数组成的数组），然后用它去定义变量。

（3）在不同源文件中用到同一类型数据（特别是像数组、指针、结构体、共用体等较为复杂的类型）时，常使用 typedef 声明一些数据类型，然后把所有的 typedef 名称声明单独放在一个头文件中，然后在需要用到它们的文件中使用 ♯include 把它们包含到文件中。这样用户就不需要在各自的文件中重新定义 typedef 名称了。

8.4　上机实训项目

实验 1　定义一个结构体变量(包括年、月、日),计算该日在本年中第几天? 找出其中的错误。

```
# include <stdio.h>
struct
{
    int year;
    int month;
    int day;
} date;        //定义结构体变量 date
void main()
{
int i,day;
int day_tab[13]={0,31,28,31,30,31,30,31,31,30,31,30,31};
printf("Input year,month,day:");
scanf("%d,%d,%d",&year,&month,&day);
days=0;
for(i=1;i<date.month;i++)
days+=day_tab[i];
days+=date.day;
if((date.year%4==0&&date.year%100!=0||date.year%400==0)&&date.
month>=3)
days+=1;
printf("%d/%d is the %dth day in %d.",date.month,date.day,days,date.year);
}
```

实验 2　建立一个学生的简单信息表,其中包括学号、年龄、性别及一门课的成绩。要求从键盘为此学生信息输入数据,并显示出来。一个信息表可以由结构体来定义,表中的内容可以通过结构体中的成员来表示。

实验 3　建立 10 名学生的信息表,每个学生的数据包括学号、姓名及一门课的成绩。要求从键盘输入这 10 名学生的信息,并按照每一行显示一名学生信息的形式将 10 名学生的信息显示出来。

实验 4 定义一个复数类型,实现复数的运算。

 8.5 课后实训项目

一、选择题

1. 设有如下定义:

```
struct ss
{
    char name[10];
    int age;
    char sex;
} std[3], * p=std;
```

下面各输入语句中错误的是(   )。

  A)scanf("%d",&(*p).age);   B)scanf("%s",&std.name);

  C)scanf("%c",&std[0].sex);   D)scanf("%c",&(p—>sex));

2. 有以下程序:

```
voidmain()
{
    union
    {
        unsigned int n;
        unsigned char c;
    }ul;
    ul.c='A';
    printf("%c\n",ul.n);
}
```

执行后输出结果是(   )。

  A)产生语法错   B)随机值   C)A   D)65

3. 若有下面的说明和定义:

```
struct test
{
    int ml;char m2;float m3;
```

```
    union uu {char ul [5];int u2 [2];} ua;
} myaa;
```
则 sizeof(struct test)的值是（　　　）。

　　A)20　　　　　　　　B)16　　　　　　　　C)14　　　　　　　　D)9

4.若要说明一个类型名 STP,使得定义语句"STP s;"等价于"char ＊ s;",以下选项中正确的是（　　　）。

　　A)typedef STP char ＊ s;　　　　　　B)typedef ＊ char STP;

　　C)typedef STP ＊ char;　　　　　　　D)typedef char ＊ STP;

5.设有如下定义：
```
struct ss
{
    char name[10];
    int age;
    char sex;
}std[3], ＊ p＝std;
```
下面输入语句中错误的是（　　　）。

　　A)scanf("%d",&(＊ p). age);　　　　　B)scanf("%s",&std. name);

　　C)scanf("%c",&std[0]. sex);　　　　　D)scanf("%c",&(p—>sex));

6.设有如下定义：
```
struct sk
{
    int a;
    float b;
}data;
int ＊ p;
```
若要使 p 指向 data 中的 a 域,正确的赋值语句是（　　　）。

　　A)p＝&a;　　　　B)p＝data. a;　　　　C)p＝&data. a;　　　　D) ＊ p＝data. a;

7.以下选项中不能正确把 c1 定义成结构变量的是:（　　　）。

　　A)typedef struct　　　　　　　　　　B)struct color c1
```
    {                                      {
        int red;                               int red;
        int green;                             int green;
        int blue;                              int blue;
    }COLOR;                                 };
    COLOR c1;
```

248

C) struct color

    {

    int red;

      int green;

      int blue;

    }c1;

D) struct

    {

    int red;

      int green;

      int blue;

    }c1;

8. 有以下程序:

```
#include<stdio.h>
struct s
{
    int x;
    int y;
}data[2]={10,100,20,200};
voidmain()
{
    struct s * p=data;
    printf("%d\n",++(p->x));
}
```

程序运行后的输出结果是(　　)。

  A)10   B)11   C)20   D)21

9. 以下程序的输出结果是(　　)。

```
union myun
{
    struct
    {
        int x,y,z;
    }u;
    int k;
}a;
void main()
{
    a.u.x=4;
    a.u.y=5;
    a.u.z=6;
```

```
        a.k=0;
        printf("%d\n",a.u.x);
}
```
　A)4　　　　　　　　　　B)5　　　　　　　　　　C)6　　　　　　　　　　D)0

10.设有以下说明语句,则下面叙述中正确的是(　　)。

```
typedef struct
{
        int n;
        char ch[8];
} PER;
```

　　A)PER 是结构体变量名　　　　　　　　B)PER 是结构体类型名

　　C)typedef struct 是结构体类型　　　　D)struct 是结构体类型名

11.设有以下说明语句:

```
struct stu
{
        int a;
        float b;
}stutype;
```

则下面的叙述不正确的是(　　)。

　　A)struct 是结构体类型的关键字

　　B)struct stu 是用户定义的结构体类型

　　C)stutype 是用户定义的结构体类型名

　　D)stutype 是用户定义的结构体变量名

12.C 语言结构体类型变量在程序执行期间(　　)。

　　A)所有成员一直驻留在内存中　　　　　B)只有一个成员驻留在内存中

　　C)部分成员驻留在内存中　　　　　　　D)没有成员驻留在内存中

13.当说明一个共用体变量时系统分配给它的内存是(　　)。

　　A)各成员所需内存量的总和　　　　　　B)结构中第一个成员所需内存量

　　C)成员中占内存量最大者所需的容量　　D)结构中最后一个成员所需内存量

14.以下程序的运行结果是(　　)。

```
#include "stdio.h"
void main()
{
        union
```

```
        {
long a;
        int  b;
        char c;
    }m;
    printf(" % d\n",sizeof(m));
}
```
    A)2   B)4   C)6   D)8

15.若有如下定义:
```
union data
{
    int i;
    char ch;
    double f;
}b;
```
则共用体变量 b 占用内存的字节数是(   )。
    A)1   B)2   C)8   D)11

二、填空题

1. 以下定义的结构体类型拟包括两个成员,其中成员变量 info 用来存放整型数据,成员变量 link 是指向自身结构体的指针,请将定义补充完整。
```
struc node
{
    int info;
    _____ link;
}
```

2. 以下程序用来输出结构体变量 ex 所占存储单元的字节数,请填空。
```
struct st
{
    char name[20];
    double score;
}
void main()
{
```

```
    struct st ex;
    printf("ex size: % d\n",sizeof(_____));
}
```

3.设有以下结构类型说明和变量定义,则变量 a 在内存中所占字节数是_____。

```
struct stud
{
    char num[6];
    int s[4];
    double ave;
} a, * p;
```

4.以下程序用以输出结构体变量 bt 所占内存单元的字节数,请在横线内填上适当内容。

```
struct ps
{
    double i;
    char arr[20];
};
void main()
{
    struct psbt;
    printf("bt size: % d\n",_____);
}
```

5.设有以下定义和语句。请在 printf 语句的中填上能够正确输出的变量及相应的格式说明。

```
union
{
    int n;
    double x;
}num;
num.n=10;
num.x=10.5;
printf("_____",_____);
```

三、分析下面程序,写出运行结果

1. 以下程序的运行结果是_____。

```
struct n
{
    int x;
    char c;
};
func(struct n b)
{
    b.x=20;
    b.c='y';
}
void main()
{
    struct na={10,'x'};
    func(a);
    printf("%d,%c",a.x,a.c);
}
```

2. 以下程序的运行结果是_____。

```
voidmain()
{
    struct EXAMPLE
    {
        struct{int x;int y;}in;
        int a;
        int b;
    }e;
    e.a=1;e.b=2;
    e.in.x=e.a*e.b;
    e.in.y=e.a+e.b;
    printf("%d,%d",e.in.x,e.in.y);
}
```

3. 以下程序的运行结果是_____。

```
void main()
{
    struct EXAMPLE
    {
        union
        {
            int x;
            int y;
        }in;
        int a;
        int b;
    }e;
    e.a=1;e.b=2;
    e.in.x=e.a*e.b;
    e.in.y=e.a+e.b;
    printf("%d,%d",e.in.x,e.in.y);
}
```

4. 以下程序的运行结果是_____。

```
void main()
{
    union EXAMPLE
    {
    struct {int x;int y;}in;
    int a;
    int b;
    }e;
    e.a=1;
    e.b=2;
    e.in.x=e.a*e.b;
    e.in.y=e.a+e.b;
    printf("%d %d",e.in.x,e.in.y);
}
```

254

四、找出下面程序中的所有语法错误,然后在计算机上运行输出正确结果。

```
#include <stdio.h>
struct stu
{
    char [10];
    float score[3];
};
void main()
{
    stu s[3]={{"20021",90,95,85},{"20022",95,80,75},{"20023",100,95,90}},*p;
    int i;
    float sum;
    for(p=s;p<s+3;p++)
    {   sum=0;
        for(i=0;i<3;i++)
                sum=sum+p.score[i];
        printf("%6.2f\n",sum);
    }
}
```

五、程序设计题

1.试利用结构体类型编制一程序,实现输入一个学生的数学期中和期末成绩然后计算并输出其平均成绩。

2.试利用指向结构体的指针编制一程序,实现输入三个学生的学号、数学期中和期末成绩,然后计算其平均成绩并输出成绩表。

第 9 章 文件

存储在内存中的数据,当程序结束或关闭计算机时,数据就会全部丢失,要想永久保存数据,必须将这些数据(运行的最终结果或中间数据)输出到磁盘上保存起来,以后需要时再将数据从磁盘输入到计算机的内存中。另外,当数据量较大时,也需要把数据暂存到磁盘上,这就要用到文件。在计算机系统中,文件起着非常重要的作用,用来存放程序、文档、图片、表格等很多种类的数据,本章介绍文件的打开、关闭、读写、定位等操作。

 ## 9.1 C 文件概述

9.1.1 文件的定义

文件是程序设计中的一个重要概念。文件是指存储在外部介质上一组数据的集合。操作系统是以文件为单位对磁盘进行管理的,也就是说,如果想找存在外部介质上的数据,必须先按文件名找到指定的文件,然后再从该文件中读取数据。要向外部介质上存储数据也必须先建立一个文件(以文件名标识),才能向它输出数据。从操作系统的角度来看,每一个与主机相连的输出输入设备都看作是一个文件。

9.1.2 文件的分类

C 语言将文件看作是一个字符(字节)的序列,即一个一个字符(字节)的数据顺序组成。根据要处理的文件存储的编码形式,文件分为 ASCII 文件和二进制文件。ASCII 文件又称文本(text)文件,它以字符 ASCII 码值进行存储和编码,它的每一个字节可放一个 ASCII 码,代表一个字符。二进制文件是把内存中的数据按其在内存中的存储形式原样输出到磁盘上存放。C 语言中对文件的存取是以字符(字节)为单位的顺序存取。输出输入的数据流的开始和结束仅受程序控制而不受物理符号(如回车换行符)控制。也就是说,在输出时不会自动增加回车换行符作为记录结束的标识,输入时不以回车换行符作为记录的间隔(事实上 C 文件并不是由记录构成的),我们把这种文件称为流式文件。

例如一个整型数 16384 在内存中占 4 个字节,如果按 ASCII 形式输出则占 5 个字节(每个字符占 1 个字节),而按二进制形式输出在磁盘上只占 4 个字节,如图 9-1 所示。

00000001	00000110	00000011	00001000	00000100
1	6	3	8	4

ASCII 形式

00000000	01000000	00000000	00000000

二进制形式

图 9-1

9.1.3　文件缓冲区

ANSI C 采用缓冲文件系统处理文本文件和二进制文件。要求程序与文件之间有一个内存缓冲区,程序与文件的数据交换通过缓冲区进行。缓冲文件系统是指系统自动地在内存区为每一个正在使用的文件开辟一个缓冲区。当程序向磁盘文件写入数据时,必须先送到内存中的缓冲区,装满缓冲区后,由操作系统把缓冲区中的数据存入磁盘。当从文件向内存读入数据时,先由操作系统把一批数据读入缓冲区,然后程序从缓冲区读入数据到程序内存。缓冲区的大小由各个具体的 C 编译系统决定,一般为 512 字节。图 9-2 显示了内存与磁盘之间数据的传递过程。

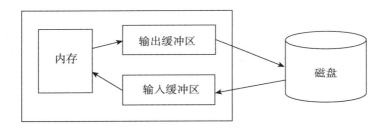

图 9-2　内存与磁盘之间数据的传递过程

9.1.4　文件类型指针

缓冲文件系统中,每个被使用的文件都在内存中开辟一个缓冲区,用来存放文件的有关信息(如文件的名字、状态及文件当前位置等)。这些信息保存在一个结构体变量中。该结构体类型是由系统定义的,取名为 FILE,包含在 stdio.h 头文件中。

```
typedef struct{
    short level;   //缓冲区"满"或"空"的程度
    unsigned flags;  //文件状态标识
    char fd;  //文件描述符
```

```
    char hold;    //如无缓冲区不读取字符
    short bsize;   //缓冲区的大小
    unsigned char *buffer;   //数据缓冲区的位置
    unsigned char *curp;   //指针当前的指向
    unsigned istemp;   //临时文件指示器
    short token;   //用于有效性检查
}FILE;
```

有了结构体 FILE 类型之后,可以用它来定义文件指针,用来实现对文件的操作。

如:FILE *fp;

fp 是一个指向 FILE 类型结构体的指针变量。可以使 fp 指向某一个文件的结构体变量,从而通过该结构体变量中的文件信息访问该文件。也就是说,通过文件指针变量能够找到与它相关联的文件。

如果有 n 个文件,一般应设 n 个指针变量(指向 FILE 类型结构体的指针变量),使它们分别指向 n 个文件(确切地说指向存放该文件信息的结构体变量),以实现对文件的访问。

例如,可以定义以下 FILE 类型的数组。

FILE f[5];   //定义了一个结构体数组 f,它有 5 个元素,可以用来存放 5 个文件的信息。

9.2 打开和关闭文件

对文件读写之前应该"打开"文件,为文件建立相应的信息区(用来存放有关文件的信息)和文件缓冲区(用来暂存输入输出的数据)。使用结束后应"关闭"文件,撤销文件信息区和文件缓冲区。

9.2.1 文件的打开——fopen 函数

ANSI C 规定了标准输入输出函数库,用 fopen()函数来打开文件。

函数调用格式为:

FILE *fp;

fp=fopen(文件名,使用文件方式);

例如:

fp=fopen("a1","r");它表示要打开名字为 a1 的文件,使用文件方式为读入"r"(代表 read,即读入),将指向 a1 文件的指针赋给 fp。

可以看出,在打开一个文件时,会将以下 3 个信息通知给编译系统:

(1)需要打开的文件名,也就是准备访问的文件的名字。

(2)使用文件的方式("读"还是"写"等)。

(3)指向被打开的文件的指针变量。

使用文件方式见表 9-1。

表 9-1   使用文件方式

使用文件方式	含　　义
"r"(只读)	打开一个文本文件,只允许读数据
"w"(只写)	新建一个文本文件,只允许写数据
"a"(追加)	打开一个文本文件,向文件末尾添加数据
"rb"(只读)	打开一个二进制文件,只允许读数据
"wb"(只写)	新建一个二进制文件,只允许写数据
"r+"(读写)	打开一个文本文件,允许读和写
"w+"(读写)	新建一个文本文件,允许读和写
"a+"(读写)	打开一个文本文件,允许读或在文件末尾追加数据
"rb+"(读写)	打开一个二进制文件,允许读和写
"wb+"(读写)	新建一个二进制文件,允许读和写
"ab+"(读写)	打开一个二进制文件,允许读或在文件末尾追加数据

注 1   用"r"方式打开的文件只能用于从文件中读取数据,而且该文件应该已经存在,不能用"r"方式打开一个并不存在的文件,否则出错。

注 2   用"w"方式打开的文件只能用于向该文件写数据。如果原来不存在该文件,则在打开时新建一个以指定的名字命名的文件。如果原来已存在一个以该文件名命名的文件,则在打开时将该文件删去,然后重新建立一个新文件。

注 3   "a"方式表示向文件末尾添加新的数据(不希望删除原有数据),但此时该文件必须已存在,否则将得到出错信息。打开时,位置指针移到文件末尾。

注 4   用"r+"、"w+"、"a+"方式打开的文件既可以用来输入数据,也可以用来输出数据。用"r+"方式时该文件应该已经存在,以便能向计算机输入数据。用"w+"方式则新建立一个文件,先向此文件写数据,然后可以读此文件中的数据。用"a+"方式打开的文件,原来的文件不被删去,位置指针移到文件末尾,可以添加,也可以读。

注 5   "rb+"、"wb+"、"ab+"相应于二进制文件的读写方式。

注 6   如果不能实现"打开"的任务,fopen 函数将会带回一个出错信息。出错的原因可能是用"r"方式打开一个并不存在的文件、磁盘出故障、磁盘已满无法建立新文件等。此时 fopen 函数将带回一个空指针值 NULL(NULL 在 stdio. h 文件中已被定义为 0)。所以一般

需要对 fopen 的返回值进行判断,然后再确定下一步的操作,具体代码如下:

```
if((fp=fopen("file1","r"))==NULL)
{
    printf("can not open this file\n");
    exit(0);
}
```

即先检查打开的操作有否出错,如果有错就在终端上输出"can not open this file"。exit 函数的作用是关闭所有文件,终止正在执行的程序,待用户检查出错误,修改后再运行。

目前使用的有些 C 编译系统可能不完全提供所有这些功能(例如有的只能用"r"、"w"、"a"方式),有的 C 版本不用"r+"、"w+"、"a+",而用"rw"、"wr"、"ar"等,请读者注意所用系统的规定。

9.2.2 文件的关闭——fclose 函数

在使用完一个文件后应该关闭它,以防止数据丢失。关闭文件就是使文件指针变量不再指向该文件,不能再通过该指针对原来所指向的文件进行读写操作。除非再次利用 fopen 函数打开,使该指针变量重新指向该文件。

关闭文件函数的调用格式为:

fclose(文件指针);

例如:fclose(fp);

前面我们曾把打开文件(用 fopen 函数)时所返回的指针赋给了 fp,现在通过 fp 把该文件关闭。即 fp 不再指向该文件。fclose 函数成功关闭文件后,返回值为 0;否则返回 EOF(EOF 在 stdio.h 中被定义为-1)。

应用程序终止之前关闭所有文件,否则将会丢失数据。因为,在向文件写数据时,是先将数据输出到缓冲区,待缓冲区充满后才正式输出到文件。如果当数据未充满缓冲区而程序结束运行,就会丢失缓冲区中的数据。用 fclose 函数关闭文件,可以避免这个问题,它先把缓冲区中的数据输出到磁盘文件,然后才释放文件指针变量。

例 9.1 文件的打开与关闭。

```
# include <stdlib.h>
# include <conio.h>
# include <stdio.h>
int main()
{
    char ch;
    char filename[20];
```

```
FILE * fp;    //定义文件指针
printf("Please enter a filename:");
gets(filename);
fp=fopen(filename,"r");
if(fp! =NULL)
{
    ch=fgetc(fp);    //将文件内容赋值给 ch
    putchar(ch);
}
    fclose(fp);    //关闭文件
return 0;
}
```

 9.3　数据的存取

文件打开之后,就可以对它进行读写了。C 提供了多组文件读写函数,如 fscanf 和 fprintf,fgetc 和 fputc,fread 和 fwrite,fgets 和 fputs。

9.3.1　格式化读写函数 fscanf 和 fprintf

fscanf、fprintf 与 scanf、printf 作用类似,都是格式化读写函数。不同点在于 scanf 和 printf 是终端读写函数,fscanf 和 fprintf 是磁盘文件读写函数。

函数调用格式为:

　　fscanf(文件指针,格式字符串,输入表列);

　　fprintf(文件指针,格式字符串,输出表列);

例如:

　　fscanf(fp," % d, % f",&i,&t);

其功能是从 fp 指向的文件中取出数据赋给 i 和 t,若数据文件中的数据为 12.5 则将 1 赋给 i,2.5 赋给 t。

　　fprintf(fp," % d, % f",i,t);

其功能是将整型变量 i 和实型变量 t 的值按%d 和%f 的格式输出到 fp 指向的文件上。如果 i=4,t=4.5,则输出到磁盘文件上的是以下的字符串:4,4.5。

用 fprintf 和 fscanf 函数对磁盘文件读写,使用方便,容易理解,但由于在输入时要将 ASCII 码转换为二进制形式,在输出时又要将二进制形式转换成字符,花费时间比较多。因此,在内存与磁盘频繁交换数据的情况下,最好不用 fprintf 和 fscanf 函数,而用 fread 和 fwrite 函数。

例 9.2 向文件 data. txt 输入 10 个实数,数据间用空格隔开,求这 10 个数的和然后存入文件 data. txt 中,从 data. txt 读出这 10 个数,并显示在计算机屏幕上。

```c
#include<stdio.h>
#include <stdlib.h>
int main()
{
    FILE * fp;
    int i;
    float x,sum=0;
    printf("Please input 10 data:");
    if((fp=fopen("data.txt","w"))==NULL)
    {
        printf("cann't open the file.\n");
        exit(0);
    }
    for(i=0;i<10;i++)
    {
        scanf("%f",&x);
        sum+=x;
        fprintf(fp,"%.2f",x);
    }
    fprintf(fp,"\nThe sum is:%.2f\n",sum);
    fclose(fp);
    fp=fopen("data.txt","r");
    for(i=0;i<10;i++)
    {
        fscanf(fp,"%f",&x);
        printf("%.2f",x);
    }
    printf("\n");
    fclose(fp);
    return 0;
}
```

运行结果(图 9-3):

图 9-3

9.3.2 字符方式读写函数 fputc 和 fgetc

fputc 函数:向一个已打开的文件写入一个字符。

函数调用格式为:

fputc(ch,fp);

功能:将 ch 字符(可以是一个字符常量,也可以是一个字符变量)的值写入到文件指针 fp 所指向的文件中。如果输出成功则返回值就是写入的字符;如果输出失败,则返回一个 EOF(值为−1)。

fgetc 函数:从指定的文件读出一个字符,该文件必须是以读或读写方式打开的。

函数调用格式为:

ch=fgetc(fp);

功能:从文件指针变量 fp 指向的文件中读出一个字符赋值给字符变量 ch。如果在执行 fgetc 函数读字符时遇到文件结束符,函数返回一个文件结束标识 EOF(值为−1)。如果想从一个磁盘文件顺序读入字符并在屏幕上显示出来,可以:

```
ch=fgetc(fp);
while(ch! =EOF)
{
    putchar(ch);
    ch=fgetc(fp);
}
```

注意:EOF 不是可输出字符,因此不能在屏幕上显示。由于字符的 ASCII 码不可能出现−1,因此 EOF 定义为−1 是合适的。当读入的字符值等于−1(即 EOF)时,表示读入的已不是正常的字符而是文件结束符。但以上只适用于读文本文件的情况。现在 ANSI C 已允许用缓冲文件系统处理二进制文件,而读入某一个字节中的二进制数据的值有可能是−1,而这恰好是 EOF 的值。这就出现了需要读入有用数据却被处理为"文件结束"的情况。为了解决这个问题,ANSI C 提供一个 feof 函数来判断文件是否结束。feof(fp)用来测试 fp

所指向的文件当前状态是否为"文件结束"。如果是文件结束,函数 feof(fp)的值为 1(真),否则为 0(假)。如果想顺序读入一个二进制文件中的数据,可以用

```
while(! feof(fp))
{
    c=fgetc(fp);
    ……
}
```

当文件还没有结束时,feof(fp)的值为 0,! feof(fp)为 1,读入一个字节的数据赋给整型变量 c,并接着对其进行所需的处理。直到文件结束,feof(fp)值为 1,! feof(fp)值为 0,不再执行 while 循环。这种方法也适用于文本文件。

例9.3 从键盘输入一些字符,逐个写入文件,直到输入一个"♯"为止。

```
# include <stdio.h>
# include <stdlib.h>
int main()
{    FILE *fp;
    char ch,filename[10];
    printf("请输入文件名:");
    scanf("%s",filename);
    if((fp=fopen(filename,"w"))==NULL)
    {
        printf("can not open file\n");
        exit(0);
    }
    ch=getchar();    //此语句用来接收在执行 scanf 语句时最后输入的回车符
    printf("请输入要存入的字符串:");
    ch=getchar();    //接收输入的第一个字符
    while(ch! ='♯')
    {   fputc(ch,fp);    //向磁盘文件输出一个字符
        putchar(ch);    //将输出的字符显示在屏幕上
        ch=getchar();    //接收从键盘输入的一个字符
    }
    fclose(fp);
    return 0;
```

}

运行结果(图 9-4):

图 9-4

程序说明:文件名由键盘输入,赋给字符数组 filename,fopen 函数中的第一个参数"文件名"可以直接写成字符串常量形式(如"file. txt"),也可以用字符数组名,在字符数组中存放文件名(如本例所用的方法)。本例运行时,从键盘输入磁盘文件名"file. txt",然后输入要写入该磁盘文件的字符"The first file♯","♯"是表示输入结束,程序将"The first file"写到以"file. txt"命名的磁盘文件中,同时在屏幕上显示这些字符,以便核对。如图 9-5 所示。

可以用 window 中的记事本程序将 file. txt 文件打开,验证所存信息是否正确。

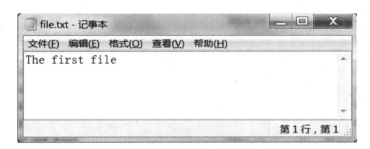

图 9-5

程序中 if 语言后面 ch=getchar();语句作用是接收在执行 scanf 语句时最后输入的回车符,如果无此条语句则运行结果如图 9-6 所示:

图 9-6

file1. txt 的内容,在 The first file 前多了回车,如图 9-7 所示:

265

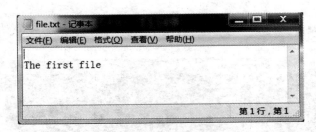

图 9-7

9.3.3 字符串读写函数 fgets 和 fputs

C 语言用 fgets 和 fputs 实现一次读写一个字符串。

1. fgets 函数：从指定文件中读出一个字符串

函数调用形式：

fgets(str,n,fp)其中,str 是指向字符串的指针,n 是整型量,fp 是文件指针

功能：从 fp 指向的文件中读出一个具有 n−1 个字符的字符串,存入起始地址为 str 的内存中,这里 n 包括字符串最后的结束符'\0',如果函数调用成功返回地址 str,失败返回 NULL,如果在没有完全读完字符串前遇到结束标识 EOF 或者换行符,则读操作结束,函数返回 str 的首地址。

2. fputs 函数：向指定文件输入一个字符串

函数调用形式：

fputs(str,fp);

其中,str 是指向字符串的指针,fp 是文件指针。

功能：将 str 指向的字符串输入到 fp 指向的文件中。输入成功返回 0,否则非 0。

例 9.4 输入一个字符串,各单词间用空格间隔,统计单词个数。

```
#include<stdio.h>
#include<stdlib.h>
int main()
{
    char dia[80];
    char t,m;
    int i=0,num=0,flag=0;
    fgets(dia,80,stdin);
    fputs(dia,stdout);
    for(i=0;dia[i]! ='\0';i++)
```

266

```
    {
        if(dia[i]=="")
            flag=0;
        else
            if(flag==0)
            {
                flag=1;
                num++;
            }
    }
    printf(" % d\n",num);
    return 0;
}
```

运行结果(图9-8):

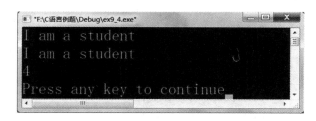

图 9-8

程序说明:stdin 和 stdout 是标准输入输出文件句柄宏定义,fgets(dia,80,stdin);表示从输入设备读出字符串存入 dia,fputs(dia,stdout);表示将 dia 字符串输出到 stdout,即显示在屏幕。

9.3.4 数据块读写函数 fread 和 fwrite

ANSI C 设置两个函数 fread 和 fwrite,实现以二进制形式读写一个数据块。

函数调用形式为:

```
fread(buffer,size,count,fp);
fwrite(buffer,size,count,fp);
```

其中:buffer 是一个指针,是读出和写入数据的起始地址。

size 是要读写的字节数。

count 是要进行读写多少个 size 字节的数据项。

fp 是文件指针。

267

如果文件以二进制形式打开,用 fread 和 fwrite 函数就可以读写任何类型的信息,如:

fread(a,2,3,fp);其中 a 是 short 型数组名。一个 short 变量占 2 个字节。这个函数从 fp 所指向的文件读入 3 次(每次 2 个字节)数据,存储到数组 a 中。如果 fread 或 fwrite 调用成功,则函数返回值为 count 的值,即输入或输出数据项的完整个数。

再例如有一个如下的结构体类型:

```
struct student{
    char name[10];
    int num;
    int age;
    char addr[20];
}stud[10];
```

结构体数组 stud 有 10 个元素,每一个元素用来存放一个学生的数据(包括姓名、学号、年龄、地址)。假设学生的数据已存放在 fp 指向的磁盘文件中,可以用下面的 for 语句和 fread 函数读入 10 个学生的数据:

```
for(i=0;i<10;i++)
    fread(&stud[i],sizeof(struct student),1,fp);
```

同样,以下 for 语句和 fwrite 函数可以将 stud 中的学生数据输出到磁盘文件中去:

```
for(i=0;i<10;i++)
    fwrite(&stud[i],sizeof(struct student),1,fp);
```

如果 fread 或 fwrite 调用成功,则函数返回值为 count 的值,即输入或输出数据项的完整个数下面写出一个完整的程序。

例 9.5 从键盘输入 4 个学生的有关数据,然后把它们存入到磁盘文件上去。

```
#include<stdio.h>
#define SIZE 4
struct student{
    char name[10];
    int num;
    int age;
    char addr[20];
}stud[SIZE];
void save()
{
    FILE * fp;
    int i;
```

268

```
    if((fp=fopen("stu_list","wb"))==NULL)
    {
        printf("can not open file\n");
        return;
    }
    for(i=0;i<SIZE;i++)
        if(fwrite(&stud[i],sizeof(struct student),1,fp)! =1)
            printf("file write error\n");
    fclose(fp);
}
int main()
{
    int i;
    printf("Please input data of students:\n");
    for(i=0;i<SIZE;i++)
        scanf("% s% d% d% s",stud[i]. name,&stud[i]. num,&stud[i]. age,stud
[i].addr);
    save();
    return 0;
}
```

运行结果(图 9-9):

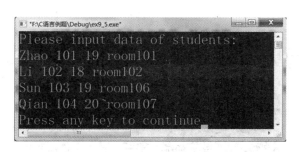

图 9-9

程序说明:在 main 函数中,从终端键盘输入 4 个学生的数据,然后调用 save 函数,将这些数据输出到以"stu_list"命名的磁盘文件中。fwrite 函数的作用是将一个长度为 38 字节的数据块送到 stu_list 文件中(一个 student 类型结构体变量的长度为它的成员长度之和,即 10+4+4+20=38)。程序运行时,屏幕上并无输出任何信息,只是将从键盘输入的数据送到磁盘文件上。为了验证在磁盘文件"stu_list"中是否已存在此数据可以用以下程序从

269

"stu_list"文件中读入数据，然后在屏幕上输出。

```c
#include<stdio.h>
#define   SIZE   4
struct student{
    char name[10];
    int num;
    int age;
    char addr[20];
}stud[SIZE];
int main()
{
    int i;
    FILE  *fp;
    fp=fopen("stu_list","rb");
    for(i=0;i<SIZE;i++)
    {
        fread(&stud[i],sizeof(struct student),1,fp);
        printf("%-10s%4d%4d%10s\n",stud[i].name,stud[i].num,stud[i].age,stud[i].addr);
    }
    fclose(fp);
    return 0;
}
```

程序运行时不需从键盘输入任何数据。屏幕上显示出以下信息（图 9-10）：

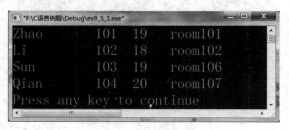

图 9-10

9.3.5　文件的定位与随机读写

文件的定位是指文件中的位置指针重新确定位置。文件打开后，系统都默认有个位置指针指向文件开头(第一个数据),顺序读写文件时,每读写一次操作,位置指针自动向后移动一个字符位置,如果想改变这种读写方式就采用以下函数。

1. 文件指针重定位函数 rewind

函数调用形式:

rewind(fp);

功能:将文件内部的位置指针重新指向文件的开头,该函数无返回值。

注意:不是文件指针而是文件内部的位置指针,随着对文件的读写,文件的位置指针(指向当前读写字节)向后移动。而文件指针是指向整个文件,如果不重新赋值文件指针不会改变。

2. 随机读写函数 fseek

对文件的内容不但可以顺序读写,还可以随机读写。随机读写就是根据用户需要将文件中的位置指针移到某个指定位置去读写,用 fseek 函数实现。

函数调用形式:

fseek(文件指针,位移量,起始点);

功能:函数设置文件指针 fp 的位置。如果执行成功将 fp 指向以"起始点"为基准,偏移"位移量"个字节的位置,位移量应该是 long 型(在数字末尾加一个 L 就表示 long 型),位移量的符号"+"代表向文件尾移动,"−"代表向文件首移动。起始点取"0"代表文件开始位置,取"1"代表当前位置,取"2"代表文件末尾位置。如果执行失败(比如"位移量"超过文件自身大小),则不改变 fp 指向的位置。成功,返回 0,否则返回其他值。

如:fseek(fp,40L,0);//位置指针从文件开头向文件尾部移动 40 个字节

fseek(fp,10L,1);//位置指针从当前位置向文件尾部移动 10 个字节

fseek(fp,−2L,2);//位置指针从文件末尾向文件首部移动 2 个字节

例 9.6 把程序中给定的 5 个学生的有关数据存入到磁盘文件,更新最后一个学生的信息。

```
#include<stdio.h>
#include<stdlib.h>
#define N 5
typedef struct student{
    char name[10];
    int num;
    int age;
    char addr[20];
}STU;
//定义函数实现文件内容更新
```

```
void fun(char *filename,STU n)
{
    FILE *fp;
    fp=fopen(filename,"rb+");
    fseek(fp,-sizeof(STU),2);    //从文件最后向文件首写一条学生信息
    fwrite(&n,sizeof(STU),1,fp);    //用 n 的信息来更新最后一位同学信息
    fclose(fp);
}
int main()
{
    STU stut[N]={{"ZHAO",101,18,"ROOM101"},{"ZHANG",102,18,"ROOM101"},
        {"WAGN",103,19,"ROOM102"},{"LI",104,19,"ROOM102"},{"SUN",105,
18,"ROOM103"}};
    STU n={"SUN",105,18,"ROOM104"},ss[N];
    int j;
    FILE *fp;
    fp=fopen("student.dat","wb");
    fwrite(stut,sizeof(STU),N,fp);    //写入 5 个学生的信息
    fclose(fp);
    fp=fopen("student.dat","rb");
    fread(ss,sizeof(STU),N,fp);    //读出 5 位同学信息存入 ss 数值
    fclose(fp);
    printf("\nThe original data:\n");
    //输出 5 位同学原始信息
    for(j=0;j<N;j++)
    printf("\nName:%-10sMum:%6dAge:%6dAdd:%10s",ss[j].name,ss[j]
.num,ss[j].age,ss[j].addr);
    fun("student.dat",n);    //调用 fun 更新最后一个学生信息
    printf("\nThe data after modifing:\n\n");
    fp=fopen("student.dat","rb");
    fread(ss,sizeof(STU),N,fp);    //读出更新后的学生信息
    fclose(fp);
    //输出更新后的学生信息
    for(j=0;j<N;j++)
```

```
        printf("\nName：% － 10sMum：% 6dAge：% 6dAdd：% 10s",ss[j].name,ss[j]
.num,ss[j].age,ss[j].addr);
        printf("\n");
        return 0;
}
```

运行结果(图 9-11)：

```
"F:\C语言例题\Debug\ex9_6.exe"

The original data：

Name:ZHAO          Mum：     101Age：      18Add：     ROOM101
Name:ZHANG         Mum：     102Age：      18Add：     ROOM101
Name:WAGN          Mum：     103Age：      19Add：     ROOM102
Name:LI            Mum：     104Age：      19Add：     ROOM102
Name:SUN           Mum：     105Age：      18Add：     ROOM103
The data after modifing：


Name:ZHAO          Mum：     101Age：      18Add：     ROOM101
Name:ZHANG         Mum：     102Age：      18Add：     ROOM101
Name:WAGN          Mum：     103Age：      19Add：     ROOM102
Name:LI            Mum：     104Age：      19Add：     ROOM102
Name:SUN           Mum：     105Age：      18Add：     ROOM104
Press any key to continue
```

图 9-11

程序说明：

本程序先把 5 个给定的学生信息写入文件"student. dat"，从"student. dat"中读出 5 个学生的信息在屏幕上输出，利用 fseek 确定写文件的位置，更新文件中最后一个学生信息，重新读出更新后的信息，并显示在屏幕上。

9.4 上机实训项目

实验 1 从键盘输入一个字符串和一个十进制整数，将它们写入 test 文件中，然后再从 test 文件中读出并显示在屏幕上，请找出其中的错误并改正之。

```
＃include＜stdio. h＞
＃include＜stdlib. h＞
int main()
```

```
{
    file * fp;
    char s[80];
    int a;
    if((fp=fopen("test","r"))==NULL)/* 以写方式打开文本文件 */
    {   printf("can not open file. \n");
        exit(1);
    }
    scanf("%s%d",s,&a);/* 从标准输入设备(键盘)上读取数据 */
    fprintf(fp,"%s%d",s,a);/* 以格式输出方式写入文件 */
    fclose(fp);/* 写文件结束关闭文件 */
    if((fp=fopen("test","r"))==NULL)/* 以读方式打开文本文件 */
    {   printf("can not open file. \n");
        exit(1);
    }
    scanf("%s%d",s,&a);/* 以格式输入方式从文件读取数据 */
    printf("%s%d\n",s,a);/* 将数据显示到标准输出设备上 */
    fclose(fp);/* 读文件结束关闭文件 */
    return 0;
}
```

实验 2 已有文本文件 test. txt,其中的内容为:Hello,everyone!。以下程序中利用 fgets(str,5,fr)从文本指针 fr 所指向的文件 text. txt 中读取 5-1=4 个字符 Hell,并将这四个字符和字符串结束标识'\0'放入 str 为起始地址的存储空间,输出结果为 Hell。请补充代码。

```
# include <stdio. h>
int main()
{   FILE * fr;
    char str[40];
    …
    fgets(str,5,fr);
    printf("%s\n",str);
    fclose(fr);
}
```

实验 3 请编写程序实现文件的拷贝。即将源文件拷贝到目的文件,两个文件名均由命令行给出,源文件名在前。

　　提示:两个文件名称,通过 main()函数提供的参数 argv 取得。利用循环在源文件没有结束的情况下(！feof(source))读入源文件的一个字符,并直接写入目的文件。

　　实验 4　从键盘输入一行字符串,将其中的小写字母全部转换成大写字母,然后输出到一个磁盘文件"test"中保存,并检验 test 文件中的内容。

　　提示:利用循环依次处理字符串的每个字符,如果是小写字母就转换为大写,写入文件,完成后关闭文件。

　　实验 5　有两个学生,每人有四门课的成绩,从键盘输入学生学号、姓名、四门课成绩,计算出每人平均分并将其和原始数据都存放在磁盘文件"stud"中,并检验 stud 文件的内容。

 # 9.5　课后实训项目

一、选择题

1. 以下可作为函数 fopen 中第一个参数的正确格式是(　　　)。

　　A)c:user\text. txt　　　　　　　　　　B)c:\user\text. txt

　　C)c:\user\text. txt　　　　　　　　　　D)c:\\user\\text. txt

2. 若执行 fopen 函数时发生错误,则函数的返回值是(　　　)。

　　A)地址值　　　　　　　B)0　　　　　　　　　C)1　　　　　　　　D)EOF

3. 若要用 fopen 函数打开一个新的二进制文件,该文件要既能读也能写,则文件方式字符串应是(　　　)。

　　A)"ab+"　　　　　　　B)"wb+"　　　　　　C)"rb+"　　　　　　D)"ab"

4. fgetc 函数的作用是从指定文件读入一个字符,该文件的打开方式必须是(　　　)。

　　A)只写　　　　　　　B)追加　　　　　　　C)读或连写　　　　D)答案 b 和 c 都正确

5. fscanf 函数的正确调用形式是(　　　)。

　　A)fscanf(fp,格式字符串. 输出表列);

　　B)fscanf(格式字符串,输出表列,fp);

　　C)fscanf(格式字符串,文件指针,输出表列);

　　D)fscanf(文件指针,格式字符串,输入表列);

6. fwrite 函数的一般调用形式是(　　　)。

　　A)fwrite(buffer,count,size,fp);　　　　　B)fwrite(fp,size,count,buffer);

　　C)fwrite(fp,count,size,buffer);　　　　　D)fwrite(buffer,size,count,fp);

7. feek 函数的正确调用形式是(　　　)。

A)fseek(文件类型指针,起始点,位移量);

B)fseek(fP,位移量,起始点);

C)fseek(位移量,起始点,b);

D)fseek(起始点,位移量,文件类型指针);

8.函数 rewind 的作用是（　　　）。

A)使位置指针重新返回文件的开头

B)将位置指针指向文件中所要求的特定位置

C)使位置指针指向文件的末尾

D)使位置指针自动移至下一个字符位置

9.函数 ftell(fp)的作用是（　　　）。

A)得到流式文件中的当前位置　　　　B)移动流式文件的位置指针

C)初始化流式文件的位置指针　　　　D)以上答案均正确

二、填空题

1.在 C 程序中,文件可以用＿＿＿＿＿方式存取,也可以用＿＿＿＿＿方式存取。

2.文件打开所使用的函数是＿＿＿＿＿,文件关闭所使用的函数是＿＿＿＿＿。

3.下面程序用变量 const 统计文件中字符的个数。请在横线处填入适当内容。

```
#include<stdio.h>
int main()
{
    FILE * fp;long count=0;
    if((fp=fopen("letter.dat",_____))==NULL)
    {
        printf("can not open file\n");
        exit(0);
    }
    while(! feof(fp)){_____;_____;}
    printf("count=%ld\n",count);
    fclose(fp);
    return 0;
}
```

4.函数调用语句:fgets(buf,n,fp);从 fp 指向的文件中读入＿＿＿＿＿个字符放到 buf 字符数组中。

5.在 C 语言中,文件的存取是以＿＿＿＿＿为单位的,这种文件被称作＿＿＿＿＿文件。

三、程序阅读题

1.有以下程序：

```
#include<stdio.h>
void WriteStr(char *fn,char *str)
{
    FILE *fp;
    fp=fopen(fn,"w");
    fputs(str,fp);
    fclose(fp);
}
int main()
{   WriteStr("t1.dat","start");
    WriteStr("t1.dat","end");
    return 0;
}
```

程序运行后,文件 t1.dat 中的内容是什么?

2.有以下程序：

```
#include<stdio.h>
int main()
{
    FILE *fp1;
    fp1=fopen("f1.txt","w");
    fprintf(fp1,"abc");
    fclose(fp1);
    return 0;
}
```

若文本文件 f1.txt 中原有内容为:good,则运行上程序后,文件 n.txt 的内容是什么?

四、改错题

1.以下程序企图把从终端输入的字符输出到名为 abc.txt 的文件中,直到从终端读入字符#号时结束输入和输出操作,但程序有错,请改正。

```
#include<stdio.h>
int main()
```

```
{
    FILE * fout;
    char ch;
    fout＝fopen('abc.txt','w');
    ch＝fgetc(stdin);
    while(ch! ＝'♯')
    {fputc(ch,fout);
     ch＝fgetc(stdin);}
    fclose(fout);
    return 0;
}
```

2. 打开文件 d:\te. c 用于读并判断打开是否成功。

```
♯include＜stdio.h＞
♯include＜stdlib.h＞
int main()
{
    FILE * fp;
    char fileName[]="d:\te.c";
    fp＝fopen(fileName,"w");
    if(fp＝＝EOF)
    {
        puts("File Open Error!");
        exit(1);
    }
    putchar(fgetc(fp));
    fclose(fp);
    return 0;
}
```

五、程序设计题

1. 编写一个程序,由键盘输入一个文件名,然后把从键盘输入的字符依次存放到该文件中,用'♯'作为结束输入的标识。

2. 编写一个程序,建立一个 abc 文本文件,向其中写入"this is a test"字符串,然后显示该文件的内容。

278

3.编写一程序,查找指定的文本文件中某个单词出现的行号及该行的内容。

4.编写一程序 fcat.c,把命令行中指定的多个文本文件连接成一个文件。例如:fcat(file1,file2,file3)它把文本文件 file1、file2 和 file3 连接成一个文件,连接后的文件名为 file1。

5.编写一个程序,将指定的文本文件中某单词替换成另一个单词。

第 10 章　编译预处理

编译预处理是 C 语言区别于其他高级程序设计语言的特征之一，它属于 C 语言编译系统的一部分。预处理过程读入 C 源代码，检查包含预处理指令的语句和宏定义，删除程序中的注释和多余的空白字符，对源代码进行初步的转换，如把 ♯include 指令定义的头文件（如 stdio. h）的内容复制到 ♯include 指令处，把 ♯define 指令定义的宏名用替换字符进行替换，同时删去预处理指令，产生新的源代码提供给编译器。预处理过程先于编译器对源代码进行处理。

C 的预处理功能主要有宏定义、文件包含和条件编译 3 种，所有预处理指令都以"♯"开头，语句结尾不使用"；"，在 ANSI C 中"♯"前面可以有空格，每条预处理指令需要单独占一行。本章介绍了三种编译预处理指令的用法，编译预处理命令虽然不是 C 语言的一部分，但它扩展了 C 程序设计能力，合理使用编译预处理功能，可以使得编写的程序便于阅读，修改和移植。

表 10-1 是部分预处理指令：

表 10-1　预处理指令

指令	用　途
♯ include	包含一个源代码文件
♯ define	定义宏
♯ undef	取消已定义的宏
♯ if	如果给定条件为真，则编译下面代码
♯ ifdef	如果宏已经定义，则编译下面代码
♯ ifndef	如果宏没有定义，则编译下面代码
♯ elif	如果前面的 ♯ if 给定条件不为真，当前条件为真，则编译下面代码，其实就是 elseif 的简写
♯ endif	结束一个 ♯ if……♯ else 条件编译块
♯ error	停止编译并显示错误信息

10.1 宏定义

宏定义是用预处理指令♯define实现的,分为无参宏定义和有参宏定义两种形式。宏定义是指用一个标识符来定义一个字符序列。预处理过程会把源代码中出现的宏标识符替换成宏定义时的值。宏最常见的用法是定义代表某个值的全局符号。宏的第二种用法是定义带参数的宏(宏函数),这样的宏可以像函数一样被调用,但它是在调用语句处展开宏,并用调用时的实际参数来代替定义中的形式参数。

1. 无参宏定义

无参宏定义的一般形式:

♯define 宏名 替换文本

其中宏名就是宏的名字,简称为宏,通过宏定义,使得宏名等同于替换文本。

如:♯define PI 3.1415926

PI是宏名,字符串3.1415926是替换文本。预处理程序将程序中凡以PI作为标识符出现的地方都用3.1415926替换,这种替换称为宏替换,或者宏扩展,宏替换是纯文本替换。

这种替换的优点在于,用一个有意义的标识符代替一个字符串,便于记忆,易于修改,提高程序的可移植性。

例10.1 求100以内所有奇数的和。

```c
# include <stdio.h>
# define N 100
int main()
{
    int i,s=0;
    for(i=1;i<N;i++,i++)
        s=s+i;
    printf("sum= %d\n",s);
    return 0;
}
```

经过编译预处理后将得到如下程序代码:

```c
int main()
{
    int i,s=0;
    for(i=1;i<100;i++,i++)
```

```
        s=s+i;
    printf("sum= % d\n",s);
    return 0;
}
```

程序说明: 本例使用宏定义标明处理数的范围,如果是处理数的范围要发生变化,只要修改宏定义中 N 的替换字符串即可,无须修改其他地方。

对不带参数的宏定义说明如下:

(1)宏名的命名规则同标识符,宏名一般习惯用大写字母表示,以便与程序中的变量名或函数名区分。宏名是一个常量的标识符,它不是变量,不能对它进行赋值。

(2)宏替换是在编译之前进行的,由编译预处理程序完成,不占用程序的运行时间。在替换时,只是作简单的替换,不作语法检查。只有当编译系统对展开后的源程序进行编译时才可能报错。

(3)宏定义不是 C 语言的语句,不需要使用语句结束符";",如果使用了分号,则会将分号作为字符串的一部分一起进行替换。

(4)作为替换正文的字符串可以是常量、表达式、格式串等。在字符串中若出现运算符需要在合适的位置加括号。

例如: #define A 1
       #define B 2
       #define SUM (A+B)

这里需要注意上面的宏定义使用了括号。例如:y=SUM * B;预处理过程把上面的一行代码转换成:six=(A+B) * B;

如果没有那个括号,就转换成 six=A+B * B;结果错误。

(5)标识符和字符串间用空格分隔。

(6)宏定义可以出现在程序的任何位置,但必须是在引用宏名之前。一个宏的作用域是从定义的地方开始到本文件结束。也可以用 #undef 命令终止宏定义的作用域。例如在程序中定义:

#define NO 0

后来又用下列宏定义撤销:

#undef NO

那么,程序中再出现 NO 时就是未定义的标识符了。也就是说 NO 的作用域是从定义的地方开始到 #undef 之前结束。

(7)进行宏定义时,可以引用之前定义过的宏名,即宏定义嵌套形式。

例 10.2 无参数宏定义的应用。

```
#include <stdio.h>
```

282

```
#define   PI   3.1415926
#define   R   2.0
#define   AREA   PI * R * R
int main()
{
    printf("The area of circle is % f\n",AREA);
    return 0;
}
```

运行结果(图 10-1):

图 10-1

程序说明:该例中用宏定义定义了两个常量 PI 和 R,利用宏定义的多重替换求圆的面积 AREA,使用宏名替代复杂的替换文本,增强了程序可读性,便于记忆,不易出错,如需要修改宏名所代表的值,只需要修改宏定义就修改了程序中出现的所有替换文本,提高了程序的通用性。

(8)程序中用双引号括起来的字符串中的宏名在预处理过程中不进行替换。例如:

例 10.3 无参数宏定义示例。

```
# include <stdio.h>
#define YES 1
int main()
{
    printf("YES= % d\n",YES);
    return 0;
}
```

运行结果(图 10-2):

图 10-2

283

程序说明:字符串内的 YES 不作替换,而 printf 函数中参数 YES 被替换成 1。

2.带参数的宏定义

C 语言中允许定义带参数的宏,在宏定义中的参数称为形式参数,简称形参,在宏调用中的参数称为实际参数,简称实参。

带参数的宏定义的一般形式为:

♯define 宏名(形参表) 替换文本

对带参数的宏,在对源程序进行预处理时,将程序中出现宏名的地方均用替换文本替换,并用实参替换文本中的形参。

例如:♯define MIN(x,y) ((x)<(y)? (x):(y))

则语句:c=MIN(3+8,7+6);

将被替换为语句:c=((3+8)<(7+6)? (3+8):(7+6));

上述带参数宏定义的替换过程是:按宏定义♯define 中命令行指定的替换文本从左向右依次替换,其中的形参(如 x,y)用程序中的相应实参(如 3+8,7+6)去替换。若定义的替换文本中含有非参数表中的字符,则保留该字符,如本例中的"("、")"、"?"和":"这些符号原样照写。

例 10.4 计算圆的周长和面积的程序。

```
#include <stdio.h>
#define  PI  3.1415926
#define  CIRCUM(r)  (2.0*PI*(r))  //定义带参数的宏 CIRCUM
#define  AREA(r) (PI*(r)*(r))  //定义带参数的宏 AREA
int main()
{
    double radius,circum,area;
    printf("r=");
    scanf("%lf",&radius);
    circum=CIRCUM(radius);  //调用带参数的宏 CIRCUM(r),用 radius 代替 r
    area=AREA(radius);  //调用带参数的宏 AREA(r),用 radius 代替 r
    printf("CIRCUM=%13.8f,AREA=%13.8f\n",circum,area);
    return 0;
}
```

按照以上所述,例 10.4 经预处理程序处理后,将替换成下面的程序代码。

```
int main()
{
    double radius;
```

```
printf("r=");
scanf("%lf",&radius);
circum=(2.0*3.1415926*(radius));
area=(3.1415926*(radius)*(radius));
printf("CIRCUM=%13.8f,AREA=%13.8f\n",circum,area);
return 0;
}
```

运行结果(图 10-3):

图 10-3

定义带参数的宏需注意以下几点:

(1)在写带有参数的宏定义时,宏名与带括号参数间不能有空格。否则将空格以后的字符都作为替换字符串的一部分,这样就成了不带参数的宏定义了。例如:

#define AREA (r)(PI*(r)*(r))

这样定义的 AREA 为不带参数的宏名,它代表字符串"(r)(PI*(r)*(r))"。

(2)对于宏定义的形参要根据需要加上括号,为了保险起见一般也用括号将替换文本用括号括起来。

例 10.5 用括号将宏及各参数全部括起来,将得到正确结果(如要求 $\frac{45}{3^2}$)。

```
#include <stdio.h>
#define S(x)((x)*(x))
int main()
{
    float a,b;
    a=1.0;b=2.0;
    printf("SQUARE=%5.1f\n",45.0/S(a+b));
    /*预编译时替换为 printf("SQUARE=%5.1f\n",45.0/((a+b)*(a+b)));*/
    return 0;
}
```

285

运行结果(图 10-4)：

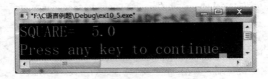

图 10-4

例 10.6 不用括号将宏括起来(如要求 $\frac{45}{3^2}$)。

```c
#include <stdio.h>
#define S(x)x*x
int main()
{
    float a,b;
    a=1.0;b=2.0;
    printf("SQUARE= %5.1f\n",45.0/S(a+b));
    /*预编译时替换为 printf("SQUARE= %5.1f\n",45.0/a+b*a+b);*/
    return 0;
}
```

运行结果(图 10-5)：

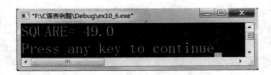

图 10-5

程序说明：未使用括号时 printf 函数输出的是：45.0/1.0+2.0*1.0+2.0。由于运算符/和*的优先级高，所以先计算/和*，计算完后。再计算 45.0+2.0+2.0,故得到结果为 49.0。

(3)从上面的例题可以看到宏调用与函数调用非常相似。但它们事实上不是一回事。这是需要读者特别注意的一点。分析下面两个例子,看一看它们的区别。

例 10.7 利用函数调用输出半径为 1 到 10 的圆的面积。

```c
#include <stdio.h>
#define PI 3.14
float square(int n)
{
```

```
        return(PI * n * n);
}
int main()
{
    int i=1;
    while(i<=10)
    printf("%8.2f\t",square(i++));
    return 0;
}
```

运行结果(图 10-6)：

图 10-6

程序说明：本例中实参是 i++，它的特点是先使用后增值，第一次调用 square 函数时，传递的参数值是 1，然后 i 值变为 2。第二次调用 square 函数时，传递的参数值是 2，i 值变为 3，依次类推。所以程序运行后得到的结果是正确的。

例 10.8 利用宏定义对上面程序进行改写。

```
#include <stdlib.h>
#define PI 3.14
#define square(n)(PI * (n) * (n))
int main()
{
    int i=1;
    while(i<=10)
    printf("%8.2f\t",square(i++));
    return 0;
}
```

运行结果(图 10-7)：

图 10-7

287

程序说明:显然,这不是我们所期望得到的结果。原因在于每次循环时,宏定义 square(i++)经替换后变为:(PI＊(i++)＊(i++)),当 i＝1 时,输出 3.14＊2＊2 的乘积,i++ 使用了两次,i 的值每次增加 2,所以在输出五个数后就结束了。

宏替换是用一个字符串去代替另一个字符串,它完全是原封不动地进行替换,不做任何语法检查,千万不要在替换前对字符串内容进行运算。

 ## 10.2　文件包含

文件包含也是一种预处理语句,作用是使得一个源文件将另外一个源文件的全部内容包含进来,即将另外的文件包含到本文件之中。包含文件的命令格式有如下两种:

格式 1:♯include ＜filename＞
格式 2:♯include "filename"

说明:(1)一个♯include 命令只能包含一个指定文件,若要包含多个文件则需要使用多个♯include 命令。

(2)格式 1 中使用尖括号＜＞是通知预处理程序,按系统规定的标准方式检索文件目录。C 编译系统将在编译器自带的或外部库的头文件中搜索被包含的头文件搜索＜＞中的文件。

(3)格式 2 中使用双引号""是通知预处理程序首先在当前被编译的应用程序的源代码所在文件夹中搜索 filename,如果查找不到,则按系统指定的标准方式继续查找。

(4)预处理程序在对 C 源程序文件扫描时,如遇到♯include 命令,则将指定的 filename 文件内容替换到源文件中的♯include 命令行中。

(5)C 语言编译系统中,有许多扩展名为. h 的头文件,在程序设计时,若用到系统提供的库函数,通常需要在源程序中用♯include 包含相应文件。如,在需要用到输入输出函数的源程序中加入 include ＜stdio. h＞。

(6)包含文件也是一种模块化程序设计的手段。在程序设计中,可以把一些具有公用性的变量、函数的定义或说明以及宏定义、类型说明等单独构成一个头文件。使用时用♯include命令把它们包含在所需的程序中,通常习惯将自己所编写的头文件放在当前源程序所在目录下,采用" "包含方式,这样也为程序的可移植性、可修改性提供了良好的条件。例如在开发一个应用系统中若定义了许多宏,可以把它们收集到一个单独的头文件中(如:hf. h)。假设 hf. h 文件中包含有如下内容:

♯ include "stdio. h"
♯ include "math. h"
♯ include "malloc. h"

```
#define PI 3.1415926
#define NO 0
#define YES 1
```

当某程序中需要用到上面这些宏定义时,可以在源程序文件中写入包含文件命令:

```
#include "hf.h"
```

例 10.9 假设有两个源文件 test1.c、test2.c,它们的内容如下所示,利用编译预处理命令实现多文件的编译和连接。

```
//test1.c
#include  <stdio.h>
int main()
{
    int a,b,c,s,m;
    printf("Please input a,b,c=");
    scanf("%d,%d,%d",&a,&b,&c);
    s=sum(a,b,c);
    m=mul(a,b,c);
    printf("The sum is %d\n",s);
    printf("The mul is %d\n",m);
    return 0;
}
//test2.c
int sum(int p1,int p2,int p3)
{
    return(p1+p2+p3);
}
int mul(int p1,int p2,int p3)
{
    return(p1*p2*p3);
}
```

如果使用编译预处理命令:

首先建立一个头文件 test2.h

```
//test2.h
int sum(int p1,int p2,int p3);
int mul(int p1,int p2,int p3);
```

在含有主函数的源文件中使用编译预处理命令 incl 'e 将 test.h 包含进来。例如在源文件 test1.c 的头部加入命令：♯include "test2.h"，在编译前就把文件 test2.c 的内容连进来。源文件 test1.c 的内容如下所示。

```
♯include <stdio.h>
♯include "test2.h"
int main()
{
    int a,b,c,s,m;
    printf("\na,b,c=?");
    scanf("%d,%d,%d",&a,&b,&c);
    s=sum(a,b,c);
    m=mul(a,b,c);
    printf("The sum is %d\n",s);
    printf("The mul is %d\n",m);
    return 0;
}
```

最后，将文件 test1.c,test2.c,test2.h 都加入到项目中，编译链接后生成 exe 文件。

运行结果(图 10-8)：

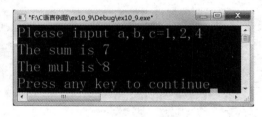

图 10-8

 # 10.3 条件编译

通常情况下，整个源程序都需要参加编译，所有 C 语句都生成到目标程序中。如果只想把源程序的一部分语句生成目标代码，可以使用条件编译命令。C 语言预处理程序具有条件编译的能力，可以根据不同的编译条件来决定对源文件中的哪一段进行编译，使同一个源程序在不同的编译条件下产生不同的目标代码文件。方便程序的调试，增强可移植性。

条件编译命令有以下几种常用形式：

1. #if 形式

一般格式：#if 表达式

        程序段 1

    [#else

        程序段 2]

    #endif

注：[] 中代码可根据情况选用。

功能：表达式值为真（非零）编译程序段 1，否则编译程序段 2 进行。如果 #else 部分被省略，且在表达式值为假时就没有语句被编译。

例 10.10 条件编译示例。

```
# include <stdio.h>
#define X 5
int main()
{
    #if X—5
        printf("X! =5\n");
    #else
        printf("X=5\n");
    #endif
    return 0;
}
```

运行结果（图 10-9）：

图 10-9

程序说明：运行时，根据表达式 X—5 的值是否为真（非零），决定对哪一个 printf 函数进行编译，而其他的语句不被编译（不生成代码）。本例中表达式 X—5 宏替换后变为 5—5，即表达式 X—5 的值为 0，表示不成立，编译时只对第二条输出语句 printf("X=5\n");进行编译。所以输出结果为：X=5。

通过上面的例子可以分析：不用条件编译而直接用条件语句也能达到要求，这样用条件编译有什么好处呢？ 用条件编译可以减少被编译的语句，从而减少目标代码的长度。当条

291

件编译段较多时,目标代码的长度可以大大减少。

2. #ifdef 形式或 #ifndef 形式

一般格式: #ifdef(或 #ifndef)标识符

      程序段 1

    [#else

     程序段 2]

    #endif

功能:对 #ifdef 格式而言,若"标识符"在此之前已由一条 #define 指令定义,并且编译期间不存在 #undef 标识符进行解除定义,则条件为真,编译"程序段 1";否则,条件为假,编译"程序段 2"。而 #ifndef 的检测条件与 #ifdef 恰好相反,若"标识符"没有被定义,则条件为真,编译"程序段 1";否则,条件为假,编译"程序段 2"。 #else 部分可以省略,若被省略,且"标识符"在编译命令行中没有被定义时(针对 #ifdef 形式),就没有语句被编译。

如

#ifdef PC

  #define INTEGER_SIZE 32

#else

  #define INTEGER_SIZE 64

#endif

若 PC 在前面已被定义过,如: #define PC 0

则只编译命令行:

#define INTEGER_SIZE 32

否则,只编译命令行:

#define INTEGER_SIZE 64

这样,源程序可以不作任何修改就可以用于不同类型的计算机系统。

上面的例题若用 #ifndef 形式实现,只需改写成下面的例题形式,其作用完全相同。

#ifndef PC

  #define INTEGER_SIZE 64

#else

  #define INTEGER_SIZE 32

#endif

例如,在调试程序时,常常希望输出一些需要的信息,而在调试完成后不再输出这些信息。可以在源程序中插入如下的条件编译:

#ifdef DO

    printf("a=％d,b=％d\n",a,b);

```
# endif
```

说明：如果在它的前面定义过标识符"DO"，则在程序运行时输出 a，b 的值，以便在程序调试时进行分析。调试完成后只需将定义标识符"DO"的宏定义命令删除即可。

例 10.11 条件编译示例。

```
# include<stdio.h>
# define TWO    //定义宏 TWO,无替换文本,即它的内容为空。
int main()
{
    # ifdef ONE
        printf("1\n");
    # elif defined TWO
        printf("2\n");
    # else
        printf("3\n");
    # endif
    return 0;
}
```

运行结果(**图 10-10**)：

图 10-10

说明：如果代码 # define TWO 改为 # define ONE 则输出 1，改为 # define 标识符(非 ONE 和 TWO)输出 3。

ifdef 和 # ifndef 这二者主要用于防止重复包含，例如 a.h 包含了 funcA.h，b.h 包含了 a.h、funcA.h，重复包含，会出现一些 type redefination 之类的错误。我们一般在.h 头文件前面加上这么一段：

```
//头文件防止重复包含
//funcA.h
# ifndef FUNCA_H
    # define FUNCA_H
//头文件内容
```

♯endif

这样,就可以解决重复包含的问题。

 10.4　上机实训项目

实验 1　分析程序执行结果。

(1)♯include<stdio.h>

　♯define min(x,y) x<y? x:y

　int main()

　{

　　int x=5,y=10,z;

　　z=10 * min(x,y);

　　printf(" % d",z);

　　getch();

　　return 0;

　}

(2)♯include　<stdio.h>

　♯define　M　3

　♯define　N　M+1

　♯define　NN　N * (N/2)

　int main()

　{

　　printf(" % d\n",NN)

　　printf(" % d\n",5 * NN);

　　return 0;

　}

　　实验 2　定义一个带参数的宏,使两个参数的值互换,并写出程序,输入两个数作为使用宏时的实参。输出已交换后的两个值。

　　提示:结合第 7 章函数定义,定义带参数的宏来实现两数值互换,考虑它们的不同。

　　实验 3　试定义一个带参的宏 swap(x,y),以实现两个整数之间的交换,并利用它将一维数组 a 和 b 的值进行交换。

　　提示:在上题基础上,把带参数的宏应用于数组的交换。

　　实验 4　输入两个整数,求它们相除的余数,例如 a%b,用带参的宏来编程实现 MOD(a,b)。

294

提示:注意定义带参数的宏 MOD(a,b)时 参数用括号括起来,以免引起歧义。

实验5 给年份 year 定义一个宏,以判别该年份是否闰年。

提示:宏名可定义为 LEAP_YEAR,形参为 y,即定义宏的形式为:♯define LEAP_YEAR(y)(读者设计的字符串),在程序中用以下语句输出结果:

if(LEAP_YEAR(year)) printf("％d is a leap year",year);else printf("％d is not a leap year",year);

 10.5 课后实训项目

一、选择题

1. 以下叙述中不正确的是(   )。

 A)预处理命令行都必须以♯号开始

 B)在程序中凡是以♯号开始的语句行都是项处理命令行

 C)C 程序在执行过程中对预处理命令行进行处理

 D)以下是正确的宏定义

   ♯define IBM_PC

2. 以下叙述中正确的是(   )。

 A)在程序的一行上可以出现多个有效的预处理命令行

 B)使用带参的宏时,参数的类型应与宏定义时的一致

 C)宏替换不占用运行时间,只占编译时间

 D)在以下定义中 C   R 是称为"宏名"的标识符

   ♯define   C   R   045

3. 在宏定义♯define PI 3.14159 中,用宏名 PI 代替一个(   )。

 A)常量   B)单精度数   C)双数   D) 字符串

4. 在"文件包含"预处理语句的使用形式中,♯include 后面的文件名用<>(尖括号)括起时,寻找被包含文件的方式是(   )。

 A)仅仅搜索当前目录

 B)仅仅搜索源程序所在目录

 C)直接按系统设定的标准方式搜索目录

 D)先在源程序所在目录搜索,再按系统设定的标准方式理索

5. 以下正确的描述是(   )。

 A)C 语言的预处理功能是指完成宏替换和包含文件的调用

B)预处理指令只能位于 C 源程序文件的首部

C)凡是 C 源程序中行首以"#"标识的控制行都是预处理指令

D)C 语言的编译预处理就是对源程序进行初步的语法检查

6. 在"文件包含"预处理语句的使用形式中,当#include 后面的文件名用" "(双引号)括起时,寻找被包含文件的方式是(   )。

A)直接按系统设定的标准方式搜索目录

B)先在源程序所在目录搜索,再按系统设定的标准方式搜索

C)仅仅搜索源程序所在目录

D)仅仅搜索当前目录

7.
```c
#define LETTER 0
int main()
{
    char str[20]="C Language",c;
int i;
i=0;
while((c=str[i])! ='\0')
{
        i++;
    #if LETTER
    if(c>='a'&&c<='z')
        c=c-32;
    #else
        if(c>='A'&&c<='Z')
        c=c+32;
    #endif
    printf("%c",c);
}
}
```

上面程序的运行结果是:(   )。

A)C Language   B)c language

C)C LANGUAGE   D)c LANGUAGE

8.C 语言提供的预处理功能包括条件编译,其形式为:

#XXX 标识符

    程序段 1

```
#else
    程序段 2
#endif
```
这里 XXX 可以是(   )。

  A)define 或 include   B)ifdef 或 include

  C)ifdef 或 ifndef 或 define   D)ifdef 或 ifndef 或 if

二、填空题

1. 设有以下宏定义：#define WIDTH 80

　　　　　　　　　　　#define LENGTH WIDTH＋40

则执行赋值语句： v＝LENGTH＊20；(v 为 int 型变量)后,v 的值是_____。

2. 设有以下程序,为使之正确运行,请在横线中填入应包含的命令行。

　　_____

```
int main()
{    int x＝2,y＝3;
     printf(" % d\n",pow(x,y));
     return 0;
}
```

3. 设有以下程序,为使之正确运行,请在横线中填入应包含的命令行。设 try_me()函数在 a:\myfiletxt 中有定义。

　　_____

```
int main()
{
     printf("\n");
     try_me();
     printf("\n");
     return 0;
}
```

4. 设有以下程序,为使之正确运行,请在括号中填入应包含的命令行。其中 try_me 在 myfile. txt 中定义。

　　_____

　　_____

```
int main()
{
```

```
    printf("\n");
    try_me();
    printf("\n");
    return 0;
}
```

5. C 提供的预处理功能主要有_____、_____、_____三种。

6. C 规定预处理命令必须以_____开头。

7. 在预编译时将宏名替换成_____的过程称为宏展开。

8. 预处理命令不是 C 语句,不必在行末加_____。

9. 以头文件 stdio. h 为例,文件包含的两种格式为:_____、_____。

10. 定义宏的关键字是_____。

三、程序阅读题

1. 下面程序的运行结果是_____。
```
#define DOUBLE(r) r * r
int main()
{    int x=1,y=2,t;
     t=DOUBLE(x+y);
     printf("%d\n",t);
     return 0;
}
```

2. 下面程序的运行结果是_____。
```
#define MUL(z) (z)*(z)
int main()
{    printf("%d\n",MUL(1+2)+3);
     return 0;
}
```

3. 以下程序运行结果是_____。
```
int  main()
{    int a=10,b=20,c;
     c=a/b;
     #ifdef DEBUG
     printf("a=%d,b=%d,",a,b);
     #endif
```

```
    printf("c= % d\n",c);
    return 0;
}
```

4. 以下程序运行结果是_____。

```
#define DEBUTG
int main()
{
    int a=14,b=15,c;
    c=a/b;
    #ifdef DEBUG
    printf("a= % o,b= % o,",a,b);
    #endif
    printf("c= % d\n",c);
    return 0;
}
```

5. 以下程序运行结果是_____。

```
#define DEBUG
int main()
{
    int a=20,b=10,c;
    c=a/b;
    #ifndef DEBUG
      printf("a= % o,b= % o",a,b);
    #endif
    printf("c= % d\n",c);
    return 0;
}
```

四、改错题

下面的程序是计算半径为 1+2 的圆的面积,请改正下列代码错误。

```
#include<stdio.h>
#define PI 3.14
#define S(r)PI * r * r
int main()
```

```
{
 int  area;
area=S(1+2);
printf("area=%5.2f",area);
return 0;
}
```

五、程序设计题

1.输入两个整数,求它们相除的余数。用带参的宏来编程实现。

2.试定义一个带参的宏 swap(x,y),以实现两个整数之间的交换,并利用它将一维数组 a 和 b 的值进行交换。

3.输入一个整数 m,判断它能否被 3 整除。要求利用带参的宏实现。

第 11 章　位运算

位运算是指按二进制进行的运算,位运算符只能用于整型操作数,即只能用于带符号或无符号的 char,short,int 与 long 类型,在系统软件中或使用计算机进行检测和控制时,常常需要处理二进制位的问题。C 语言提供了 6 个位操作运算符,见表 11-1。

表 11-1　C 语言提供的位运算符列表

运算符	含义	描　述
&	按位与	如果两个相应的二进制位都为 1,则该位的结果值为 1,否则为 0
|	按位或	两个相应的二进制位中只要有一个为 1,该位的结果值为 1
^	按位异或	若参加运算的两个二进制位值相同则为 0,否则为 1
~	取反	~是一元运算符,用来对一个二进制数按位取反,即 0 变 1,1 变 0
<<	左移	用来将一个数的各二进制位全部左移 N 位,右补 0
>>	右移	将一个数的各二进制位右移 N 位,移到右端的低位被舍弃,对于无符号数高位补 0

本章主要介绍表 11-1 中所列 6 个位运算符的用法,及位段的概念和应用。

 ## 11.1　位运算符和表达式

1.“按位与”运算符(&)

“按位与”是指:参加运算的两个数据,按二进制位进行“与”运算。如果两个相应的二进制位都为 1,则该位的结果值为 1;否则为 0。即:

0&0=0,0&1=0,1&0=0,1&1=1

例 11.1　& 运算。

```
#include<stdio.h>
int main()
{
```

```
    int a＝4;

    int b＝5;

    printf("4&5＝ % d\n",a&b);

    return 0;

}
```

运行结果(图 11-1)：

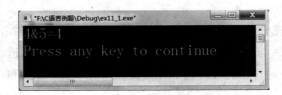

图 11-1

程序说明：4 的二进制数是 100,5 的二进制数是 101,在 VC 6.0 中变量 a、b 各分配 4 个字节,所以变量 a 中存储的二进制编码是 00000000000000000000000000000100,变量 b 中存储的二进制编码为 00000000000000000000000000000101。

按位与运算：

```
      00000000000000000000000000000100
&     00000000000000000000000000000101
      ─────────────────────────────────
      00000000000000000000000000000100
```

由此可知 4&5＝4。

"按位与"的用途：

(1)清零

若想对一个存储单元清零,即使其全部二进制位为 0,只要用 0 和这个数进行 & 运算,即可达到清零目的。

例 11.2 利用"&"运算实现清零。

```
# include ＜stdio. h＞
int main()
{
    int a＝21;

    a＝a&0;

    printf("a＝ % d\n",a);

    return 0;

}
```

运行结果(图 11-2):

图 11-2

(2)保留指定位

与一个数进行"按位与"运算,想保留哪位就使此数在对应位上取 1,其余都取 0。

例 11.3 保留 84 的二进制数中从左边算起的第 3,4,5 位。

```
#include<stdio.h>
int main()
{
    int a=84;
    int b=28;
    printf("保留 84 的从左边数 3,4,5 位 %d\n",a&b);
    return 0;
}
```

运行结果(图 11-3):

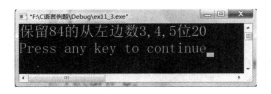

图 11-3

程序说明: 数 84 在内在中的二进制编码是 00000000000000000000000001010100,想把其中 3、4、5 位保留下来,则设计一数其第 3、4、5 位为 1 其余都为 0,然后进行位与运算如下:

$$00000000000000000000000001010100$$
$$\& \ \underline{00000000000000000000000000011100}$$
$$00000000000000000000000000010100$$

即:a=84,b=28,a&b=20。

2."按位或"运算符(|)

两个相应的二进制位中只要有一个为 1,该位的结果值为 1。其运算规则如下:

0|0=0,0|1=1,1|0=1,1|1=1

303

按位或运算常用来对一个数据的某些位定值为 1。例如：如果想使一个数 a 的低 4 位改为 1，则只需要将 a 与 15 进行按位或运算即可。

例 11.4 "|"运算举例。

```
#include<stdio.h>
int main()
{
    int a=48;
    int b=15;
    printf("48|15=%d\n",a|b);
    return 0;
}
```

运行结果(图 11-4)：

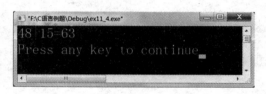

图 11-4

3.“异或”运算符(^)

规则是：若参加运算的两个二进制位值相同则为 0，否则为 1。即：

0^0=0,0^1=1,1^0=1,1^1=0

该运算符的主要用途：

(1)使特定位翻转

要使哪几位翻转就将与其进行^运算的数对应位置为 1。

例 11.5 数 122 的二进制数为 01111010,想使其低 4 位翻转,即 1 变 0,0 变 1。可以将其与 00001111 进行“异或”运算。

```
#include<stdio.h>
void main()
{
    int a=122;
    int b=15;
    printf("122^15=%d\n",a^b);
}
```

运行结果(图 11-5):

图 11-5

(2)与 0 相"异或",保留原值

例如:10^0＝10

    00001010

^   00000000
———————————
    00001010

因为原数中的 1 与 0 进行异或运算得 1,0^0 得 0,故保留原数。

(3)交换两个值,不用临时变量

例 11.6 若 a＝3,b＝4,想将 a 和 b 的值互换。

```c
#include <stdio.h>
int main()
{
    int a=3;
    int b=4;
    printf("a= %d b= %d\n",a,b);
    a=a^b;
    b=b^a;
    a=a^b;
    printf("a= %d b= %d\n",a,b);
    return 0;
}
```

运行结果(图 11-6):

图 11-6

305

程序说明：变量 a 在内存中的二进制编码为 00000000000000000000000000000011，变量 b 在内存中的二进制编码为 00000000000000000000000000000100，先进行 a 和 b 的异或运算，其结果为：

```
      00000000000000000000000000000011
^     00000000000000000000000000000100
      00000000000000000000000000000111
```

变量 a 的值变成了 7，然后再进行 b 和 a 的异或运算，

```
      00000000000000000000000000000100
^     00000000000000000000000000000111
      00000000000000000000000000000011
```

变量 b 的值变成了 3，最后再进行 a 和 b 的异或运算，

```
      00000000000000000000000000000111
^     00000000000000000000000000000011
      00000000000000000000000000000100
```

变量 a 的值就变成了 4，从而实现了变量 a 和变量 b 的交换。

4．"取反"运算符（～）

一元运算符，用于求整数的二进制反码，即分别将操作数各二进制位上的 1 变为 0，0 变为 1。～运算符的优先级比算术运算符、关系运算符、逻辑运算符和其他位运算符都高。

例 11.7　"～"运算举例。

```c
#include<stdio.h>
int main()
{
    int a=57;
    printf("~57=%d\n",~a);
    return 0;
}
```

运行结果（图 11-7）：

图 11-7

程序说明：57 在内存中的二进制编码为 00000000000000000000000000111001，取反后的结果为：11111111111111111111111111000110，这个二进制编码就是－58 的补码。

306

5. 左移运算符(<<)

左移运算符是用来将一个数的各二进制位左移若干位,移动的位数由右操作数指定(右操作数必须是非负),其右边空出的位用 0 填补,高位左移溢出则舍弃该高位。

例 11.8 将 a 的二进制数左移 2 位,右边空出的位补 0,左边溢出的位舍弃。

```
#include <stdio.h>
int main()
{
    int a=15;
    printf("%d\n",a<<2);
    return 0;
}
```

运行结果(图 11-8):

图 11-8

程序说明:a 的二进制数为 1111,左移 2 位得 111100,所以输出的结果为 60。左移 1 位相当于该数乘以 2,左移 2 位相当于该数乘以 2*2=4,15<<2=60,即乘了 4。但此结论只适用于该数左移时被溢出舍弃的高位中不包含 1 的情况。

假设以一个字节(8 位)存一个整数,若 a 为无符号整型变量,则 a=64 时,左移一位时溢出的是 0,而左移 2 位时,溢出的高位中包含 1。

6. 右移运算符(>>)

右移运算符是用来将一个数的各二进制位右移若干位,移动的位数由右操作数指定(右操作数必须是非负值),移到右端的低位被舍弃,对于无符号数,高位补 0。对于有符号数,某些机器将对左边空出的部分用符号位填补(即"算术移位"),而另一些机器则对左边空出的部分用 0 填补(即"逻辑移位")。VC 6.0 采用的是算术右移。

例 11.9 >> 运算举例。

```
#include <stdio.h>
int main()
{
    short a=-5;
    printf("%d",a>>1);
    return 0;
```

307

}

运行结果(图 11-9):

图 11-9

程序说明:a 的二进制编码为 11111111111111111111011111110011,逻辑右移 1 位的结果是 01111111111111111111111111111001,算术右移 1 位的结果是:11111111111111111111111111111001。

7. 位运算赋值运算符

位运算符与赋值运算符可以组成复合赋值运算符如下:&=,|=,>>=,<<=,^=。

如:a&=b 相当于 a=a&b,a<<=1 相当于 a=a<<1。

 11.2 位 段

信息的存取一般以字节为单位。实际上,有时存储一个信息不必用一个或多个字节,例如,"真"或"假"用 0 或 1 表示,只需 1 位即可。在计算机用于过程控制、参数检测或数据通信领域时,控制信息往往只占一个字节中的一个或几个二进制位,常常在一个字节中放几个信息。

可以用以下两种方法向一个字节中的一个或几个二进制位赋值或改变它的值。

(1)可以人为地将一个整型变量 data 分为几部分。但是用这种方法给一个字节中某几位赋值非常麻烦。

(2)位段。C 语言允许在一个结构体中以位为单位来指定其成员所占内存长度,这种以位为单位的成员称为"位段"或称"位域"(bitfield)。位段是在字段的声明后面加一个冒号以及一个表示字段位长的整数来实现的。这种用法又被叫作"深入逻辑元件的编程",位段可以把长度为奇数的数据包装在一起,从而节省存储的空间,它可以很方便地访问一个整型值的部分内容。

格式如下:

```
struct bytedata{
    unsigned a:2;/* 位段 a,占 2 位 */
    unsigned:5;/* 无名位段,占 5 位,但不能访问 */
    unsigned:0;/* 无名位段,表下一位段从下一字边界开始 */
```

```
    unsigned c:10;/*位段 c,占 10 位*/
    short i;/*成员 i,从下一字边界开始*/
}data;
```

见表 11-2。

表 11-2　位段内存示意图

a	无名位段	c		i
1 字节		2 字节		2 字节

说明:

1. 位段结构中位段的声明:unsigned<成员名>:<整数>这个整数指定该位段的位长(bit)。

2. 位段成员只有三种类型:int,unsigned int 和 short。

3. 许多编译器把位段成员的字长限制在一个 int 的长度范围之内。

4. 位段成员在内存的实现是从左到右还是从右到左是由编译器来决定的,二者皆对。

5. 一个位段必须存储在同一存储单元(即字,可能是 1 个字节也可能是 2 个字节,视不同的系统而定)之中,不能跨两个单元。如果其单元空间不够,则剩余空间不用,从下一个单元起存放该位段。

6. 可以通过定义长度为 0 的位段的方式使下一位段从下一存储单元开始。

7. 可以定义无名位段,其占用的空间不可使用。

8. 位段的长度不能大于存储单元的长度。

9. 位段无地址,不能对位段进行取地址运算。

10. 位段可以以%d,%u,%o,%x 格式输出。

11. 位段若出现在表达式中,将被系统自动转换成整数。

例 11.10　用位段实现字节中的部分位赋值。

```
#include<stdio.h>
int main()
{
    struct{
    unsigned short s1:4;
    unsigned short s2:3;
    unsigned short s3:2;
    }x;
    char c=0x7A;　//01111010b
    x.s1=c;
    printf("%d\n",x.s1);
```

```
    return 0;
}
```

运行结果(图 11-10):

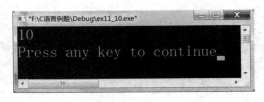

图 11-10

程序说明:根据编译器的不同,可能出现大端和小端的问题,小端就是从低位开始取值,大端就是从高位取值。常见为小端模式,如本例中取了 c 的后四位 1010 赋值给 x. s1,十进制输出为 10。

11.3   上机实训项目

实验1   在程序中给定两个正整数。

(1)分别将它们连续多次左移、右移一位。

(2)连续多次左移、右移两位。

请以十进制、十六进制显示每一次的结果。

提示:利用循环和">>",">>"实现多次移位。

实验2   请编程序,从终端读入 16 进制无符号整数 m,调用函数 rightrot 将 m 中的原始数据循环右移 n 位,并输出移位前后的内容。

提示:函数参数一个是需要移位的整数,一个是移位的次数,最后返回移位后的结果。将整数的最后 1 位放在一个整数的最高位并保存起来($rb = (a \& 1) << (16-1)$),利用">>"右移 1 位,利用"|"运算,将保存的最后移位放回原来的整数。

实验3   编写函数,使给出一个数的原码形式,能得到该数对应的补码。要求在主函数中以八进制形式输入原码,输出补码。

提示:根据符号位判断给定数 x 是正数还是负数,如果是正数,补码是它本身,负数利用 $(x \char`\^ 0x7fff) + 1$;求补码。

实验4   请编写函数 getbits 从一个 16 位的单元中取出以 nl 开始至 n2 结束的某几位,起始位和结束位都从左向右计算。同时编写主函数调用 getbits 进行验证。

提示:函数 getbits(unsigned value,int n1,int n2)算法:

1. 获取一个全 1 的整数 z。

2.取一个 n1 位以前全为 0 的整数和一个 n2 位以后全为 0 的整数,按位做与运算,得到 n1—n2 位全 1 其他位全 0 的整数 z。

3.将 z 右移直到 z 后边的 0 全部移出。

 11.4 课后实训项目

一、选择题

1.表达式 0x13&0x17 的值是( )。

　A)0x17　　　　　　　B)0x13　　　　　　　C)0xf8　　　　　　　D)0xec

2.表达式 0xl3|0xl7 的值是( )。

　A)0x13　　　　　　　B)0x17　　　　　　　C)0xE8　　　　　　　D)0xc8

3.读程序片段:

```
unsigned t=129;
t=t^00;
printf("%d,%o\n",t,t);
```

以上程序片段的输出结果是( )。

　A)0,0　　　　　　　B)129,201　　　　　　C)126,176　　　　　D)101,145

4.设有以下说明:

```
struct packed
{    unsigned one:1;
     unsigned two:2;
     unsigned three:3;
     unsigned four:4;
}data;
```

则以下位段数据的引用中不能得到正确数值的是( )。

　A)data.one=4　　　B)data.two=3　　　C)data.three=2　　　D)data.four=1

5.设位段的空间分配由右到左,则以下程序的运行结果是( )。

```
#include<stdio.h>
struct packed_bit
{    unsigned a:2;
     unsigned b:3;
     unsigned c:4;
```

```
        int i;
}data;
void main()
{   data.a=8;   data.b=2;
    printf("%d\n",data.a+data.b);
}
```

 A)语法错   B)2   C)5   D)10

二、填空题

1.与表达式 x=y-2 等价的另一书写形式是_____。

2.设二进制数 x 的值是 11001101,若想通过 x&y 运算使 x 中的低 4 位不变,高 4 位清零,则 y 的二进制数是_____。

3.设位段的空间分配由右到左,则以下程序的运行结果是_____:

```
#include<stdio.h>
struct packed_bit
{   unsigned a:2;
    unsigned b:3;
    unsigned c:4;
    int i;
}data;
void main()
{   data.a=1;data.b=2;data.c=3;data.i=0;
    printf("%d\n",data);
}
```

4.设位段的空间分配由右到左,则以下程序的运行结果是_____:

```
#include<stdio.h>
struct packed_bit
{   unsigned a:2;
    unsigned b:3;
    unsigned c:4;
    int i;
}data;
void main()
{
```

```
    data.a=8;   data.b=2;
    printf(" %d\n",data.a+data.b);
}
```

三、程序阅读题

1. 以下程序的运行结果是(   )。
```
int main()
{
    unsigned a,b;
    a=0x9a;
    b=~a;
    printf("a：%x\nb：%x\n",a,b);
    return 0;
}
```

2. 以下程序的运行结果是(   )。
```
int main()
{
    unsigned a=16;
    printf(" %d, %d, %d\n",a>>2,a=a>>2,a);
    return 0;
}
```

3. 以下程序运行的结果是(   )。
```
# include<stdio.h>
int main()
{
    unsigned a=0112,x,y,z;
    x=a>>3;
    printf("x= %o,",x);
    y=~(~0<<4);
    printf("y= %o,",y);
    z=x&y;
    printf("z= %o\n",z);
    return 0;
}
```

4. 以下程序的运行结果是(　　　)。

```c
#include<stdio.h>
int main()
{
    unsigned a=0361,x,y;
    int n=5;
    x=a<<(16-n);
    printf("x=%o\n",x);
    y=a>>n;
    printf("y1=%o\n",y);
    y|=x;
    printf("y2=%o\n",y);
    return 0;
}
```

5. 以下程序的运行结果是(　　　)。

```c
#include<stdio.h>
int main()
{
    char a=0x95,b,c;
    b=(a&0xf)<<4;
    c=(a&0xf0)>>4;
    a=b|c;
    printf("%x\n",a)
    return 0;
}
```

四、改错题

1. 以下代码想实现输入一个字符,判断它是否要大写字母,如果是,将它转换成小写字母,如果不是,不转换。请改正错误。

```c
#include<stdio.h>
int main(    )
{
    char ch;
    scanf("%c",&ch);
```

```
    ch=(ch>='A' & ch<='Z')? (ch+32):ch;
    printf("%c",ch);
}
```

2.下面代码想实现给位段 a,b,c 分别赋值 4,2,9,找出下面代码中的错误。

```
#include<stdio.h>
struct packed_data
{
    unsigned a:2;
    unsigned b:3;
    unsigned c:4;
    int i;
}
struct packed_data   data;
data.a=4;
data.b=2;
data.c=9
```

五、程序设计题

1.取一个整数 a 从右端开始的 4～7 位。

2.输出一个整数中由 8～11 位构成的数。

3.从键盘上输入 1 个正整数给 int 变量 num,按二进制位输出该数。

315

附录 A   ASCII 码表

ASCII 值	控制字符	ASCII 值	字符	ASCII 值	字符	ASCII 值	字符
0	NUL（空）	21	NAK	42	*	63	?
1	SOH（标题开始）	22	SYN	43	+	64	@
2	STX（正文开始）	23	TB	44	,	65	A
3	ETX（正文结束）	24	CAN	45	—	66	B
4	EOT（传输结束）	25	EM	46	.	67	C
5	ENQ（询问字符）	26	SUB	47	/	68	D
6	ACK（ ）	27	ESC	48	0	69	E
7	BEL	28	FS	49	1	70	F
8	BS	29	GS	50	2	71	G
9	HT	30	RS	51	3	72	H
10	LF	31	US	52	4	73	I
11	VT	32	(space)	53	5	74	J
12	FF	33	!	54	6	75	K
13	CR	34	”	55	7	76	L
14	SO	35	#	56	8	77	M
15	SI	36	$	57	9	78	N
16	DLE	37	%	58	:	79	O
17	DCI	38	&	59	;	80	P
18	DC2	39	,	60	<	81	Q
19	DC3	40	(	61	=	82	R
20	DC4	41	)	62	>	83	X

续前表

ASCII 值	控制字符	ASCII 值	字符	ASCII 值	字符	ASCII 值	字符
84	T	95	—	106	j	117	u
85	U	96	、	107	k	118	v
86	V	97	a	108	l	119	w
87	W	98	b	109	m	120	x
88	X	99	c	110	n	121	y
89	Y	100	d	111	o	122	z
90	Z	101	e	112	p	123	{
91	[	102	f	113	q	124	|
92	/	103	g	114	r	125	}
93	]	104	h	115	s	126	～
94	ˇ	105	i	116	t	127	DEL

附录 B 运算符的优先级和结合性

运算符	功能	优先级	结合性
()	括号	1	自左向右
[]	下标		
->	指向结构体成员		
.	结构体成员		
!	逻辑非	2	自右向左
~	按位非		
++	自增		
——	自减		
—	负号		
（type）	强制类型转换		
*	指针所指向的内容		
&	求变量的地址		
sizeof	求数据在内存的字节数		
*	乘	3	自左向右
/	除		
%	求余		
+	加	4	
—	减		
<<	向左移位	5	
>>	向右移位		

续前表

运算符	功能	优先级	结合性
＜	小于	6	
＜＝	小于等于		
＞	大于		
＞＝	大于等于	7	
＝＝	相等		
！＝	不相等	8	
＆	按位与	9	
^	按位异或	10	
|	按位非	11	
＆＆	逻辑与	12	
||	逻辑非		
？：	条件运算	13	
＝＋ ＝－ ＝＊ ＝／ ＝％ ＝＞＞ ＝＜＜ ＝＆ ＝^ ＝ | ＝	赋值运算	14	自右向左
，	逗号运算	15	自左向右

附录 C　C 语言函数库

C语言的标准函数库中包含了大量的、可以在 C 程序中调用的函数。这些库并不是 C 语言的一部分,不同的编译所提供的库函数的数目和函数名以及函数功能是不完全相同的。本附录只列出了一些教材中没有介绍但常用的库函数,读者在编制 C 程序时可能用到更多的函数,请查阅所用系统的手册。

1.输入输出函数

使用下面函数时,必须在程序开始加上 #include <stdio. h>。

int getchar(void);

从标准输入设备(键盘)读取一个字符,若成功则返回所读字符,否则返回 EOF。它相当于 getc(stdin)函数。

char *gets(char *buffer);

从标准输入设备(键盘)读取一行字符,存入起始地址为 buffer 的内存空间。若成功则返回 buffer 值,否则返回 NULL。

int putchar(int c);

在标准输出设备上输出字符 c。若成功则返回所输出的字符,否则返回 EOF。

int puts(const char *string);

在标准设备上输出 string 所指向的字符串,并将'\0'转换为回车符。

int scanf(const char *format [,argument]...);

从标准输入设备上按 format 所规定的格式输入数据存入 argument 中。

int printf(const char *format [,argument]...);

在标准输出设备上按 format 所规定的格式输出 argument 中的数据。

FILE *fopen(const char *filename,const char *mode);

以 mode 指定的方式打开名为 filename 的文件。打开成功则返回一个文件指针,否则返回 NULL。

int fclose(FILE *stream);

关闭 stream 所指向的文件,释放文件缓冲区。

int fgetc(FILE *stream);

从 stream 所指的文件中读取一个字符,若成功则返回所读字符,否则返回 EOF。

```
int getc( FILE * stream );
```

从 stream 所指的文件中读取一个字符,若成功则返回所读字符,否则返回 EOF。与 fgetc 相同。

```
char * fgets( char * string,int n,FILE * stream );
```

从 stream 所指的文件中读取 n−1 个字符,存入起始地址为 string 的内存空间。若成功则返回 string 的值,否则返回 NULL。

```
char * fputs( const char * string,FILE * stream );
```

将 string 所指向的字符串输出到 stream 所指向的文件中。

```
int fputc( int c,FILE * stream );
```

将字符 c 输出到 stream 所指向的文件中。

```
int putc( int c,FILE * stream );
```

将字符 c 输出到 stream 所指向的文件中。

```
int fscanf( FILE * stream,const char * format [ ,argument ]... );
```

从 stream 所指向的文件中按 format 所规定的格式输入数据存入 argument 中。

```
int fprintf( FILE * stream,const char * format [ ,argument ]... );
```

按 format 所规定的格式输出 argument 中的数据到 stream 所指向的文件中。

```
size_t fread( void * buffer,size_t size,size_t count,FILE * stream );
```

从 stream 所指向的文件中读取长度为 size 的 count 个数据项,存到 buffer 所指向的内存中。

```
size_t fwrite( const void * buffer,size_t size,size_t count,FILE * stream );
```

把 buffer 所指向的 count * size 个字节的数据输出到 stream 所指向的文件中。

```
void clearerr( FILE * stream );
```

清除 stream 所指向文件的错误标识。

```
int feof( FILE * stream );
```

判断是否是文件末尾,若是则返回非零值,否则返回 0.

```
int fseek( FILE * stream,long offset,int origin );
```

```
long ftell( FILE * stream );
```

```
void rewind( FILE * stream );
```

2. 字符函数

使用下面函数时,必须在程序开始加上 #include <ctype. h>。

```
int isalpha( int c );
```

判断 c 是否为字母,若是则返回非 0 值,否则返回 0 值。

```
int isanum( int c );
```

判断 c 是否为字母或数字,若是则返回非 0 值,否则返回 0 值。

int isdigit(int c);

判断 c 是否为数字,若是则返回非 0 值,否则返回 0 值。

int isspace(int c);

判断 c 是否为空白字符,若是则返回非 0 值,否则返回 0 值。

int islower(int c);

判断 c 是否为小写字母,若是则返回非 0 值,否则返回 0 值。

int isupper(int c);

判断 c 是否为大写字母,若是则返回非 0 值,否则返回 0 值。

int isascii(int c);

判断 c 是否为字符(ASCII 码中的 0~127),若是则返回非 0 值,否则返回 0 值。

int toascii(int c);

返回字符 c 所对应的 ASCII 码。

int tolower(int c);

将字母 c 转换成小写字母。

int toupper(int c);

将字母 c 转换成大写字母。

3. 字符串函数

使用下面函数时,必须在程序开始加上 ♯include <string. h>。

char * strcat(char * str1,const char * str2);

将字符串 str2 连接到字符串 str1 后面,返回值为字符串 str1。

char * strcpy(char * str1,const char * str2);

将字符串 str2 复制到字符串 str1 中,返回值为字符串 str1。

char * strcmp(const char * str1,const char * str2);

比较字符串 str1 与字符串 str2 的大小,若 str1>str2 则返回值>0,若 str1=str2 则返回值=0,若 str1<str2 则返回值<0。

size_t strlen(const char * string);

返回字符串 string 的长度。

char * strchr(const char * string,int c);

查找字符 c 在字符串 string 中第一次出现的位置。若找到则返回指向该字符的指针,否则返回空指针。

char * strstr(const char * str1,const char * str2);

查找字符串 str2 在字符串 str1 中第一次出现的位置,若 str2 包含在 str1 中,返回指向该位置的指针,否则返回空指针。

char * strlwr(char * string);

将字符串 string 中的大写字母全部转换成小写字母。

char * strupr(char * string);

将字符串 string 中的小写字母全部转换成大写字母。

4. 数学函数

使用下面函数时,必须在程序开始加上 ♯include <math.h>。

int abs(int x);

计算整数 x 的绝对值。

double fabs(double x);

计算 x 的绝对值。

double exp(double x);

计算 e^x。

double log(double x);

计算 lnx。若 x<0,则返回一个不明确的值(Indefinite)。

double log10(double x);

计算 $\log_{10} x$。若 x<0,则返回一个不明确的值。

double pow(double x,double y);

计算 x^y,如果 x≠0 且 y=0.0 则返回值为 1;若 x=0.0 且 y=0.0 则返回值为 1;若 x=0.0 且 y<0 则返回值为 INF。

double fmod(double x,double y);

计算 x/y 的余数。

double sqrt(double x);

计算 $\sqrt{x}$,若 x<0,则返回一个不明确的值。

double floor(double x);

求不大于 x 的最大整数。

double ceil(double x);

求大于等于 x 的最小整数。

double sin(double x);

计算 sin(x)的值。

double cos(double x);

计算 cos(x)的值。

double tan(double x);

计算 tan(x)的值。

double acos(double x);

计算 x 的反余弦。x 的数据范围为 -1 到 1,返回值的范围是 0 到 π,若 x 的值大于 1 或小于−1,则返回一个不确定值。

double asin(double x);

计算 x 的反正弦。x 的数据范围为−1 到 1,返回值的范围是 $-\frac{\pi}{2}$ 到 $\frac{\pi}{2}$,若 x 的值大于 1 或小于−1,则返回一个不确定值。

double atan(double x);

计算 x 的反正切。返回值的范围是 $-\frac{\pi}{2}$ 到 $\frac{\pi}{2}$。

double atan2(double y,double x);

计算 x/y 的反正切。返回值的范围是−π 到 π。

5. 内存函数

使用下面函数时,必须在程序开始加上♯include ＜stdlib. h＞或♯include ＜malloc. h＞

void ∗ calloc(size_t num,size_t size);

分配 n 个大小为 size 的连续内存空间,若成功则返回内存空间的首地址,否则返回 0。

void ∗ malloc(size_t size);

分配大小为 size 的连续内存空间,若成功则返回内存空间的首地址,否则返回 0。

void ∗ realloc(void ∗ memblock,size_t size);

分配大小为 size 的连续内存空间,若成功则返回内存空间的首地址,否则返回 0。

void free(void ∗ memblock);

释放 memblock 所指的内存空间。

6. 字符数值转换函数

使用下面函数时,必须在程序开始加上♯include ＜stdlib. h＞。

double atof(const char ∗ string);

将字符串 string 转换成浮点数。

int atoi(const char ∗ string);

将字符串 string 转换成整数。

long atol(const char ∗ string);

将字符串 string 转换成长整数。

char ∗ _itoa(int value,char ∗ string,int radix);

将整数 value 转换成字符串存入 string 中,radix 为转换时所用基。

附录 D　VC＋＋6.0 常见错误

第一部分　编译错误

1. fatal error C1010:unexpected end of file while looking for precompiled header directive。

寻找预编译头文件路径时遇到了不该遇到的文件尾。

错误原因:程序缺少头文件。

2. fatal error C1083:Cannot open include file:'R……. h':No such file or directory。

不能打开包含文件"R……. h"。

错误原因:这个文件或目录不存在。

3. error C2001:newline in constant

在常量中出现了换行。

错误原因:

(1)字符串常量、字符常量中有换行。

(2)在这句语句中,某个字符串常量的尾部漏掉了双引号。

(3)在这语句中,某个字符串常量中出现了双引号字符""",但是没有使用转义符"\""。

(4)在这句语句中,某个字符常量的尾部漏掉了单引号。

(5)在某句语句的尾部,或语句的中间误输入了一个单引号或双引号。

4. error C2015:too many characters in constant

字符常量中的字符太多了。

错误原因:单引号表示字符型常量。一般地,单引号中必须有,也只能有一个字符(使用转义符时,转义符所表示的字符当作一个字符看待),如果单引号中的字符数多于 4 个,就会引发这个错误。

5. error C2018:unknown character '0xa3'

不认识的字符'0xa3'.

错误原因:程序中应该用半角的字符使用了汉字或中文标点符号。

6. error C2041:illegal digit '#' for base '8'

在八进制中出现了非法的数字'#'(这个数字#通常是 8 或者 9)。

错误原因：如果某个数字常量以"0"开头（单纯的数字 0 除外），那么编译器会认为这是一个 8 进制数字。例如："089"、"078"、"093"都是非法的，而"071"是合法的，等同于是进制中的"57"。

7. error C2057：expected constant expression

希望是常量表达式。

错误原因：switch 语句的 case 分支中使用了变量。

8. error C2065：'XXXX'：undeclared identifier

"XXXX"：未声明过的标识符。

错误原因：XXXX 可能是变量名、函数名等，在使用 XXXX 前没有定义，或定义在使用之后。

9. error C2086：'xxxx'：redefinition

"xxxx"重复声明。

错误原因：变量"xxxx"在同一作用域中定义了多次。检查"xxxx"的每一次定义，只保留一个，或者更改变量名。

10. error C2137：empty character constant

空的字符定义。

错误原因：连用了两个单引号，而中间没有任何字符。一般地，单引号表示字符型常量，单引号中必须有，也只能有一个字符（使用转义符时，转义符所表示的字符当作一个字符看待）。两个单引号之间不加任何内容是不允许的。

需要注意的是：如果单引号中的字符数是 2～4 个，编译不报错，输出结果是这几个字母的 ASC 码作为一个整数（int，4B）整体看待的数字。

如果单引号中的字符数多于 4 个，会引发 2015 错误：error C2015：too many characters in constant。

11. error C2143：syntax error：missing ';' before '{'

句法错误："{"前缺少";"。

错误原因：这是 VC 6.0 的编译期最常见的误报，当出现这个错误时，往往所指的语句并没有错误，而是它的上一句语句发生了错误。其实，更合适的做法是编译器报告在上一句语句的尾部缺少分号。上一句语句的很多种错误都会导致编译器报出这个错误：

（1）上一句语句的末尾真的缺少分号，那么补上就可以了。

（2）上一句语句不完整，或者有明显的语法错误，或者根本不能算上一句语句（有时候是无意中按到键盘所致）。

（3）如果发现发生错误的语句是 c 文件的第一行语句，在本文件中检查没有错误，而且这个文件使用双引号包含了某个头文件，那么检查这个头文件，在这个头文件的尾部可能有错误。

326

12. error C2146：syntax error：missing ';' before identifier 'dc'

句法错误：在"dc"前丢了";"。

错误原因：语句末尾漏掉了分号。

13. error C2196：case value '69' already used

值 69 已经用过。

错误原因：switch 语句的 case 分支中出现了两个 69。

第二部分　链接错误

1. error LNK2001：unresolved external symbol _main

未解决的外部符号：_main。

错误原因：缺少 main 函数。看看 main 的拼写或大小写是否正确。

2. LINK：fatal error LNK1168：cannot open Debug/P1.exe for writing

不能打开 P1.exe 文件，以改写内容。

错误原因：一般是 P1.Exe 还在运行未关闭，或硬盘被写保护。

3. error LNK2005：_main already defined in xxxx.obj

_main 已经存在于 xxxx.obj 中了。

错误原因：是该程序中有多个(不止一个)main 函数。这是初学 C++的低年级同学在初次编程时经常犯的错误。这个错误通常不是在同一个文件中包含有两个 main 函数，而是在一个 project(项目)中包含了多个 c 文件，而每个 c 文件中都有一个 main 函数。当完成一个程序以后，写另一个程序之前，一定要在"File"菜单中选择"Close Workspace"项，已完全关闭前一个项目，才能进行下一个项目。避免这个错误的另一个方法是每次写完一个 C++程序，都把 VC 6 彻底关掉，然后重写打开 VC 6，写下一个程序。

附录 E 常用 IDE 和编译器上机操作方法

一、Visual C++6.0 编译多个源文件的上机步骤

1. 建立新项目

启动 VC 6.0,选择"File"→"New"命令,在弹出的对话框中选择"Win32 Console Application",在右侧的 Project name 框中输入项目名称,在 Location 框中输入项目保存的位置或单击浏览按钮进行选择,如图 E-1 所示。单击 OK 按钮弹出如图 E-2 所示对话框,单击Finish按钮,弹出对话框,单击 OK 按钮(图 E-3)。

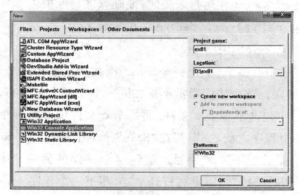

图 E-1　新建对话框

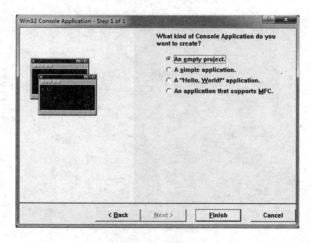

图 E-2　向导第一步

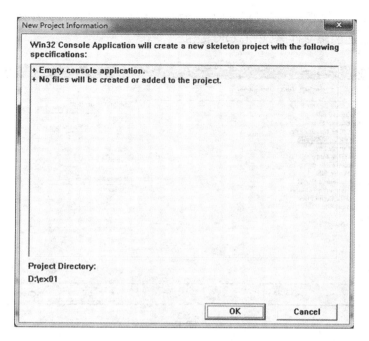

图 E-3　新建项目信息

2.向项目中添加源文件

向项目中添加源文件有两种方法：

(1)新建源文件。选择"Project"→"Add To Project" →"New"命令(图 E-4)，在弹出的对话框中选择"Files"选项卡中的"C＋＋Source File"，在右边的 File 框中输入第 1 个文件名，如图 E-5 单击 OK 按钮。然后在编辑区输入第 1 个源文件程序代码如图 E-6。重复上述步骤，依次新建第 2 个、第 3 个……源文件。

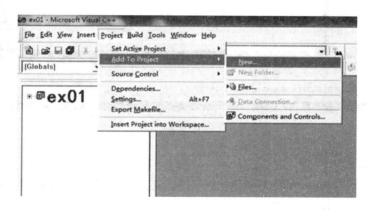

图 E-4　添加源文件菜单

(2)添加已有源文件。选择"Project"→"Add To Project" →"Files"命令，弹出"Insert

329

Files into Project"对话框，在查找范围中选择源文件存入的盘符和文件夹，在下面的列表框中依次选择要添加的源文件名，单击 OK 按钮。

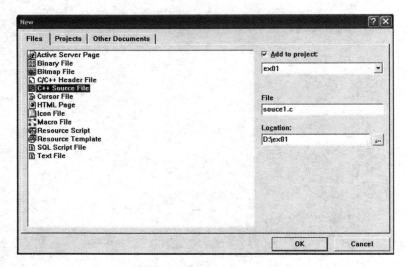

图 E-5

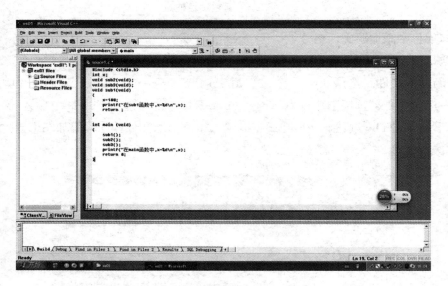

图 E-6

3. 编译和连接

选择"Build"→"Build ex01. exe"命令，若程序有错误则显示错误信息，修改后重新执行"Build"命令，直到程序无错误为止。

4. 运行程序

选择"Build"→"Execute ex01. exe"命令。

330

二、Microsoft Visual Studio 2013

Microsoft Visual Studio(简称 VS)是美国微软公司的开发工具包系列产品。VS 是一个基本完整的开发工具集,它包括了整个软件生命周期中所需要的大部分工具,如 UML 工具、代码管控工具、集成开发环境(IDE)等等。所写的目标代码适用于微软支持的所有平台,包括 Microsoft Windows、Windows Mobile、Windows CE、.NET Framework、.NET Compact Framework 和 Microsoft Silverlight 及 Windows Phone。Visual Studio 是目前最流行的 Windows 平台应用程序的集成开发环境。

2013 年 11 月 13 日,微软发布 Visual Studio 2013(内部版本 12.0,以下简称 VS2013)。下面介绍用 VS2013 进行 C 语言上机调试程序的步骤:

1. 启动 VS2013,新建项目

(1)在主窗口中选择"文件"→"新建"→"项目"菜单命令,屏幕显示"新建项目"对话框如图 E-7,左侧选择 Visual C++ 中间选择 Win32 控制台应用程序,在下面的名称框中输入项目的名称,单击"浏览"选择项目的保存位置,最后单击"确定"按钮。

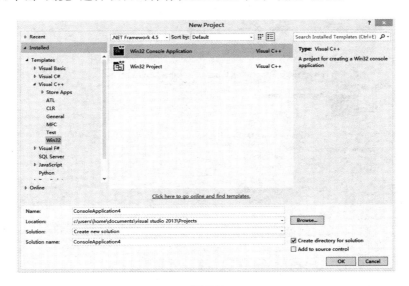

图 E-7

(2)在 Win32 应用程序向导对话框中单击"下一步"按钮,如图 E-8 所示。

(3)弹出下面对话框,选中"附加选项"中的"空项目",单击"完成"按钮,如图 E-9。

2. 编辑(Edit)源程序

(1)右击窗口右侧的"解决方案资源管理"中的"源文件",在弹出的菜单中选择"添加"/"新建项"命令,弹出下面对话框,如图 E-10。

(2)选择"模板"中的"C++文件(.cpp)",然后在下面的名称文本框中输入源文件的文件名(注意文件名要加扩展名.c),单击"添加"按钮,出现下面窗口,如图 E-11。

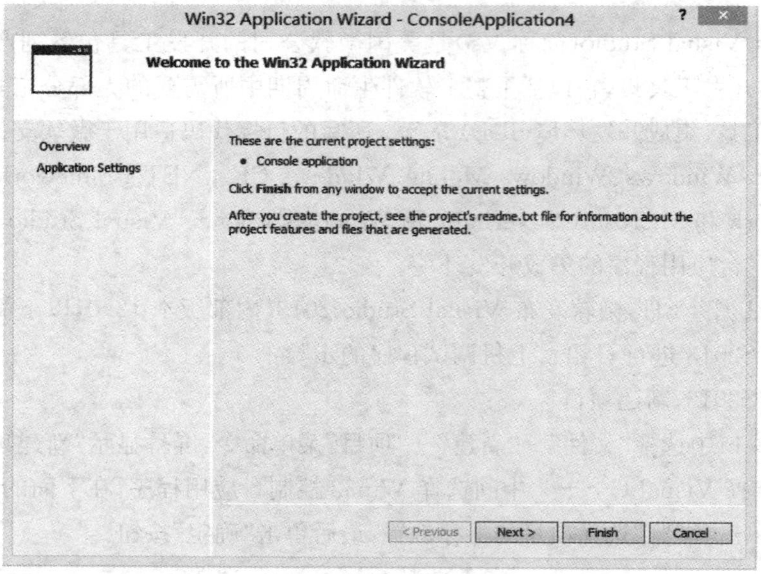

图 E-8

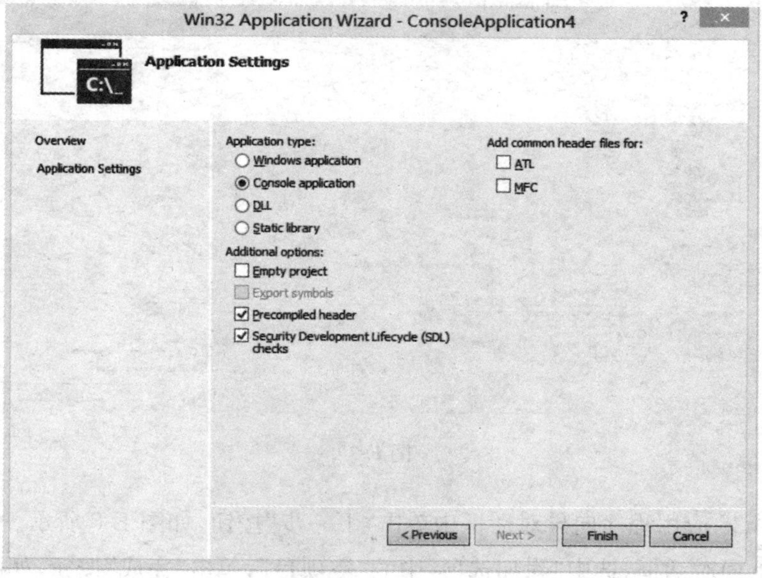

图 E-9

(3)在编辑窗口中输入例 1.1 程序,如图 E-12 所示。

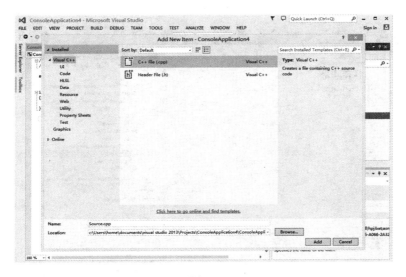

图 E-10

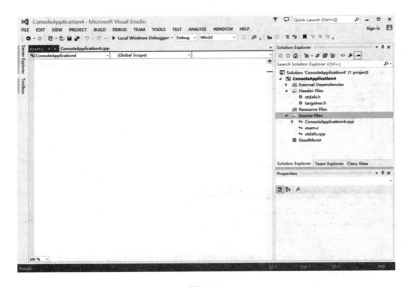

图 E-11

3. 编译(Compile)源程序

首先单击"生成"菜单,然后在下拉菜单中单击"编译"命令(或直接按 Ctrl+F7),系统开始对源程序进行编译,在下面输出窗口中会显示编译的情况。如图 E-13 所示。

4. 连接(Link)目标文件,建立(Build)可执行程序

单击菜单栏中的"生成"菜单,在下拉菜单中单击"生成解决方案"命令(或直接按 F7),系统开始对目标文件进行连接,在下面输出窗口中会显示连接的情况。

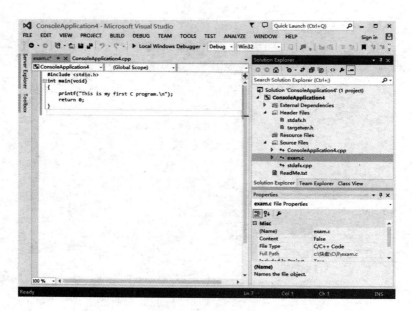

图 E-12

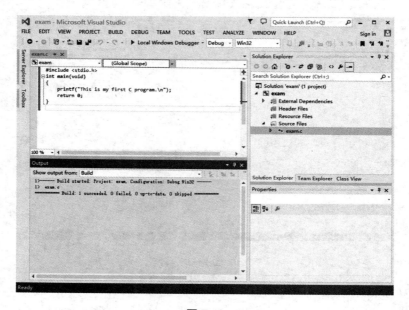

图 E-13

5. 运行(Execute)程序

单击菜单栏中的"调试"菜单,在下拉菜单中单击"开始执行(不调试)"命令(或直接按 Ctrl+F5),系统开始运行程序,并将结果显示在屏幕上,按任意键将关闭显示窗口,如图 E-14所示。

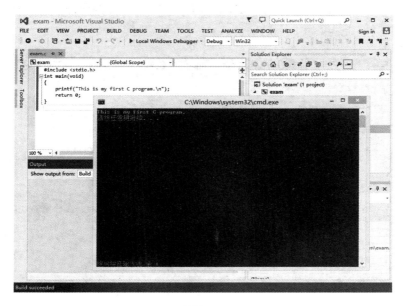

图 E-14

三、Gcc 编译器和 Code::Blocks

GCC(GNU Compiler Collection,GNU 编译器集合),是一套由 GNU 开发的编程语言编译器。可以在多种硬件平台上编译出可执行程序,其执行效率与一般的编译器相比平均效率要高 20%~30%。GCC 原本作为 GNU 操作系统的官方编译器,现已被大多数类 Unix 操作系统(如 Linux、BSD、Mac OS X 等)采纳为标准的编译器,GCC 在微软的 Windows 下的移植版本叫 MinGW。GCC 是自由软件过程发展中的著名例子,由自由软件基金会以 GPL 协议发布。

GCC 原名为 GNU C 语言编译器(GNU C Compiler),因为它原本只能处理 C 语言。GCC 很快地扩展,变得可处理 C++。之后也变得可处理 Fortran、Pascal、Objective－C、Java,以及 Ada 与其他语言。

Gcc 编译器能将 C、C++语言源程序、汇程式化序和目标程序编译、连接成可执行文件,如果没有给出可执行文件的名字,Gcc 将生成一个名为 a. out 的文件。

使用 Gcc 由 C 语言源代码文件生成可执行文件要经历四个相互关联的步骤:预处理(也称预编译,Preprocessing)、编译(Compilation)、汇编(Assembly)和连接(Linking)。

Code::Blocks(codeblocks)是一个开源、免费、跨平台的 C++IDE。官方网站上称其能满足最苛刻的用户的需求。虽有点夸张,但既然敢这样说,也说明它的功能肯定不差。可扩展插件,有插件向导功能,让你很方便地创建自己的插件。Code::Blocks 是用 C++编写的(用 wxWidgets 库),捆绑了 MinGW 编译器。

下面介绍用 Code::Blocks 作为 IDE,用 GCC 进行 C 语言编译的上机步骤:

1. 启动 Code::Blocks 如下(图 E-15):

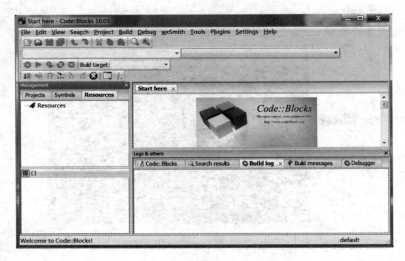

图 E-15

2. 新建项目

(1)在主窗口中选择"File"→"New"→"Project"菜单命令,弹出如图 E-16 所示对话框,在右侧的"Category"中选择"Consol application",然后单击 "Go"按钮。

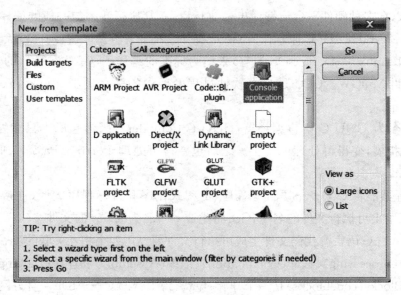

图 E-16

(2)在弹出如图 E-17 所示对话框后选择 C,然后单击"Next"按钮。

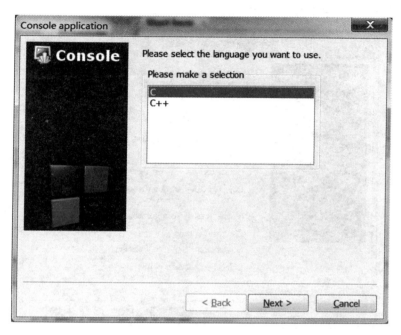

图 E-17

（3）在如图 E-18 对话框中输入项目名称及项目保存的位置，然后单击"Next"按钮。

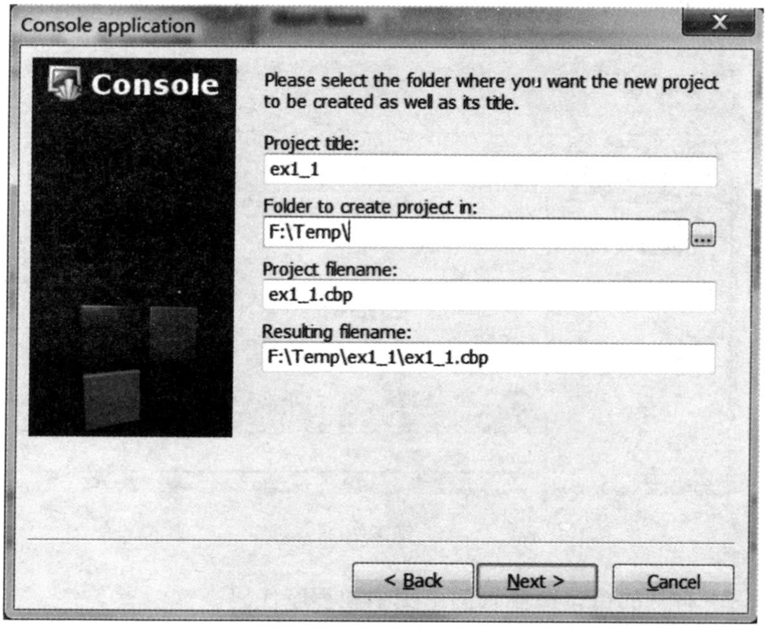

图 E-18

(4)弹出图 E-19 后单击"Finish"按钮。

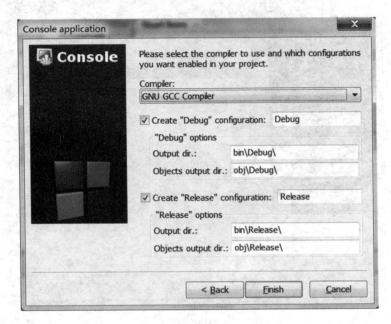

图 E-19

3. 编辑(Edit)源程序(代码)

(1)单击窗口(图 E-20)左侧文件列表中"Sources"前面的"＋"号,然后双击"main. c"。

图 E-20

(2)在图 E-21 右侧的窗口中输入例 1.1 中和程序代码。

4. 编译(Compile)和连接(Link)

选择"Build"菜单中的"Build"命令(或直接按 Ctrl＋F9),如图 E-22 所示。

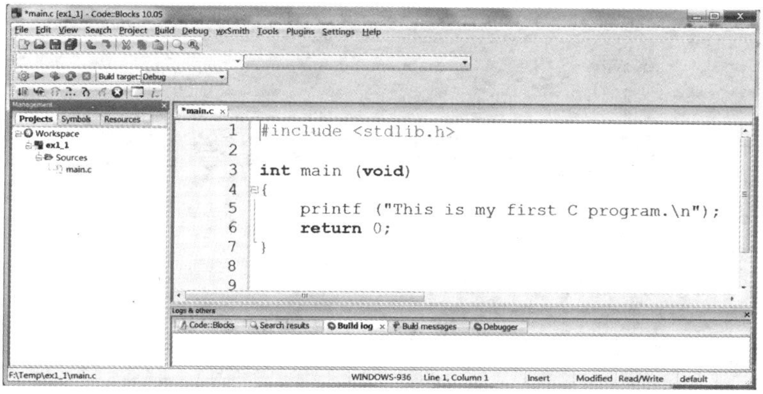

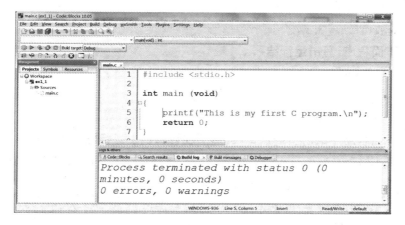

图 E-21

图 E-22

5. 运行程序

选择"Build"菜单中的"Run"命令(或直接按 Ctrl＋F10),运行结果如图 E-23 所示。

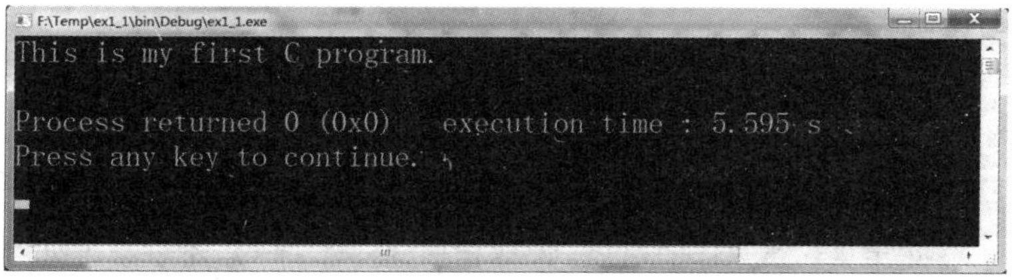

图 E-23

附录 F   课后习题参考答案

第1章   C语言概述

一、选择题

1. C； 2. D； 3. A； 4. C； 5. A

二、填空题

1. main 函数   2. ；   3. 编译

三、分析下面程序,写出运行结果

1. The result is 95

2. we are students.

I begin to study C language.

四、找出下面程序中的所有语法错误,然后在计算机上运行输出正确结果。

1. (1)Void 应为 void;(2)INT 应为 int;(3)"/＊COMPUTE RESULT"后缺少"＊/";(4)printf ("The answer is %i\n" sum);应为 printf ("The answer is %i\n",sum);

2. (1)缺少预处理指令#include <stdio. h>;(2)int x,y 应改为 int   value1,value2

3. (1)compute 应改为 main;(2)没有对 value1,value2 进行声明;(3)输出语句中"The sum of value1 and value2 is %d\n"缺少双引号;(4)函数体应由{}括起来

第2章   数据类型和运算符

一、选择题

1. C； 2. C； 3. D； 4. D； 5. D； 6. B； 7. A； 8. C； 9. B； 10. B； 11. A；
12. C； 13. A

二、填空题

1. 标识符   2. 变量   3. 整型、字符型、长双精度型   4. 字母、数字、下划线   5. 4B   6. f
7. exp(x＊x+y＊y)/(fabs(x-y))   8. 3.5

三、分析下面程序,写出运行结果

1. i=2,j=2

i=2,j=3

340

2. 119,w

  97,a

3. 24,683

3. 456000,53400.000000

4. 2　20.000000

5. —6

四、找出下面程序中的所有语法错误,然后在计算机上运行输出正确结果。

1. float　a＝5,b＝3;错误,应为 int　a＝5,b＝3;

2. mian()错误,应改为 main()

char c＝'China';错误,应改为 char c＝'C';

printf('c＝%c\n',c);错误,应改为 printf("c＝%c\n",c);

Return 0;错误,应改为 return 0;

3. C＝a＋b;错误,应改为 c＝a＋b;

五、程序设计题

1.解题思路:需要知道三角形求面积公式 s＝底＊高＊0.5,根据公式进行编程,代码如下:

```
# include <stdio.h>
int main()
{
    double a,b,c;
    a=5.0;
    b=6.0;
    c=a*b/2;
    printf("area is %f",c);
    return 0;
}
```

2.解题思路:知道根据半径 r 求圆形周长公式 l＝2πr 以及面积公式 S＝πr^2,代码如下:

```
# include <stdio.h>
# define PI 3.1416
int main()
{
    double a,area,length;
    a=5.0;
    area=PI*a*a;
    length=2*PI*a;
    printf("area is %f and length is %f\n",area,length);
```

```
    return 0;
}
```

3.解题思路:已知边长 a,正方形求面积公式 $s=a^2$,代码如下:

```
# include <stdio.h>
int main()
{
    double a,area;
    a=6.0;
    area=a*a;
    printf("area is %f \n",area);
    return 0;
}
```

4.解题思路:已知圆柱体的底面半径 a,高 h,圆柱体体积 $c=\pi r^2 h$,代码如下:

```
# include <stdio.h>
# define PI 3.1416
int main()
{
    double a,h,cube;
    a=6.0;
    h=10.0;
    cube=PI*a*a*h;
    printf("cube is %f \n",cube);
    return 0;
}
```

第3章　数据的输入与输出

一、选择题

1.D；　2.D；　3.C；　4.D；　5.B；　6.A；　7.B；　8.B；　9.C；　10.B　11.C；
12.C；　13.C　14.A；　15.A；　16.D

二、填空题

1.3；　2.%%；　3.普通字符,格式字符；　4.%d,%c,%s；　5.&a,&b　a=b

三、程序阅读题

1.运行结果 A,66

2.运行结果 1,65,1.5,6.5

3. i:dec＝14,otc＝177774,hex＝fffc,unsigned＝65532

4. 12　34

四、改错题

1. scanf("%d,%d",x,y);错误,应改为 scanf("%d,%d",&x,&y);

2. (1)scanf("%f %f",&x,&y);错误,应改为 scanf("%lf %lf",&x,&y);

(2)printf("x+y=%f\n,x+y);错误,应改为 printf("x+y=%f\n",x+y);

五、程序设计题

1. 解题思路:设置两个整数给变量 a,b,输入的大数放在 a 中,输入的小数放在 b 中,利用 a/b 和 a%b 分别求它们的商和余数,代码如下:

```
# include <stdio.h>
int main()
{
    int a,b,c,d,e;
    scanf("%d,%d",&a,&b);
    if (a<b)
    {
        c=a;
        a=b;
        b=c;
    }
    d=a/b;e=a%b;
    printf("a=%d,b=%d,d=%d,e=%d\n",a,b,d,e);
    return 0;
}
```

2. 解题思路:用%(求余)。比如输入 321,321%100＝21 用 321－(321%100)再除以 100 即可得:(321－(321%100))100＝3 同样,用 21%10＝1 再除以 10 即可得:((321%100)－((321%100)%10))/10＝2 最后,1－(1%1)＝1。代码如下:

```
# include <stdio.h>
int main()
{
    int a,b,c,d;
    scanf("%d",&a);
    b=a%10;
    c=a/10%10;
```

```
d=a/100;
printf("a=%d,b=%d,c=%d,d=%d\n",a,b,c,d);
return 0;
}
```

第4章　选择控制

一、选择题

1. B；　2. C；　3. D；　4. C　5. B；　6. B　7. B；　8. B；　9. D；　10. D

二、填空题

1. 0　f=((a＞b)＞c)，这里 a＞b 的结果是 1,1＞c 的结果是 0

2. x＞=z||y＞=z

3. 1　&& 在这里运算优先级最低,相当于:(!(a-b)+c-1)&&(b+c/2),即:(!(6-4)+2-1)&&(4+2/2)==＞(!2+1)&&(5)==＞(0+1)&&(5)==＞1

4. x:y　u:z

5. c＜d　b＜c

三、程序阅读题

1. 2　0　0

2. 20,0

3. 0.600000

4. yes

5. 011122

四、改错题

1. 程序中 x－－;y－－;与 x++;y++;没有用{}括起来

2. if 条件中 x=90 应为 x==90

五、程序设计题

1. 解题思路:输入三个数 a,b,c。首先判断 a 与 b 的大小,然后判断 a 与 c,b 与 c 将最大的数存入 c 中,输出 c。代码如下:

```
#include <stdio.h>
int main()
{
    int a,b,c,t;
    scanf("%d,%d,%d",&a,&b,&c);
    if(a>b)
    {t=a;a=b;b=t;} //比较 a 与 b,如果 a>b 则 a,b 交换
```

```
    if(a>c)
        {t=a;c=a;c=t;}//比较a与c,如果a>c则a,c交换
    if(b>c)
    {t=b;b=c;c=t;}//比较c与b,如果b>c则c,b交换
    printf("%d\n",c);
    return 0;
}
```

2.解题思路:首先要明确构成三角形的条件,两边之和大于第三边;符合三角形构成条件后,根据三角形三边求面积公式,求解面积。代码如下:

```
#include <stdio.h>
#include <math.h>
void main()
{
    float a,b,c;
    double area;
    printf("输入三条边:\n");
    scanf("%f,%f,%f",&a,&b,&c);
    if(a+b<c||a+c<b||b+c<a)
        printf("不能构成三角形!\n");
    else
    {area=sqrt(s*(s-a)*(s-b)*(s-c));
    printf("a=%f,b=%f,c=%f\n",a,b,c);
    printf("area=%f\n",area);}
}
```

3.解题思路:二元一次方程根求解公式。需要判断 b^2-4ac 是否大于 0,大于 0 求实数根,否则求虚根。代码如下:

```
#include <stdio.h>
#include <math.h>
int main()
{
    double a,b,c,disc,x1,x2,p,q;
    scanf("%lf%lf%lf",&a,&b,&c);
    disc=b*b-4*a*c;
    p=-b/(2.0*a);
```

```c
    if (disc>=0)
    {
        q=sqrt(disc)/(2.0*a);
        x1=p+q;
        x2=p-q;
        printf("x1=%.2f\nx2=%.2f\n",x1,x2);

    }
    else{
        q=sqrt(-disc)/(2.0*a);
        printf("x1=%.2f+%.2fi\nx2=%.2f-%.2fi\n",p,q,p,q);
    }
    return 0;
}
```

4. 解题思路:根据公式分别计算税后输入和应缴税。代码如下:

```c
#include <stdio.h>
int main()
{
    double pay,fund,tax,base,taxed;
    base=3500.0;
    scanf("%lf",&pay);
    pay=pay-base;
    if(pay<=1500.0){
        tax=0.03;
        fund=0;
    }
    else if(pay<=4500.0){
        tax=0.1;
        fund=105;
        }
    else if(pay<=9000.0){
        tax=0.2;
        fund=555;
        }
```

```
        else if(pay<=35000.0){
            tax=0.25；
            fund=1005；
            }
        else if(pay<=55000.0){
            tax=0.30；
            fund=2775；
            }
        else if(pay<=80000.0){
            tax=0.35；
            fund=5505；
            }
        else {
            tax=0.45；
            fund=13505；
            taxed=cost(pay,tax,fund)；
        }
    taxed=pay*tax-found；
    printf("The pay is %5.2f and the tax is %5.2f",pay+base,taxed)；
    return 0；
}
```

第5章　循环控制

一、选择题

1. A；　2. B；　3. C；　4. D；　5. C；　6. B；　7. B；　8. A；　9. D；　10. C

二、填空题

1. switch　循环

2. x>=0　x<min

3. 4-i　2*i-1

4. 1

5. n=1　2*s

6. k%j==0　j==k

三、程序阅读题

1. 6

2. 11

3. 1

4. 3,3

5. 1　2　3　4　5

四、改错题

1. sum 没有赋初值

2. while(i<=n)后应加';'

3. (1)n 没有声明,也没有赋初值

(2)for(i=1,i<n,i++)中的三个表达式应用分号分隔

五、程序设计题

1. 解题思路:用梯形法求解,代码如下:

```c
#include <stdio.h>
#define N 30
int main()
{
    double a,b,x,s,h;
    a=1;b=2;
    h=(b-a)/N;
    for (x=a,s=0;x<b;x=x+h)
        s=s+(x*x+(x+h)*(x+h))*h/2;
    printf("s=%f\n",s);
    return 0;
}
```

2. 解题思路:利用 for 循环控制 100~999 个数,每个数分解出个位,十位,百位,然后进行判断。代码如下:

```c
#include <stdio.h>
int main()
{
int i,j,k,n;
printf("Water flower number is:");
for (n=100;n<1000;n++){
    i=n/100;   //分解出百位
    j=n/10%10;   //分解出十位
    k=n%10;   //分解出个位
```

```
    if(n==i*i*i+j*j*j+k*k*k)
        printf("%-5d",n);
    }
    return 0;
}
```

3. 解题思路:利用迭代公式 $x_{n+1}=\dfrac{1}{2}\left(x_n+\dfrac{a}{x_n}\right)$ 循环求解,代码如下:

```
#include <stdio.h>
#include<math.h>
int  main()
{
    float  a,x0,x1;
    scanf("%f",&a);
    x0=a/2;
    x1=(x0+a/x0)/2;
    do
{x0=x1;
    x1=(x0+a/x0)/2;
    }while(fabs(x0-x1)>=1e-5);
    printf("The  squme  foot  of  %5.2f  is  %8.5f\n",a,x1);
return 0;
    }
```

4. 解题思路:可填在百位、十位、个位的数字都是1、2、3、4。组成所有的排列后再去掉不满足条件的排列。代码如下:

```
#include <stdio.h>
int main(){
  int i,j,k,sum=0;
  printf("\n");
  for (i=1;i<5;i++)
    for(j=1;j<5;j++)
      for(k=1;k<5;k++)
      {
        if(i! =k && j! =k && i! =j)
        {
```

```
        printf("%d%d %d",i,j,k);
        sum=sum+1;
        if (sum%10==0)printf("\n");
      }
  }
  return 0;
}
```

第6章　数组和指针

一、选择题

1. D；　2. C；　3. C；　4. A；　5. D；　6. D；　7. C；　8. A；　9. D；　10. C；

11. B；　12. D；　13. D；　14. C；　15. B；　16. B；　17. D；　18. C；　19. B；　20. C；

21. D；　22. C；　23. B；　24. D；　25. C；　26. C；　27. D；　28. D；　29. D；　30. C；

31. C；　32. C；　33. B；　34. D；　35. D；　36. C；　37. A；　38. C；　39. A

二、填空题

1. 数组名　　2. s[j++]=s[i]　　3. k=a　　4. *(p+5)

5. 地址　NULL　　6. '\0'　s　　7. 2　　8. &s[1][0]

9. 8　8　　10. 1　　11. 12　12　　12. *(*(p+i)+j)

13. *(*(m+i)+j)　(*(m+i))[j]　*(m[i]+j)　*(&m[0][0]+6*i+j)

三、分析下面程序,写出运行结果

1. 18　10

2. 0　0　0　8

3. abc

4. 1　3　7

5. 3,5,7,

6. 0　7

7. hELLO!

8. bcdABCD

9. 1

10. *2*4*6*8*

11. a[1][2]=12;

12. 12345

13. ef

14. 1*0*

四、找出下面程序中的所有语法错误,然后在计算机上运行输出正确结果。

1. 第一个 for 循环后添加 p=a;或将第二个 for 循环改为 for(p=a,i=0;i<5;i++,p++)

2. char str[5];改为 char * str;或 char str[]="I am astudent";

3. int N=5;改为 #difine N 5

4. 第二个 for 循环改为 for(i=0;i<=N/2;i++)

5. (1)声明 double xa=0;(2)第一个 for 循环改为 for(j=0;j<n;j++);(3)第二个 for 循环改为 for(j=0;j<n;j++)

6. (1)第一个 for 循环改为 for(p=str;* p;p++);(2)if(r==p)改为 if(r! =p);(3)c=r;改为 c= * r;

五、程序设计题

1. 参考代码如下:

```
#include <stdio.h>
#define N 10
#define M 10
void main()
{
    int i,j,k,m,n,a[N][M],flag1,flag2,max,colum;
    printf("input n,m");
    scanf("%d,%d",&n,&m);   //设定矩阵格式
    for(i=0;i<n;i++)
        for(j=0;j<m;j++)
            scanf("%d",&a[i][j]);   //读入矩阵
    flag2=0;   //设定标识
    for(i=0;i<n;i++)
    {
        max=a[i][0];
    for(j=0;j<m;j++)
            if(a[i][j]>max){ max=a[i][j];colum=j;}//找出每一行最大值
    for(k=0,flag1=1;k<n&&flag1==1;k++)
            if(max>a[k][colum])  flag1=0;   //判断该值是否鞍点
        if(flag1)
        {
            printf("row:%d,colum:%d,saddle:%d\n",i,colum,max);
```

```
        flag2=1;
            }
        }
    if(flag2==0)printf("no saddle");
}
```

2.参考代码如下:

```
#include <stdio.h>
void main()
{
    int i,j,x,a[20]={1,5,8,11,34,56,88,90,95,99};
    printf("input a number");
    scanf("%d",&x);
    for(i=0;i<10;i++)
    {
        if (x>a[i])continue;    //找到插入位置
        for(j=10;j>i;j--)    //该位置向后,所有值向后挪一位
            a[j]=a[j-1];
        a[i]=x;
break;
    }

    for(i=0;i<11;i++)
        printf("%d",a[i]);
}
```

3.参考代码如下:

```
#include <stdio.h>
#include <math.h>    //程序中用到求平方根函数 sqrt
void main()
{
    int i,j,n,a[101];    //定义 a 数组中包含 101 个元素
    for(i=1;i<=100;i++)    //a[0]不用,只用 a[1]到 a[100]
        a[i]=i;    //使 a[1]到 a[100]的值为 1 到 100
    a[1]=0;    //先"挖掉"a[1]
    for(i=2;i<=sqrt(100);i++)
```

```
        for(j=i+1;j<=100;j++)
        {
        if(a[i]! =0 && a[j]! =0)
                if(a[j]%a[i]==0)
                        a[j]=0;    //把非素数"挖掉"
        }
        printf("\n");
        for(i=1;i<=100;i++)
        {
            if(a[i]! =0)    //选出值不为0的数组元素,即非素数
            {
                printf(" %5d",a[i]);    //输出素数,宽度为5列
                n++;    //累计本行已输出的数据个数
            }
        }
        printf("\n");
}
```

第7章　函数

一、选择题

1. B；　2. A；　3. B；　4. D；　5. B；　6. A；　7. A；　8. D；　9. D

二、填空题

1. void add(float a,float b)　　float add(float a,float b)

2. p=p+1　　a[i]=a[i+1]

3. (-1) * f　　fun(10)

4. high=mid　　low=mid

三、程序阅读题

1. 111；　2. 123；　3. 10,20,40,40；　4. a+b=9；　5. 8；　6. 125

四、改错题

1. 在 main() 函数中添加函数声明 float　max(float x,float y);

2. void maxmin(int a[][])改为 void maxmin(int a[M][N])

五、程序设计题

1. 解题思路:分别编写一个求阶乘的函数 fac(n)和一个求组合的函数 cnm(n,m),然后编写主函数,由键盘输入 n 和 m,通过嵌套调用 fac(n)和 cnm(n,m)完成计算。参考代码

如下：

```
#include <stdio.h>
int main(){
    int cnm(int n,int m);
    int n,m;
    printf("Input number:n m\n");
    scanf("%d,%d",&n,&m);
    if(n<m||n<0||m<0)
        printf("输入错误! \n");
    else
        printf("result is %d\n",cnm(n,m));
    return 0;
}


int fac(int n){
    int f;
    if(n==0||n==1)
        f=1;
    else f=n*fac(n-1);
    return f;
}


int cnm(int n,int m){
    int fac(int n);
    return(fac(n)/(fac(n-m)*fac(m)));
}
```

2. 解题思路：将平方根的迭代公式 $x_{n+1}=\frac{1}{2}\left(x_n+\frac{a}{x_n}\right)$ 定义为函数 sqrtnum，在主函数中输入 a 的值，调用 sqrtnum 函数后，在主函数中输出 a 的平方根。参考代码如下：

```
#include <stdio.h>
#include<math.h>
float sqrtnum(float a)
{
    float x0,x1;
```

```
        x0＝a/2；
        x1＝(x0＋a/x0)/2；
        do
            {x0＝x1；
            x1＝(x0＋a/x0)/2；
            }while(fabs(x0－x1)>＝1e－5)；
        return x1；
    }
int main(){
    float a；
    printf("Please input the number a：")；
    scanf(" % f",&a)；
    printf("The sqrt of a is % f",sqrtnum(a))；
    return 0；
}
```

3. 解题思路：通过函数 iswf 判断一个三位整数是否是"水仙花数"，若是则返回 1，否则返回 0。参考代码如下：

```
# include <stdio. h>
int iswf(int n)
{
    int i,j,k,x；
    i＝n/100；   //分解出百位
    j＝n/10 % 10；   //分解出十位
    k＝n % 10；   //分解出个位
    if(n＝＝i * i * i＋j * j * j＋k * k * k)
        x＝1；
    else x＝0；
    return x；

}
int main(){
    int a；
    printf("please enter a number between100~999：")；
    scanf(" % d",&a)；
```

```
        if(iswf(a))printf(" % d is a water flower number. \n",a);
        else printf(" % d is not a water flower number. \n",a);
        return 0;
    }
```

4. 参考代码如下：

```
# include <stdio. h>
int gcd(int m, int n){
    int temp,r;
    if (n<m){
        temp=n;
        n=m;
        m=temp;
    }
    while (r=n % m){
        n=m;
        m=r;
    }
    return m;
}


int main(){
    int x,y;
    printf("please input two integer number");
    scanf(" % d, % d",&x,&y);
    printf("the gcd of the % d and % d is % d\n",x,y,gcd(x,y));
    return 0;
}
```

第 8 章　自定义数据类型

一、选择题

1. B；　2. C；　3. A；　4. D；　5. B；　6. C；　7. B；　8. B；　9. D；　10. B；　11. C；
12. A；　13. C；　14. B；　15. C

二、填空题

1. struct node *

2. struct st

3. 30

4. sizeof(struct ps)

5. %1f num. x

三、分析下面程序,写出运行结果

1. 10, x

2. 2,3

3. 3. 3

4. 4 8

四、找出下面程序中的所有语法错误,然后在计算上运行输出正确结果。

sum＝sum＋p. score[i]; 改为 sum＝sum＋p－＞score[i];

五、程序设计题

1. 解题思路:学生成绩数据结构应该包含 3 个成员,期中数学成绩,期末数学成绩,以及平均成绩。产生一个这个数据结构的变量 math。参考代码如下:

```
# include <stdio. h>
struct study
{
    int mid;
    int end;
    int average;
}math;
void main()
{
    scanf("% d % d",&math. mid,&math. end);
    math. average＝(math. mid＋math. end)/2;
    printf("average＝% d\n",math. average);
}
```

2. 解题思路:学生数据类型的成员应该包括编号,期中成绩,期末成绩,和平均成绩。并产生一个学生数组 s[3]。参考代码如下:

```
# include <stdio. h>
struct stu
{
    int num;
    int mid;
```

```
        int end;
        int ave;
}s[3];
int main()
{
        struct stu * p;
        for(p=s;p<s+3;p++)
        {
                scanf("%d %d %d",&(p->num),&(p->mid),&(p->end));
                p->ave=(p->mid+p->end)/2;
        }
        for(p=s;p<s+3;p++)
                printf("%d %d %d %d\n",p->num,p->mid,p->end,p->ave);
return 0;
}
```

第9章　文件

一、选择题

1. D； 2. B； 3. B； 4. C； 5. A； 6. D； 7. B； 8. A； 9. A

二、填空题

1. 顺序　随机

2. fopen()　fclose()

3. "r"　fgetc(fp)　count++

4. n-1

5. 字符　流

三、程序阅读题

1. end　　2. abc

四、改错题

1. fout=fopen('abc. txt','w');应改为 fout=fopen("abc. txt","w");

2. (1)char fileName[]="d:\te. c";应为 char fileName[]="d:\\te. c";

(2)fp=fopen(fileName,"w");应为 fp=fopen(fileName,"r");

(3)if (fp==EOF)应为 if (fp==NULL)

五、程序设计题

1. 参考代码如下：

include <stdio. h>

```c
void main()
{FILE * fp;
char ch,fname[10];
printf("输入一个文件名:");
gets(fname);
if((fp=fopen(fname,"w+"))==NULL)
    {printf("不能打开 %s 文件\n",fname);
    exit(1);
    }
printf("输入数据:\n");
while((ch=getchar())! ='♯')
  fputc(ch,fp);
fclose(fp);
}
```

2. 参考代码如下:
```c
♯ include <stdio.h>
♯ include <string.h>
void main()
{FILE * fp;
char msg[ ]="this is a test";
char buf[20];
if((fp=fopen("abc","w+"))==NULL)
    {printf("不能建立 abc 文件\n");
    exit(1);
    }
fwrite(msg,strlen(msg)+1,1,fp);
fseek(fp,SEEK_SET,0);
fread(buf,strlen(msg)+1,1,fp);
printf(" %s\n",buf);
fclose(fp);
}
```

3. 参考代码如下:
```c
//filename findword.c
♯ include <stdio.h>
```

```c
#include<stdlib.h>
#include <string.h>
int str_index(char substr[],char str[])
{int i,j,k;
for(i=0;str[i];i++)
   for(j=i,k=0;str[j]==substr[k];j++,k++)
     if(! substr[k+1])
        return(i);
return(-1);
}
void main(int argc,char * argv[ ])
{char buff[256];
FILE * fp;
int lcnt;
if(argc<3)
{printf("Usage findword filename word\n");
exit(0);
}
if((fp=fopen(argv[1],"r"))==NULL)
{printf("不能打开%s文件\n",argv[1]);
exit(1);
}
lcnt=1;
while(fgets(buff,256,fp)! =NULL)
{if(str_index(argv[2],buff)! =-1)
   printf("%3d:%s",lcnt,buff);
lcnt++;
}
fclose(fp);
}
```
注意:需要在dos中使用命令:
findword findword.c printf
4.参考代码如下:
/ * filename:fcat.c * /

```c
# include <stdio.h>
unsigned char * buffer;
void main(int argc,char * argv[ ])
{int i;
if(argc<=2)
    {printf("Usage:fcat file1 file2 file3\n");
    exit(1);
    }
buffer=(unsigned char * )malloc(80);
for(i=2;i<argc;i++)
    fcat(argv[1],argv[i]);
}
fcat(char target[ ],char source[ ])
    {FILE * fp1, * fp2;
        if((fp1=fopen(target,"a"))==NULL)
        {printf("文件%s打开失败！\n",target);
        exit(1);
    }
    if((fp2=fopen(source,"r"))==NULL)
        {printf("文件%s打开失败！\n",source);
        exit(1);
        }
fputs("\n",fp1);
fputs("Filename:",fp1);
fputs(source,fp1);
fputs("\n ………………………………………………………………… \n",fp1);
while(fgets(buffer,80,fp2))
    fputs(buffer,fp1);
fclose(fp1);
fclose(fp2);
}
```

5.参考代码如下:

```c
/ * filename:replaceword.c * /
# include <stdio.h>
```

```c
#include <string.h>
#include<stdlib.h>

int str_replace(char oldstr[ ],char newstr[ ],char str[ ])
{int i,j,k,location=-1;
char temp[256],temp1[256];
for(i=0;str[i]&&(location==-1);i++)
  for(j=i,k=0;str[j]==oldstr[k];j++,k++)
    if(! oldstr[k+1])
      location=i;
if(location! =-1)
{for(i=0;i<location;i++)
  temp[i]=str[i];
  temp[i]='\0';
  strcat(temp,newstr);
  for(k=0;oldstr[k];k++);
  for(i=0,j=location+k;str[j];i++,j++)
    temp1[i]=str[j];
  temp1[i]='\0';
  strcat(temp,temp1);
  strcpy(str,temp);
  return(location);
}
else
return(-1);
}


void main(int argc,char * argv[ ])
{
  char buff[256];
FILE * fp1, * fp2;
if(argc<5)
{
  printf("Usage:replaceword oldfile newfile oldword newword\n");
```

```
exit(0);
}
if((fp1＝fopen(argv[1],"r"))＝＝NULL)
{printf("不能打开％s文件\n",argv[1]);
exit(1);
}
if((fp2＝fopen(argv[2],"w"))＝＝NULL)
{printf("不能建立％s文件\n",argv[2]);
exit(1);
}
while(fgets(buff,256,fp1)!＝NULL)
{while(str_replace(argv[3],argv[4],buff)!＝－1);
fputs(buff,fp2);
}
fclose(fp1);
fclose(fp2);
}
```

第10章　编译预处理

一、选择题

1. C；　2. C；　3. D；　4. B；　5. C；　6. B；　7. B；　8. D

二、填空题

1. 880

2. ＃include ＜math. h＞

3. ＃include "a：\myfile. txt"

4. ＃include "stdio. h"　＃include "myfile. txt"

5. 宏定义　文件包含　条件编译

6. ＃

7. 替换字符

8. ；

9. ＃include"stdio. h"　＃include ＜stdio. h＞

10. define

三、程序阅读题

1. 5　2. 12　3. c＝0　4. a＝16,b＝17,c＝0　5. c＝2

四、改错题

将"#define S(r)PI * r * r"改为"#define S(r)PI * (r) * (r)"

五、程序设计题

1. 解题思路:两个整数相除的余数定义为宏"#define REMAINDER(a,b)(a % b)"。
参考代码如下:

```
# include <stdio.h>
int main()
{
    int a,b;
    scanf( "%d%d",&a,&b );
    printf( "%d\n",REMAINDER( a,b ));
}
```

2. 解题思路:定义一个带参数的宏 swap(a,b)t=b;b=a;a=t,使两个参数的值互换。
参考代码如下:

```
# include<stdio.h>
# define Swap(x,y)   t=x;x=y;y=t
void main()
{
    int   a[10],b[10],i,t;
    for(i=0;i<10;i++)
    scanf("%d",&a[i]);
    for(i=0;i<10;i++)
        scanf("%d",&b[i]);
    for(i=0;i<10;i++)
        Swap(a[i],b[i]);
    for(i=0;i<10;i++)
        printf("%d",a[i]);
    printf("\n");
    for(i=0;i<10;i++)
        printf("%d",b[i]);
}
```

3. 解题思路:定义宏"#define DIVBY3(m)(m)%3==0"。参考代码如下:

```
# include <stdio.h>
```

```
#define DIVBY3(m)(m)%3==0

void main(){
    int m;
    printf("Enter a integer:\n");
    scanf("%d",&m);
    if(DIVBY3(m))
        printf("%d is divided by 3\n",m);
    else
        printf("%d is not divided by 3\n",m);
}
```

第 11 章　位运算

一、选择题

1. B；　2. B；　3. B；　4. A；　5. B

二、填空题

1. x＝x^(y－2)　2.00001111　3.105　4.2

三、程序阅读题

1. a:9a

b:ffffff65

2. 1,4,16

3. x＝11,y＝17,z＝11

4. x＝1 704 000

   y1＝7

   y2＝1 704 007

5.59

四、改错题

1. ch＝(ch>='A' & ch<='Z')? (ch＋32):ch;应为 ch＝(ch>='A' && ch<='Z')? (ch＋32):ch;

2. packed_data 是结构体变量,共有三个元素 a、b、c,分别占 2 位、3 位、4 位。分配内存时低位在前,高位在后。所以 data.a＝4;data.b＝2;错误,应为 data.a＝2;data.b＝4;

五、程序设计题

1. 参考代码如下:

#include <stdio.h>

```
int main()
{
unsigned a,b,c,d;
scanf("%x",&a);   //用%o  无符号八进制整数,%x是十六进制
b=a>>4;
c=~(~0<<4);
/* 在"~"符号~0 得到整型各个位上都是1,左移4位,得到1111 1111 1111 0000
然后按位取反,就得到0000 0000 0000 1111 */
d=b&c;
printf("%o\n%d\n%d\n",a,d,~0<<4);   //注意上下的格式符要一致
return 0;
}
```

2. 解题思路:(1)使变量 num 右移 8 位,将 8~11 位移到低 4 位上;(2)构造 1 个低 4 位为 1,其余各位为 0 的整数;(3)与 num 进行按位与运算。参考代码如下:

```
#include <stdio.h>
int main()
    {
int num,mask;
        printf("Input a integer number:");
        scanf("%d",&num);
        num >>=8;
        mask=~( ~0 << 4);
        printf("result=0x%x\n",num & mask);
        return 0;
    }
```

3. 参考代码如下:

```
#include<stdio.h>
int main()
    { int num,mask,i;
        printf("Input a integer number:");
        scanf("%d",&num);
        mask=1<<15;   /* 构造 1 个最高位为 1、其余各位为 0 的整数(屏蔽字) */
        printf("%d=",num);
        for(i=1;i<=16;i++)
```

```
    { putchar(num&mask ? '1':'0');   /*输出最高位的值(1/0)*/
        num <<=1;   /*将次高位移到最高位上*/
        if( i%4==0 )putchar(',');/*四位一组,用逗号分开*/
    }
printf("\bB\n");    }
```

参 考 文 献

[1] 谭浩强. C 程序设计[M]. 4 版 . 北京:清华大学出版社,2010.

[2] 吕凤翥. C 语言程序设计[M]. 北京:清华大学出版社,2005.

[3] Yashavan P. Kanetkar. Let Us C[M]. 8th ed. 北京:电子工业出版社,2009.

[4] Stephen G. Kochan. Programming in C[M]. 3rd ed. Indiana:Sams publishing,2004.

[5] 杨杰,臧文科. C 程序设计实训教程[M]. 济南:山东大学出版社,2007.

教师信息反馈表

为了更好地为您服务,提高教学质量,中国人民大学出版社愿意为您提供全面的教学支持,期望与您建立更广泛的合作关系。请您填好下表后以电子邮件或信件的形式反馈给我们。

您使用过或正在使用的我社教材名称		版次	
您希望获得哪些相关教学资料			
您对本书的建议(可附页)			
您的姓名			
您所在的学校、院系			
您所讲授的课程名称			
学生人数			
您的联系地址			
邮政编码		联系电话	
电子邮件(必填)			
您是否为人大社教研网会员	□ 是,会员卡号:_____ □ 不是,现在申请		
您在相关专业是否有主编或参编教材意向	□ 是　　　　□ 否 □ 不一定		
您所希望参编或主编的教材的基本情况(包括内容、框架结构、特色等,可附页)			

我们的联系方式:北京市西城区马连道南街 12 号

中国人民大学出版社应用技术分社

邮政编码:100055

电话:010-63311862

网址:http://www.crup.com.cn

E-mail:rendayingyong@163.com